通过案例 玩转
JMeter

微课版

顾翔◎编著

清华大学出版社
北 京

内 容 简 介

本书通过电子商务系统案例使读者从实际工作出发从 JMeter 初学者变为高手。全书共 10 章。第1 章介绍 JMeter 基础知识和被测产品,第 2 章介绍 HTTP/HTTPS 基础知识,第 3 章介绍测试脚本初始化,第 4、5 章介绍建立接口测试脚本的方法,第 6 章介绍 JMeter 的二次开发,第 7 章介绍建立安全测试脚本的方法,第 8 章介绍建立性能测试脚本的方法,第 9 章介绍 JMeter 的运行与性能测试监控,第 10 章介绍 JMeter 的其他元件。

本书适合软件测试工程师阅读,也可作为高校本科高年级学生以及研究生与软件测试相关的课程的参考书。

图书在版编目(CIP)数据

通过案例玩转 JMeter:微课版/顾翔编著. —北京:清华大学出版社,2022.9
ISBN 978-7-302-61823-2

Ⅰ.①通… Ⅱ.①顾… Ⅲ.①软件开发－程序测试 Ⅳ.①TP311.55

中国版本图书馆 CIP 数据核字(2022)第 169283 号

责任编辑:白立军　战晓雷
封面设计:杨玉兰
责任校对:韩天竹
责任印制:宋　林

出版发行:清华大学出版社
　　　　网　　　址:http://www.tup.com.cn,http://www.wqbook.com
　　　　地　　　址:北京清华大学学研大厦 A 座　　　　邮　　编:100084
　　　　社 总 机:010-83470000　　　　　　　　　　　邮　　购:010-62786544
　　　　投稿与读者服务:010-62776969,c-service@tup.tsinghua.edu.cn
　　　　质量反馈:010-62772015,zhiliang@tup.tsinghua.edu.cn
　　　　课件下载:http://www.tup.com.cn,010-83470236
印 装 者:三河市龙大印装有限公司
经　　销:全国新华书店
开　　本:185mm×260mm　　　　印　　张:18.25　　　　字　　数:436 千字
版　　次:2022 年 11 月第 1 版　　　　　　　　　　　印　　次:2022 年 11 月第 1 次印刷
定　　价:69.00 元

产品编号:095909-01

软件安全性是软件的一项重要的质量特性,软件测试与验证应该覆盖软件安全性测试。但软件安全性一直以来并没有受到大家的关注,而且安全与测试目前在行业中往往是两个完全不同的岗位。

目前的测试人员更多地是对软件功能、性能等客户可感知的特性进行测试验证。而软件安全性测试无论对于研发人员还是客户都过于专业,也很难提出安全性需求,这也导致在测试中几乎不会涉及安全测试,因此在测试工程师群体中很难找到安全测试人才。

安全测试需要从黑客的思维出发解析系统,对测试人员而言具有非常高的学习门槛。但随着软件安全性受到国家、社会越来越高的重视,安全测试将会成测试人员必备的技能。

我欣喜地看到,在顾翔老师的新书中,专门有一章讲解安全测试的内容,选择了比较常见的典型安全测试场景进行实例讲解与分析。顾翔老师是业内比较知名的测试专家,给我们学院做过多次技术分享,受到学员的欢迎。顾翔老师的这本书对促进整个行业的测试人员更好地理解软件安全测试,从而提升行业软件安全水平,必定会有积极的促进意义。

宋荆汉

网安加学院院长

我一直推崇测试技术的落地。任何测试技术、方法、工具都应重视应用,将其付诸实践,进而转化为产能。本书的创作初衷、结构编排均与我的观点不谋而合,这也是我大力推荐本书的原因。首先,本书注重实践,先讲操作再讲理论的编排让人眼前一亮,避免了因空洞的基础理论轰炸而造成的初学者"从入门到放弃"的尴尬;其次,本书将 JMeter 的功能点介绍得很细,较为全面地涵盖了脚本制作、策略设计、执行监控的使用过程以及结果分析中使用的各种元件、控制器,非常适合新手入门,因此本书亦可作为测试工程师案头常备的工具书;最后,本书还对待测系统做了详细介绍,让读者知道"我测试的是什么",在明确测试目标后开展工作,做到真正的有的放矢。本书还融入了作者多年的测试经验和思考,给出了安全测试及 JMeter 二次开发的内容,这也是本书的一大亮点。

徐泽南

东方证券资产管理有限公司信息技术部总监

我与顾翔老师相识于某次培训,在攀谈时了解到顾翔老师是业界测试专家,并且已有一本专业测试书籍——《软件测试技术实战:设计、工具及管理》问世,所以我迫不及待地买了一本拜读。在阅读上述书的过程中,我深感顾翔老师在诸多方面的丰富经验以及在测试领域的真知灼见。顾翔老师是一个精力旺盛、笔耕不辍的人,本书是他的最新成果。目前开源测试软件已经成为主流,顾翔老师以案例教学的方式,手把手引导初学者玩转JMeter。我们都知道,测试人员要基于业务场景进行测试,顾翔老师在本书中巧妙地针对不同业务和技术测试场景深入浅出地讲解了测试脚本的建立和运行方法。希望大家通过阅读本书而收获满满。

刘通
《PMP 项目管理方法论与敏捷实践》《ITIL 4 与 DevOps 服务管理与认证考试详解》作者

本书是顾翔老师根据多年的测试管理经验提炼而成的,以案例贯穿始终,着眼于实际问题的解决,是测试工程师的案头必备书。

于兆鹏
银行业产品管理、项目管理和知识管理专家

本书系统、全面地讲述了如何利用 JMeter 测试工具保障底层服务的高可用性和服务端的稳定性。本书不仅对 JMeter 测试工具做了系统、深入的介绍,而且引入了案例实战、全链路监控的技术思路以及可视化监控的解决方案,可以帮助读者快速掌握性能测试领域的知识。

无涯
《Python 自动化测试实战》作者

性能测试是软件质量保证体系中非常重要的一个环节,也是测试领域技术要求最高的部分之一。JMeter 作为一款专业的测试工具流行了很多年,具备专业性和灵活性等诸多优点。不论对于传统的任务驱动型性能测试,还是对于时下流行的 DevTestOps 流水线下的平台化性能测试,JMeter 都是其中重要的工具和组件。顾翔老师的书结合实例讲解测试方法,让新手能够快速熟悉并掌握 JMeter,值得推荐。

文俊
易方达基金测试经理

近年来,中国软件产业保持了迅猛发展的态势。但是,由于中国许多软件企业还存在着重开发、轻测试的问题,造成了软件产品质量问题日渐突出。这不但已经成为影响中国软件产业发展的瓶颈,制约着软件产业整体质量水平的提高,同时也加重了软件产业的开发和服务成本负担。国内近年来未通过有效测试就匆忙上马的网站或者 App 出现故障的案例屡见不鲜。微软公司的软件测试人员与软件开发人员的比率大概是 1∶1,实践过程已经证明了这种人员结构的合理性。国内只有 IT 行业巨头和大型互联网公司成立了独立的软件测试部门,而中小型 IT 公司仅仅招聘少量的测试人员,甚至有不少公司让开发人员兼任测试人员。很多企业领导者认为,开发人员创造了软件,属于生产者;而测试人员不能直接创造软件,属于消费者。他们没有看到测试人员给项目挽回了多少损失。部分企业即使有专职测试人员,往往也只关注功能性测试,而忽视非功能性测试。

在“内卷”严重的今天,测试人员也需要精通“十八般武艺”,不仅需要有较强的分析和统计能力,而且需要具备一定的编码能力,能够同时玩转功能性测试和非功能性测试。

本书作者顾翔是中国软件测试界的元老级人物之一,他在测试行业和培训行业深耕多年,积累了丰富的软件研发和测试的实践经验,并出版了《软件测试技术实战:设计、工具及管理》等著作。本书能够帮助测试人员快速建立测试规范和掌握测试工具的使用。基于作者丰富的培训经验,本书在讲解 JMeter 时并未从晦涩难懂的理论或者枯燥乏味的元件入手,而是以当前比较热门的电商平台作为案例,讲解如何针对电商平台进行接口测试、安全测试、性能测试和测试监控。在读者对 JMeter 有了充分认知的基础上,再引入 JMeter 的元件介绍,使读者既知其然又知其所以然。

我相信,无论是想初步了解性能测试的开发人员还是想深入理解性能测试工具和最佳实践的测试人员,都会喜欢本书。

李经纬

NIIT 中国区技术总监

前 言

　　软件测试从测试方向上分为功能测试和非功能测试。功能测试以外的测试均为非功能测试。非功能测试又可分为易用性测试、性能测试、安全性测试、可靠性测试、可维护性测试等。

　　软件测试从测试方法上可分为自动化测试和非自动化测试。自动化测试既可以自己编写测试脚本,也可以使用已有的测试工具;非自动化测试通过手工的方式进行测试。在非功能测试中,性能测试必须使用自动化测试工具,这是因为在性能测试中并发测试是非常重要的一个测试内容。如果不使用自动化测试工具,性能测试是很难实现的。性能测试可以自己构建,也可以使用现有的性能测试产品构建。

　　前些年,自动化测试最热门的工具是 HP 公司的 LoadRunner。近几年来,在移动互联网对并发量要求越来越高的情况下,开源的性能测试工具 JMeter 越来越受到软件测试工程师的认可。另外,由于 JMeter 是基于协议的测试工具,所以也可以进行接口测试(一种不考虑 GUI,仅考虑协议的功能测试技术)和安全测试。然而,JMeter 毕竟是一个开源的测试工具,其易用性远远比不上 LoadRunner。现在市面上关于 JMeter 的图书比较少,而仅有的几种图书也主要是对 JMeter 工具本身进行介绍。许多读者反映,阅读了这些书,仅仅知道了 JMeter 的各个元件的功能,还是不知道如何将 JMeter 结合到实际工作中。为此,我编写了本书,基于案例手把手地帮助读者掌握 JMeter 的使用方法。

　　本书内容可以分为 5 部分。

　　第 1 部分为本书的第 1、2 章,是入门内容。第 1 章介绍 JMeter 基础知识和安装方法,并介绍被测产品——电子商务系统,这个被测产品将贯穿本书的始终;第 2 章介绍在 JMeter 中用得最多的协议——HTTP/HTTPS。

　　第 2 部分为本书的第 3～6 章,主要介绍测试脚本的建立。第 3 章介绍测试脚本初始化;第 4 章介绍如何建立登录接口测试脚本;第 5 章介绍如何建立其他接口测试脚本,包括与注册、商品、购物车和订单相关的接口测试脚本;第 6 章介绍 JMeter 的二次开发,即针对复杂业务建立测试脚本的方法。

　　第 3 部分为本书的第 7 章,介绍如何利用 JMeter 进行安全测试。

　　第 4 部分为本书的第 8、9 章,介绍性能测试。第 8 章介绍如何在接口测试的基础上进行性能测试;第 9 章介绍如何运行 JMeter 和进行性能测试监控。

　　第 5 部分为本书的第 10 章,简要介绍在前面各章中没有提及的比较重要的 JMeter 元件。

对于工具的介绍，大部分图书采取的方式是先介绍工具涉及的理论知识，然后介绍工具本身。编者认为这种方式不便于初学者快速掌握工具的使用。反过来，先对工具进行一系列操作，对工具有了一定的感性认识，再学习理论，才会对工具的使用有更深入的了解。建议读者在学习完理论知识以后，再回过头来想一想开始时这样操作的原因，这样的学习方法对于掌握工具更有好处。基于这样的思路，本书第2～8章的内容都是按照先操作再介绍产品的顺序组织的。

另外，本书的主要内容都配有微视频课程以及相关的代码和JMeter脚本。

在下面的二维码中，有本书配套微视频课程、相关代码和JMeter脚本的观看方式，以及作者的公众号和本书的讨论群信息。

顾　翔

2022 年 10 月

目 录

第 5 章　建立其他接口测试脚本　　/113

第1章

测试软件和被测产品

本章介绍测试软件和被测产品。测试软件是 JMeter,被测产品是电子商务系统。由于 JMeter 不是基于 GUI(Graphical User Interface,图形用户界面)的测试工具,而是基于接口的测试工具,所以理解被测产品的实现机制是非常重要的。

 ### 1.1 JMeter 概述

JMeter 是 Apache 发布的一款开源工具,主要用于性能测试,但是它也可以进行接口测试和安全测试。由于 JMeter 是一个纯 Java 应用程序,而 Java 代码运行需要依托于 JVM(Java Virtual Machine,Java 虚拟机),所以在安装 JMeter 之前必须先安装 JDK(Java Development Kit,Java 开发工具包),最新版本的 JMeter 支持的是 JDK 1.8 版本。

JMeter 是开源软件,用于加载测试功能行为和测量性能。它最初设计用于测试 Web 应用程序,后来扩展到其他测试功能。

JMeter 可用于测试静态和动态资源、Web 动态应用程序的性能。它可用于模拟服务器、服务器集群、网络或对象上的负载,以测试其强度或分析不同负载类型下的总体性能。

JMeter 的功能包括:支持多种不同的应用程序、服务器、协议类型的性能测试和接口测试;具有功能非常齐全的测试 IDE(Integrated Development Environment,集成开发环境);支持命令行模式和 GUI 模式;支持 Linux、Windows、macOS 等操作系统;测试完毕可以产生动态 HTML 报告;支持响应 HTML、JSON、XML 或任何文本格式;允许多个线程并发采样;具有高度可扩展的核心等特性。

另外需要注意的是,JMeter 不是工作在浏览器端的,而是工作在协议级别上的,所以类似在浏览器中处理的 JavaScript 等程序在 JMeter 上是不能运行的,必须单独编写专门的插件程序,在第 6 章将对此进行详细介绍。

1.2　JMeter 的安装

1.2.1　JMeter 的单机环境安装

单机环境与分布式环境是相对而言的,单机环境是指将 JMeter 软件安装在一台计算机上,而分布式环境是指将 JMeter 安装在多台计算机上。由于 JMeter 是通过多线程模拟虚拟用户的,多线程就会消耗一定的计算机资源,当一台计算机的资源不够用的情况下,就会考虑使用多台计算机实现。本节介绍单机环境下 JMeter 的安装,1.2.2 节介绍分布式环境下 JMeter 的安装。

在单机环境下安装 JMeter 的步骤如下:

(1) 到 JMeter 官网页面下载 JMeter 程序,放在本地的一个目录下,如图 1-1 所示。如果准备安装在 Windows 下,选择 zip 文件;如果准备安装在 Linux 下,选择 tgz 文件。本书以 Windows 为例。

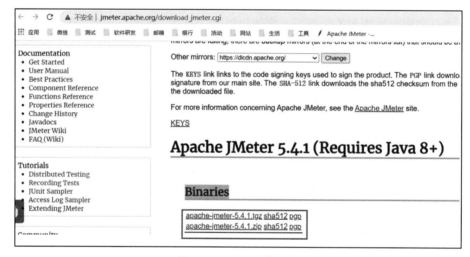

图 1-1　JMeter下载页面

(2) 打开控制面板,选择"系统和安全"→"系统"。在 Windows 10 下,右击"此电脑",在弹出的菜单中选择"属性"命令,可以直接进入控制面板。

(3) 单击"高级系统设置"按钮。

(4) 单击"环境变量"按钮。

(5) 如果与别人共享一台计算机,在用户变量中设置;否则在全局变量中设置。

(6) 单击"新建"按钮,设置变量名为 JMETER_HOME、变量值为 C:\apache\apache-jmeter-5.4.1,如图 1-2 设置。

JMeter 安装在 C:\apache\apache-jmeter-5.4.1 目录下。

(7) 在 PATH 下添加%JMETER_HOME%\bin,如图 1-3 所示。

(8) 将 CLASS_PATH 变量的值设为"%JMETER_HOME%\lib\ext\ApacheJMeter_core.jar;%JMETER_HOME%\lib\jorphan.jar;%JMETER_HOME%\lib\logkit-2.0.jar;",

如图 1-4 所示。

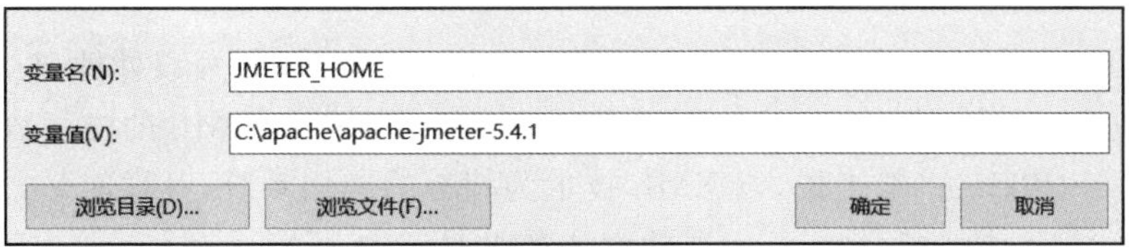

图 1-2　新建 JMETER_HOME 变量名

图 1-3　在 PATH 下添加％JMETER_HOME％\bin

图 1-4　设置 CLASS_PATH 变量的值

（9）完成环境变量设置，打开命令行。

（10）输入 jmeter，即可启动 JMeter 工具。

将 PATH 设置为％JMETER_HOME％\bin 的目的是使用户在任何地方都可以使用 JMeter。在 CLASS_PATH 中加上 ApacheJMeter_core.jar、jorphan.jar 和 logkit-2.0.jar，使得系统可以随时使用 JMeter 的 3 个关键的 jar 包。

1.2.2　JMeter 的分布式环境安装

在 1.4GHz～3GHz CPU、1GB 内存的客户端上运行 JMeter，可以处理 100～300 个线程。但是 Web Service 例外。XML 的处理取决于解析算法和 XML 的内存数据结构，可能会迅速耗尽 CPU。一般来说，以 XML 技术为核心的应用系统，其性能是普通 Web 应用的 10％～25％。在这种情况下需要建立分布式 JMeter 环境。

分布式 JMeter 环境主要由一个 JMeter 控制器（controller）和多个 JMeter 代理（agent）构成，如图 1-5 所示。

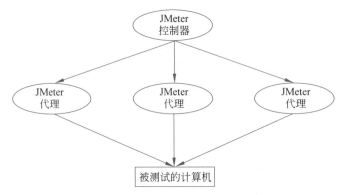

图 1-5　分布式 JMeter 环境

JMeter 控制器为控制计算机，JMeter 代理为工作计算机。

（1）先在每台计算机上安装 JMeter。

（2）在每台运行 JMeter 代理的计算机中打开％JMETER_HOME％\bin\jmeter.properties 文件。

（3）修改 server.rmi.ssl.disable 的值为 true：

```
# Set this if you don't want to use SSL for RMI
server.rmi.ssl.disable=true
```

（4）在命令行中执行 jmeter-server 命令：

```
C:\apache\apache-jmeter-5.1.1\bin>jmeter-server
Found ApacheJMeter_core.jar
Jun 17, 2021 11:52:50 AM java.util.prefs.WindowsPreferences <init>
WARNING: Could not open/create prefs root node Software\JavaSoft\Prefs at root
0x80000002. Windows RegCreateKeyEx(...) returned error code 5.
Created remote object: UnicastServerRef2 [liveRef: [endpoint:[192.168.0.103:
3652](local),objID:[66c7cfd9:17a1819a130:-7fff, 8834286476920256183]]]
```

（5）在运行 JMeter 控制器的计算机中打开％JMETER_HOME％\bin\jmeter.properties 文件。

（6）查找下面这一行：

```
remote_hosts=127.0.0.1
```

将其修改为

```
remote_hosts=192.168.1.103:1099,192.168.1.109:1099
```

假设存在两个 JMeter 代理：192.168.1.103：1099 和 192.168.1.109：1099。这里要特别注意端口，有些资料说明端口 1644 为 JMeter 的控制器和代理之间进行通信的默认 RMI(Remote Method Invocation,远程方法调用)端口，但是在测试时发现,将端口号设置为 1644 运行不成功，改成 1099 后运行通过。另外还要留意运行代理的计算机是否开启了防火墙等。

(7) 启动运行控制器的计算机上的 JMeter 应用 jmeter.bat，选择菜单"运行"→"远程启动"命令，分别启动各个代理，也可以直接选择"远程启动所有"命令启动所有的代理，如图 1-6 所示。

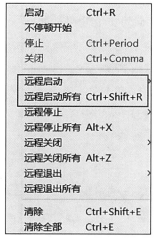

图 1-6　启动代理的命令

 ## 1.3　进入 JMeter 的世界

本节介绍 JMeter 的目录结构、JMeter 的多语言版本、JMeter 的界面以及 JMeter 的九大元件组。

1.3.1　JMeter 的目录结构及多语言版本

首先介绍 JMeter 的目录结构及多语言版本。

1. JMeter 的目录结构

进入 JMeter 的 Home 目录，显示如图 1-7 所示的目录结构。

下面介绍最重要的几个目录和子目录的功能。

(1) bin：这个目录下主要是 JMeter 的命令、配置文件、证书等关键文件。

① ApacheJMeterTemporaryRootCA.crt：录制 HTTPS 时使用的证书文件，将在 3.1.2 节中介绍。

② jmeter.bat：JMeter 启动命令。

③ jmeter.log：JMeter 日志文件。

④ jmeter.properties：JMeter 参数设置文件。

⑤ jmeter.bat：JMeter 在 Windows 操作系统下的图形化启动文件。

⑥ jmeter.sh：JMeter 在 Linux 操作系统下的图形化启动文件。

（2）bin\templates：这个目录下存储定义好的 JMeter 模板文件。

（3）lib：这个目录下存储 JMeter 基本插件。

图 1-7　JMeter 的
目录结构

（4）lib\ext：这个目录下存储 JMeter 扩展插件。用户自己编写 JMeter 脚本时使用的第三方插件一般都放在这个目录下。

（5）docs：这个目录下存储 JMeter API 文档。

（6）printable_docs：这个目录下存储 JMeter 帮助文档。

（7）backups：这个目录下存储历史上使用过的 jmx 文件。

2. JMeter 的多语言版本

JMeter 目前支持英语、法语、德语、挪威语、波兰语、葡萄牙语（巴西）、西班牙语、土耳其语、日语、中文（简体）、中文（繁体）和 Korean。

可以通过菜单"选项"→"选择语言"切换语言，如图 1-8 所示。

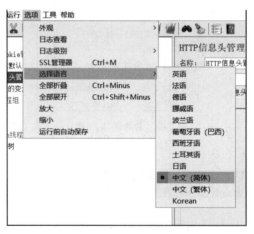

图 1-8　切换 JMeter 语言

JMeter 软件的简体中文版翻译得实在不能让人满意，主要表现在以下几方面：

（1）在一个元件中，有的地方用的是简体中文，有的地方用的是英文。例如，菜单中的命令为 CSV Data Set Config，界面中为"CSV 数据文件设置"。

（2）同一类别的元件有的用中文，有的用英文，例如"XPath 断言"和 XPath2 Assertion。

（3）元件界面中的文字是中英文混排的，如图 1-9 所示。

（4）部分界面中的文字直接移用繁体中文翻译结果，不符合绝大多数中国用户的习

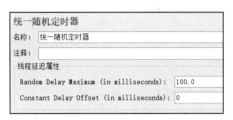

图 1-9　元件界面中的文字是中英文混排的

惯。例如"察看结果树",绝大多数中国用户习惯使用"查看结果树"。

（5）翻译有误。例如,"正则表达式中的信息头"应为"正则表达式中的响应报文信息头"。
本书以简体中文版进行介绍,在附录 A 中给出了 JMeter 元件中英文对照。

1.3.2　JMeter 的界面

JMeter 的界面分为菜单栏、图标工具栏、树状区和工作区 4 部分,如图 1-10 所示。菜单栏为操作 JMeter 的菜单;图标工具栏为以图标方式给出的 JMeter 一些关键功能;JMeter 的所有元素均可展示为一个树状结构;当前工作元件在工作区进行配置。

图 1-10　JMeter 界面的 4 部分

1. 菜单栏

在图 1-10 中,①为菜单栏,包括"文件""编辑""查找""运行""选项""工具""帮助"共 7 个菜单。

1）"文件"菜单

"文件"菜单中包括以下命令:

（1）"新建":新建一个测试计划。

（2）"模板":打开一个测试计划的模板。

（3）"最近打开":打开最近 9 次使用的测试计划。

（4）"合并":将当前测试计划合并到另一个测试计划中。

（5）"保存测试计划":保存当前的测试计划。

（6）"保存测试计划为":将当前的测试计划保存为另一个测试计划。

（7）"选中部分保存为":将选中的部分保存为测试计划。

（8）"保存测试片段":保存当前的测试片段。

（9）"还原":还原为未保存之前的设置。

（10）"重启":重新启动 JMeter。

（11）"退出"：退出 JMeter。

2）"编辑"菜单

在树状结构中选择的节点类型不同，"编辑"菜单中的命令随之不同。"编辑"菜单中最常见的命令如下：

（1）"打开"：同"文件"菜单中的"打开"命令。

（2）"合并"：同"文件"菜单中的"合并"命令。

（3）"选中部分保存为"：同"文件"菜单中的"选中部分保存为"命令。

（4）"保存节点为图片"：将当前节点保存为图片。仅包含当前节点的区域为主操作区。

（5）"保存屏幕为图片"：将当前屏幕保存为图片，包含 JMeter 的所有 4 个区域。

（6）"启用"：启用当前被禁用的节点。

（7）"禁用"：禁用当前节点。

（8）"切换"：当前节点在启用与禁用间切换。

（9）"帮助"：显示官网对当前节点的介绍。

3）"查找"菜单

"查找"菜单中包括以下两个命令：

（1）"查找"：设置查找条件。

（2）"重置搜索"：重置查找条件。

4）"运行"菜单

"运行"菜单中包括以下命令：

（1）"启动"：按照线程属性 Ramp-Up 时间设置启动测试计划。

（2）"不停顿开始"：忽略线程属性 Ramp-Up 时间设置启动测试计划。

（3）"停止"：立即停止测试。

（4）"关闭"：在当前循环结束时结束当前测试。

（5）"远程启动"：启动远程的一到多个测试任务。

（6）"远程启动所有"：启动远程的所有测试任务。

（7）"远程停止"：停止远程的一到多个测试任务。

（8）"远程停止所有"：停止远程的所有测试任务。

（9）"远程关闭"：关闭远程的一到多个测试任务。

（10）"远程关闭所有"：关闭远程的所有测试任务。

（11）"远程退出"：退出远程的一到多个测试任务。

（12）"远程退出所有"：退出远程的所有测试任务。

（13）"清除"：清除报告中的内容。

（14）"清除所有"：清除包括报告、日志等在内的所有运行内容。

5）"选项"菜单

"选项"菜单中包括以下命令：

（1）"外观"：选择 JMeter 界面外观，包括 CDE/Motif、Metal、Darklaf-Darcual、Darklaf-High Contrast Dark、Darklaf-High Contrast Light、Darklaf-Intellij、Darklaf-One Dark、Darklaf-Solarizde Dark、Darklaf-Solarizde Light、Nimbus、Windows、Windows

Classics。更换 JMeter 界面外观后,需要立即重新启动 JMeter。

(2)"日志查看":查看日志。

(3)"日志级别":设置日志级别,包括 OFF、FATAL、ERROR、WARN、NFO(默认)、DEBUG、TRACE 和 ALL。

(4)"SSL 管理器":选择 HTTP 认证证书。

(5)"选择语言":选择 1.3.1 节中介绍的语言版本。

(6)"全部折叠":全部折叠当前树状结构。

(7)"全部展开":全部展开当前树状结构。

(8)"放大":放大窗口字体。

(9)"缩小":缩小窗口字体。

(10)"运行前自动保存":运行脚本前自动保存脚本。

6)"工具"菜单

"工具"菜单中包括以下命令:

(1)"创建一个堆转储":该命令需要一定的权限。

(2)"创建一个线程转储":该命令需要一定的权限。

(3)"函数助手对话框":显示函数助手对话框。

(4)Generate HTML Report:生成一个 HTML 格式的报告。

(5)Compile JSR223 Test Element:编译 JSR223 测试元件。JSR223 是基于 Groovy 语言的语法的脚本,在 JMeter 中广泛配合 Java BeanShell 使用,但是由于 JSR223 需要许多高级技巧,本书不进行介绍,仅仅介绍用 Java 写的 BeanShell 基础语句。

(6)"导出交换报告":导出交换报告。

(7)Generate Schematic View(alpha):生成图解视图。例如,本书中的脚本产生的图解视图如图 1-11 所示。

图 1-11　图解视图

(8)Import from cURL:引入第三方 cURL。cURL 是一个利用 URL 语法在命令行下工作的文件传输工具,1997 年首次发行。它支持文件上传和下载,所以是综合传输工具,但按传统习惯,称 cURL 为下载工具。cURL 还包含了用于程序开发的 libcurl。

7）"帮助"菜单

"帮助"菜单中包括以下命令：

（1）"这个节点是什么？"：这个功能没有实现①。

（2）"调试开"：打开调试。

（3）"调试关"：关闭调试。

（4）"有用的链接"：JMeter 推荐的有用的链接。

（5）"关于 Apache JMeter"：显示当前 JMeter 的信息。例如，5.4.1 版本的 JMeter 的信息如图 1-12 所示。

图 1-12　JMeter 5.4.1 版本的信息

2. 图标工具栏

在图 1-10 中，②为图标工具栏，它将菜单中的一些常用功能以图标的形式进行展示，这样可以更方便地使用。图标工具栏如图 1-13 所示。

图 1-13　图标工具栏

图标工具栏中的图标工具从左到右依次如下：

（1）新建：对应"文件"菜单中的"新建"命令。

（2）模板：对应"文件"菜单中的"模板"命令。

（3）打开：对应"文件"菜单中的"打开"命令。

（4）保存：对应"文件"菜单中的"保存测试计划"命令。

（5）剪切：对应"编辑"菜单中的"剪切"命令。

（6）拷贝：对应"编辑"菜单中的"拷贝"命令。

（7）粘贴：对应"编辑"菜单中的"粘贴"命令。

（8）全部展开：对应"选项"菜单中的"全部展开"命令。

（9）全部折叠：对应"选项"菜单中的"全部折叠"命令。

（10）切换：对应"编辑"菜单中的"切换"命令。

（11）启动：对应"运行"菜单中的"启动"命令。

---

① JMeter 作为开源工具，经常出现一些错误。

（12）不停顿启动：对应"运行"菜单中的"不停顿启动"命令。

（13）停止：对应"运行"菜单中的"停止"命令。

（14）关闭：对应"运行"菜单中的"关闭"命令。

（15）清除：对应"运行"菜单中的"清除"命令。

（16）清除全部：对应"运行"菜单中的"清除全部"命令。

（17）查找：对应"查找"菜单中的"查找"命令。

（18）重置搜索：对应"查找"菜单中的"重置搜索"命令。

（19）函数助手对话框：对应"工具"菜单中的"函数助手对话框"命令。

（20）帮助：对应"帮助"菜单中的"帮助"命令。

3. 树状区

在图 1-10 中，③为树状区，JMeter 的脚本在其中以树状结构展示。本书中关于节点的常见操作如下：

（1）在 A 节点下面添加 B 节点：即 B 节点为 A 节点的子节点。

（2）在 A 节点后面添加 B 节点：即 A 节点与 B 节点同级，B 节点紧跟着 A 节点。

（3）在 A 节点上右击，在弹出菜单中选择"添加"→"类型"→"B 节点"命令，即在 A 节点下面添加 B 节点。

4. 工作区

在图 1-10 中，④为在树状区中选择的当前元件的具体信息。JMeter 元件中都包含"名称"（必填）和"注释"（选填）两部分，"名称"用于为这个元件命名，"注释"具体介绍这个元件的作用。

1.3.3　JMeter 的九大元件组

JMeter 包括取样器、逻辑控制器、配置元件、定时器、前置处理器、后置处理器、断言、监听器以及其他元件这九大元件组，下面进行介绍。

1. 取样器

取样器的目的是生成样本的元件，该元件组主要包括"FTP 请求"元件、"HTTP 请求"元件、"JDBC 请求"元件、"Java 请求"元件、"LDAP 请求"元件、"LDAP 扩展请求默认值"元件、"访问日志取样器"元件、"BeanShell 取样器"元件、"JSR223 取样器"元件、"TCP 取样器"元件、"JMS 发布"元件、"JMS 订阅"元件、"JMS 点对点"元件、"JUnit 请求"元件、"邮件阅读者取样器"元件、"测试活动"元件、"SMTP 取样器"元件、"OS 进程取样器"元件和"Bolt 请求和调试取样器"元件。

2. 逻辑控制器

逻辑控制器控制脚本的逻辑运行，该元件组主要包括"简单控制器"元件、"循环控制器"元件、"仅一次控制器"元件、"交替控制器"元件、"随机控制器"元件、"随机顺序控制器"元件、"吞吐量控制器"元件、"Runtime 控制器"元件、"If 控制器"元件、"While 控制器"元件、"Switch 控制器"元件、"ForEach 控制器"元件、"模块控制器"元件、"包含控制器"元件、"事务控制器"元件、"录制控制器"元件和"临界部分控制器"元件。

3. 配置元件

配置元件用于初始化变量，以便取样器使用。配置元件类似于框架的配置文件，参数化需要的配置都在该组元件中。该元件组主要包括"CSV 数据文件设置"元件、"FTP 默认请求"元件、"DNS 缓存管理器"元件、"HTTP 授权管理器"元件、"HTTP 缓存管理器"元件、"HTTP Cookie 管理器"元件、"HTTP 请求默认值"元件、"HTTP 信息头管理器"元件、"Java 默认请求"元件、"JDBC 连接设置"元件、"密钥库配置"元件、"登录配置"元件、"LDAP 扩展请求默认值"元件、"LDAP 请求默认值"元件、"计数器"元件、"TCP 取样器配置"元件、"用户定义的变量"元件、"简单配置"元件、"随机变量"元件和"Bolt 连接配置"元件。

4. 定时器

定时器一般用来指定请求发送的延时策略，在没有定时器的情况下，JMeter 发送请求是不会暂停的。该元件组主要包括"固定定时器"元件、"高斯随机定时器"元件、"泊松随机定时器"元件、"统一随机定时器"元件、"准确的吞吐量定时器"元件、"常数吞吐量定时器"元件、"同步定时器"元件、"BeanShell 定时器"元件和"JSR223 定时器"元件。

5. 前置处理器

前置处理器在进行取样器请求之前执行一些操作，例如生成入参数据。该元件组主要包括"HTTP URL 重写修饰符"元件、"HTML 连接解释器"元件、"用户参数"元件、"BeanShell 预处理程序"元件、"JSR223 前置处理器"元件、"JDBC 前置处理器"元件、"正则表达用户参数"元件和"取样器超时"元件。

6. 后置处理器

后置处理器在取样器请求完成后执行一些操作，通常用于处理响应数据，从中提取需要的值。该元件组主要包括"正则表达式提取器"元件、"CSS/JQuery 提取器"元件、"XPath2 提取器"元件、"XPath 提取器"元件、"JSON 提取器"元件、"JSON JMESPath 提取器"元件、"结果状态处理器"元件、"BeanShell 后置处理程序"元件、"JSR223 后置处理器"元件、"JDBC 后置处理器"元件和"边界提取器"元件。

7. 断言

断言主要用于判断取样器请求或对应的响应是否返回了期望的结果。该元件组主要包括"响应断言"元件、"断言持续时间"元件、"大小断言"元件、"XML 断言"元件、"BeanShell 断言"元件、"MD5Hex 断言"元件、"HTML 断言"元件、"XPath 断言"元件、"XPath2 断言"元件、"XML Schema 断言"元件、"JSR223 断言"元件、"比较断言"元件、"SMIME 断言"元件、"JSON 断言"元件和"JSON JMESPath 断言"元件。

8. 监听器

监听器可以在 JMeter 执行测试的过程中收集相关的数据，然后将这些数据在 JMeter 界面上以树、图、报告等形式呈现出来。不过图形化的呈现非常消耗客户端资源，在正式性能测试中并不推荐使用。该元件组主要包括"样本结果保存配置"元件、"图形结果"元件、"察看结果树"元件、"断言结果"元件、"聚合报告"元件、"用表格察看结果"元件、"简单数据写入器"元件、"汇总图"元件、"响应时间图"元件、"邮件观察仪"元件、"BeanShell 监听器"元件、"汇总报告"元件、"保存响应到文件"元件、"JSR223 监听器"元件、"生成概要结果"元件、"比较断言可视化器"元件和"后端监听器"元件。

9. 其他元件组

除了上面介绍的元件以外,还有一些元件无法归组,因此将它们合为一组。该元件组主要包括"测试计划"元件、"线程组"元件、"HTTP 代理服务器(HTTP(S)测试脚本录制)"元件、"HTTP 镜像服务器"元件、"属性显示"元件、"测试片段"元件、"setUp 线程组"元件和"tearDown 线程组"元件。

 ## 1.4　被测产品:电子商务系统

现在电子商务已经走入千家万户,开发电子商务系统也成了许多商家的需求。电子商务系统一般均包括用户管理、商品管理、购物车管理、订单管理、支付管理、售后管理这几个模块。对于接口测试和性能测试,了解产品实现的基本框架是非常重要的,因此在这里专门用一节对电子商务系统进行介绍。

1.4.1　被测产品的介绍

被测产品是一个最普通的电子商务系统,注册完毕的用户可以进行登录,登录完毕就可以浏览商品,将自己喜欢的商品放入购物车,然后生成订单,最后完成支付功能。本书提供 Django 版本和 J2EE 版本的电子商务系统,这两个版本的功能是完全一样的。Django 版本已经全部开发完毕,J2EE 版本刚刚开发了几个模块。电子商务产品包括用户模块、商品模块、送货地址模块、购物车模块、订单模块和支付模块,并且定义了一组安全机制。在 1.4.3 节将进行信息详细介绍。

Django 是 Python 的一个 Web 开发框架,它建立网站速度很快,并且可以有效避免XSS 注入与 SQL 注入,对于 CSRF 注入提供了第三方插件进行防控。

本产品共有 5 个表,分别是用户(User)、地址(Address)、商品(Goods)、单个订单(Order)和总订单(Orders),它们之间的 E-R 关系如图 1-14 所示。

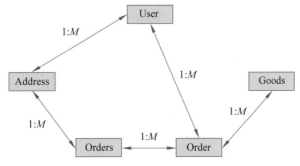

图 1-14　电子商务系统 5 个表的 E-R 关系

(1)一个用户对应多个送货地址,一个送货地址对应一个用户,所以用户和送货地址是一对多的关系,需要在送货地址表中建立指向用户表的外键。

（2）一个送货地址对应多个总订单，一个总订单对应一个送货地址，所以送货地址和总订单是一对多的关系，需要在总订单表中建立指向送货地址表的外键。

（3）一个用户对应多个单个订单，一个单个订单对应一个用户，所以用户和单个订单是一对多的关系，需要在单个订单表中建立指向用户表的外键。

（4）一个商品对应多个单个订单，一个单个订单对应一个商品，所以商品和单个订单是一对多的关系，需要在单个订单表中建立指向商品表的外键。

（5）一个总订单对应多个单个订单，一个单个订单对应一个总订单，所以总订单和单个订单是一对多的关系，需要在单个订单表中建立指向总订单表的外键。

Django 版本均采用传统的 HTML 的响应格式；而在 J2EE 版本中，商品列表采用 XML 的响应格式、商品详情采用 JSON 的响应格式。

1.4.2　被测产品的安装

软件测试是一门实践的科学，仅仅靠理论学习是解决不了问题的。下面各章节将围绕本书提供的电子商务系统展开，对 JMeter 工具进行介绍，因此需要大家将被测产品下载并安装在自己的计算机上，再结合本书介绍的步骤进行实际操作，才会带来更好的学习效果。本书的被测产品 Django 版本的下载和安装方法如下：

（1）下载并且安装 Python 3.x 版本。

（2）进入命令行，运行以下命令：

```
>pip3 install django
```

（3）从 https://github.com/xianggu625/ebussiness 下载被测产品源代码。

（4）将下载的被测产品源码放在本地非中文名的目录下，运行该目录下的 runserver.bat 文件。

```
C:/…/ebusinesss>runserver.bat
```

当出现下面的内容时表示设置成功。

```
Performing system checks...

System check identified no issues (0 silenced).

You have 20 unapplied migration(s). Your project may not work properly until you
apply the migrations for app(s): admin, auth, contenttypes, goods, sessions.
Run 'python manage.py migrate' to apply them.
September 09, 2021 - 18:07:57
Django version 3.0.8, using settings 'ebusiness.settings'
Starting development server at http://0.0.0.0:8000/
Quit the server with CTRL-BREAK.
```

（5）打开浏览器，在地址栏中输入 http://＜服务器的 IP 地址＞:8000，出现如图 1-15 所示的电子商务系统登录页面。

图 1-15　电子商务系统登录页面

上面安装的是被测产品的 Django 版本。被测产品的 J2EE 版本是在 Tomcat 平台上基于 J2EE 的体系开发的,其安装步骤如下:

(1) 将被测产品的源代码目录 ebusiness 复制到 Tomcat 的％TOMCAT_HOME％\webapps\目录下。

(2) 把该目录中的 static 复制到％TOMCAT_HOME％\webapps\目录下,然后把 ebusiness 目录下的 static 删除。

(3) 启动 Tomcat。

(4) 打开浏览器,在地址栏中输入 http://<服务器的 IP 地址>:8080/ebusiness 即可访问电子商务系统。

被测产品安装完毕后,就可以在上面进行注册,用注册的账号登录,查看商品,选择商品,把它放入购物车,然后结算,生成订单。还可以单击用户名,查看用户信息,修改密码,添加、修改、删除收货地址。

1.4.3　被测产品的模块

本书介绍的电子商务系统包括用户模块、商品模块、送货地址模块、购物车模块、订单模块、支付模块以及一系列电子商务系统的安全机制。下面对这些模块一一进行介绍。

1. 电子商务系统的用户模块

用户模块用于本系统用户的注册与登录。登录后,选择用户名,可以显示用户信息并修改当前用户的密码。本模块包括用户注册、用户登录、显示用户信息和修改用户密码 4个功能。

(1) 注册信息包括用户名、密码、邮箱和手机号码(最后一项仅支持 J2EE 版本)。要求用户名必须唯一。如果用户名在数据库中已经存在,显示相应的错误信息。

(2) 用户登录时,如果用户名和密码输入有误,显示相应的错误信息。

(3) 密码的长度必须不小于 5 位。

(4) 用户登录系统后,应该允许用户查看自己的用户信息和收货信息。

(5) 密码允许修改。用户修改密码时必须提供旧密码、新密码并确认新密码。

J2EE 版本中添加了以下两个功能:

(1) 通过 e-mail 找回密码。用户输入注册时使用的 e-mail 提交找回密码申请。如果申请被通过,系统把验证码发送到用户的邮箱中;如果 e-mail 不是注册时使用的,申请工作将被终止。

（2）通过短信找回密码。用户输入注册时使用的手机号码提交找回密码申请。如果申请通过，系统把验证码发送到用户手机上；如果手机号码不是注册时使用的，申请工作将被终止。

与用户模块相关的网页如表 1-1 所示。

表 1-1　与用户模块相关的网页

网页 URL	作　用
/、/index/	用户登录
/logout/	用户登出
/register/	用户注册及验证注册信息
/login_action/	验证用户登录信息
/user_info/	获取用户信息
/change_password/	修改用户密码

与用户模块相关的数据库表 goods_user 的结构如表 1-2 所示。

表 1-2　与用户模块相关的数据库表 goods_user 的结构

字　段　名	类　型	说　明
id	int(11)	用户编号，主键
username	varchar(50)	用户名
password	varchar(64)	密码
email	varchar(254)	e-mail 地址

2. 电子商务系统的商品模块

商品模块包括商品信息维护、显示商品概要信息、显示商品详细信息、根据商品名称进行模糊查询 4 个功能。

（1）商品信息维护包括商品信息的增加、修改和删除操作，这些操作是利用 Django 的后台框架完成的。

（2）显示商品概要信息包括显示商品的编号、名称、价格以及查看商品详细信息和将商品放入购物车的操作链接，此功能分页显示（在 J2EE 版本中通过读取 XML 文件实现）。

（3）显示商品详细信息除了显示商品名称、价格，还显示商品的描述、图片，并且提供将商品放入购物车的操作链接（在 J2EE 版本中通过读取 JSON 文件实现）。

（4）根据商品名称进行模糊查询通过对商品名称的模糊查询实现查找商品，查询结果也需要实现分页功能。

与商品模块相关的网页如表 1-3 所示。

表 1-3　与商品模块相关的网页

网页 URL	作　　用	参　　数
/goods_view/	查看商品列表信息	
/search_name/	商品搜索	
/view_goods/good_id/	查看商品详情信息	good_id：商品编号

与商品模块相关的数据库表 goods_goods 的结构如表 1-4 所示。

表 1-4　与商品模块相关的数据库表 goods_goods 的结构

字　段　名	类　　型	说　　明
id	int(11)	商品编号，主键
name	varchar(100)	商品名称
price	double	商品价格
picture	varchar(100)	图片名称
desc	longtext	商品描述

后台路径为 http://＜服务器的 IP 地址＞:8000/admin/。用户名为 xiang，密码为 123456。

3. 电子商务系统的送货地址模块

送货地址模块包括送货地址的显示、添加、修改和删除 4 个功能。

（1）送货地址可以在生成订单并选择送货地址的页面显示，也可以在查看用户信息的页面显示。

（2）可以在当前用户账号下添加一个或多个送货地址。

（3）送货地址的修改和删除页面可以从送货地址显示页面进入。

与送货地址模块相关的网页如表 1-5 所示。

表 1-5　与送货地址模块相关的网页

网页 URL	作　用	参　　数
/view_address/	查看送货地址	
/add_address/sign/	添加送货地址	sign＝1：从用户信息页面进入；sign＝2：从订单信息页面进入
/delete_address/address_id/sign/	删除送货地址	address_id：需要删除的送货地址编号 sign＝1：从用户信息页面进入；sign＝2：从订单信息页面进入
/update_address/address_id/sign/	修改送货地址	address_id：需要修改的送货地址编号 sign＝1：从用户信息页面进入；sign＝2：从订单信息页面进入

与送货地址模块相关的数据库表 goods_address 的结构如表 1-6 所示。

表 1-6　与送货地址模块相关的数据库表 goods_address 的结构

字 段 名	类 型	说 明
id	int(11)	送货地址编号，主键
address	varchar(50)	送货地址
phone	varchar(15)	收货人电话
user_id	int(11)	收货人编号，外键

4. 电子商务系统的购物车模块

购物车模块包括查看购物车、添加商品到购物车中、删除购物车中的某种商品、删除购物车中的所有商品和修改购物车中某种商品的数量 5 个功能。

（1）查看购物车通过列表实现，包括显示商品编号、名称、价格、数量以及移除的操作链接。单击商品编号可以查看对应的商品详细信息。

（2）添加商品到购物车中可以在购物车列表中操作，也可以在商品的详细信息页面中操作。

（3）删除购物车中的某个/所有商品和修改购物车中某种商品的数量的操作在查看购物车页面中进行。

与购物车模块相关的网页如表 1-7 所示。

表 1-7　与购物车模块相关的网页

网页 URL	作 用	参 数
/add_chart/good_id/sign/	把商品放入购物车	good_id：商品编号 sign＝1：返回商品列表页面；sign＝0：返回商品详情页面
/view_chart/	查看购物车	
/remove_chart/good_id/	把商品从购物车中移出	good_id：商品编号
/update_chart/good_id/	修改购物车中某种商品的数量	good_id：商品编号

5. 电子商务系统的订单模块

订单模块包括显示订单、显示所有订单、删除单个订单以及删除所有订单 4 个功能。

（1）订单在生成完毕后显示，包括生成时间、送货地址和总金额以及订单中每种商品的编号、名称、价格和数量。

（2）可以显示该用户账户下的所有订单，每个订单的显示内容同上。如果某个订单没有支付，系统提供支付操作的链接。

（3）删除单个订单可以在显示单个订单页面中进行，也可以在显示所有订单页面中进行。

（4）删除所有订单在显示所有订单页面中进行。

（5）在订单页面中单击商品编号可以查看对应商品的详细信息。

与订单模块相关的网页如表 1-8 所示。

表 1-8　与订单模块相关的网页

网页 URL	作　用	参　　数
/create_order/	生成订单	
/view_order/orders_id/	显示订单	orders_id：订单编号
/view_all_order/	显示所有订单	
/delete_orders/orders_id/sign/	删除订单	orders_id：订单编号 id＝1,3：删除单个订单；id＝2：删除所有订单 id＝1,2：从显示所有订单页面进入；id＝3：从显示单个订单页面进入

与订单模块相关的数据库表的结构如表 1-9 和表 1-10 所示。

表 1-9　与订单相关的数据库表 goods_orders 的结构

字 段 名	类　　型	说　　明
id	int(11)	订单编号，主键
create_time	datetime(6)	订单创建时间
status	tinyint(1)	状态(0：未支付；1：已支付)
address_id	int(11)	收货地址编号，外键

表 1-10　与订单中商品相关的数据库表 goods_order 的结构

字 段 名	类　　型	说　　明
id	int(11)	订单项编号，主键
count	int(11)	商品数量
goods_id	int(11)	商品编号，外键
order_id	int(11)	订单编号，外键
user_id	int(11)	用户编号，外键

订单项(good_order)是订单中一个商品的记录。一个订单包括多个订单项。

6. 电子商务系统的支付模块

支付模块将调用支付宝、微信、银联的第三方接口模块。支付模块本身的代码比较少。

1.4.4　被测产品的安全机制

被测产品的安全机制包含以下几点：

(1) 不允许查看其他用户的信息。

（2）不允许重置其他用户的密码。

（3）不允许查看、修改和删除其他用户的送货地址信息。

（4）不同的用户登录同一台计算机后，不允许查看其他用户的购物车信息。

（5）不允许查看和删除其他用户的订单。

（6）为了防止 CSRF 攻击，启用 CSRF token 机制（关于 CSRF token 机制将在 4.1.2 节进行介绍）。

（7）防止 SQL 注入、XSS 注入、XML 注入和 JSON 注入。

第 2 章

HTTP/HTTPS

虽然 JMeter 可以支持很多协议,但是用得最多的还是 HTTP/HTTPS,所以在本章专门介绍这两个协议。HTTP 与 HTTPS 主要差别在于是否承载 TLS 或 SSL 安全协议层。为了便于描述,本章将这两个协议统称为 HTTP。本章介绍 HTTP 的工作原理、HTTP 的请求包和响应包以及 HTTP 的无连接性和无状态性。

2.1　HTTP 的工作原理

超文本传输协议(HyperText Transfer Protocol,HTTP)是互联网上应用最广泛的一种网络协议。所有的 WWW 文件都必须遵守这个标准。设计 HTTP 最初的目的是提供一种发布和接收 HTML 页面的方法。1960 年,美国人 Ted Nelson 提出了一种通过计算机处理文本信息的方法,并称其为超文本(hypertext),这就是 HTTP 标准架构的发展根基,HTTP 第一个版本 HTTP/0.9 是一种用于网络间原始数据传输的简单的协议。Ted Nelson 促成协调万维网联盟(World Wide Web Consortium,W3C)和互联网工程任务组(Internet Engineering Task Force,IETF)开展合作研究,最终发布了一系列 RFC(Request For Comments,请求评论)。HTTP/1.0 是在 RFC 1945 中定义的,它在 HTTP/0.9 的基础上做了改进,允许消息以类 MIME(Multipurpose Internet Mail Extensions,多用途互联网邮件扩展)信息格式存在。现在普遍使用的是 RFC 2616 定义的 HTTP/1.1,它要求严格保证可服务性,增强了在 HTTP/1.0 中没有考虑的分层代理服务器、高速缓存、持久连接需求以及虚拟主机等方面的能力。

HTTP 还推出了 HTTP/2.0 版本。百度百科对于 HTTP/2.0 是这样介绍的:HTTP/2.0 是下一代 HTTP,是由互联网工程任务组的 httpbis 工作小组开发的,是自 1999 年 HTTP/1.1 发布后的首次更新。HTTP/2.0 在 2013 年 8 月进行首次合作共识性测试。在开放互联网上 HTTP/2.0 将只用于 https://网址,而 http://网址将继续使用 HTTP/1。HTTP/2.0 的目的是在开放互联网上使用加密技术,以提供强有力的保护,遏制主动攻击。

HTTP 是基于 TCP 的协议，同时也可以承载 TLS 或 SSL，通常把承载 TLS 或 SSL 的协议称为 HTTPS。在一般情况下，HTTP 的默认端口为 80，而 HTTPS 的默认端口为 443。图 2-1 是 HTTP 的协议栈，图 2-2 是 HTTPS 的协议栈。

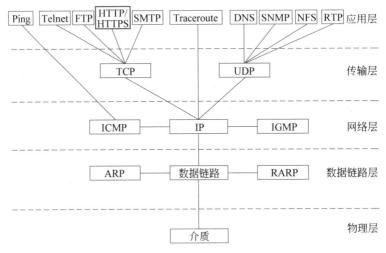

HTTP	应用层
TCP	传输层
IP	网络层
网络接口	数据链路层

图 2-1　HTTP 的协议栈

HTTPS	应用层
TSL或SSL	安全层
TCP	传输层
IP	网络层
网络接口	数据链路层

图 2-2　HTTPS 的协议栈

图 2-3 是网络协议层次结构，HTTP/HTTPS 位于 TCP 的上面，属于应用层协议。

图 2-3　网络协议层次结构

2.2　HTTP 的请求包和响应包

HTTP 的包有请求包和响应包两种，请求包是浏览器端发送到服务器端的，而响应包是服务器端返回到浏览器端的。本节介绍 HTTP 的请求包和响应包。

2.2.1　HTTP 的请求包

首先来看 HTTP 请求包，它有 OPTIONS、GET、HEAD、POST、PUT、DELETE、TRACE 和 CONNECT 共 8 个请求方法（注意，这些请求方法均应大写），其中比较常用的为 GET 和 POST 两个请求方法。

（1）OPTIONS：返回服务器针对指定资源所支持的 HTTP 请求方法，也可以利用向 Web 服务器发送内容为'*'的请求测试服务器的功能性。

（2）HEAD：向服务器要求与 GET 请求一致的响应，只不过响应体将不会被返回。

这一请求方法可以在不必传输整个响应内容的情况下获取包含在响应头中的元信息。

（3）GET：向指定资源发出请求。注意，该方法不应当被用于产生"副作用"的操作中。例如，在 Web 应用中，GET 可能会被网络蜘蛛等随意访问。GET 的参数位于请求起始行路径的下面，而不在请求体中。

（4）POST：向指定资源提交数据（例如提交表单或者上传文件）请求进行处理。数据被包含在请求体中。POST 请求可能会导致新的资源的建立和（或）已有资源的修改。

（5）PUT：向指定资源位置上传其最新内容。

（6）DELETE：请求服务器删除 Request-URL 所标识的资源。

（7）TRACE：回显服务器收到的请求，主要用于测试或诊断。

（8）CONNECT：在 HTTP/1.1 中预留给能够将连接改为管道方式的代理服务器。

HTTP 的请求分为以下 3 部分。

（1）请求起始行。

（2）请求头。

（3）请求体。

例如，图 2-4 是一个用 Fiddler 4 捕捉到的访问 http://www.3testing.com 网站的请求包。

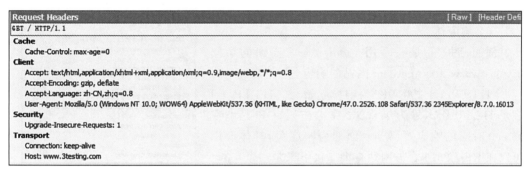

图 2-4　Fiddler 4 捕捉到的 GET 请求包

"GET / HTTP/1.1"为请求起始行。GET 表示请求方法，是上面介绍的 8 种请求方法之一；/表示访问的是根目录；HTTP/1.1 表示 HTTP 版本号为 1.1。后面是请求头，具体介绍可以在 RFC 2616 官方网站查询，在这里不做介绍。请求头后面是一个空行，然后是请求体。图 2-4 是一个 GET 请求，没有请求体。再看一个 POST 请求的例子，如图 2-5 所示。

图 2-5　Fiddler 4 捕捉到的 POST 请求

图 2-5 的内容就是请求体。在 POST 请求中请求体为表单。如果是一个文件上传的 POST 请求，文件内容也是请求体的一部分（在 Fiddler 4 中，请求起始行和请求头在 Request Headers 标签下，请求体在 TextView 标签下，不显示空行）。

2.2.2　HTTP 的响应包

HTTP 的响应包中很重要的一个功能为 HTTP 的响应码，它包含服务器响应情况，共分为以下五类：

（1）1××：指示信息，表示接收到请求，继续执行进程。

（2）2××：成功，表示请求已被成功接收、理解和接受。

（3）3××：重定向，表示要完成请求必须进行进一步的操作。

（4）4××：客户端错误，表示请求有语法错误或者无法实现。

（5）5××：服务器错误，表示服务器未能实现合法请求。

每个响应码都有对应的响应短语。例如，响应码 404 的响应短语为 Not Found，响应码 200 的响应短语为 OK。

HTTP 的响应包与请求包非常相似，也分为以下 3 部分：

（1）响应起始行。

（2）响应头。

（3）响应体。

例如，图 2-6 是一个用 Fiddler 4 捕捉到的访问 http://www.3testing.com 网站的响应包。

"HTTP/1.1 200 OK"为响应起始行。HTTP/1.1 表示 HTTP 版本号为 1.1，200 是响应码，OK 是响应码 200 对应的响应短语。后面的为响应头，具体介绍可以在 RFC 2616 官方网站查询。接下来是一个空行。空行后面是响应体，响应体一般是 HTML 代码，也可以是 JSON、XML 或者其他格式（在 Fiddler 4 中，响应起始行和响应头在 Response Headers 标签下，响应体在 TextView 标签下，不显示空行）。

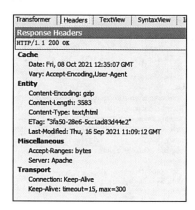

图 2-6　Fiddler 4 捕捉到的访问
网站的响应包

2.3　HTTP 的无连接性和无状态性

HTTP 位于 TCP 之上，所以它是一个面向无连接的协议。另外，HTTP 也是无状态的协议。HTTP 的无连接性和无状态性都与 HTTP 诞生的时候资源比较紧缺、运行速度比较慢有相当大的关系。

2.3.1　HTTP 的无连接性

通信中无连接的含义是限制每次连接只处理一个请求。服务器在处理完客户端的请求并收到客户的应答后即断开连接，采用这种方式可以节省传输时间。在日常生活中，可以认为传统邮件（需要通过邮局传递）是无连接的，而打电话是有连接的。当发送传统邮件的时候,虽然信封上有收件人的地址和邮编,但是对于邮件是否送达,发件人是不知道的,所以无连接的通信是不可靠的。而打电话是有连接的,正常情况包括拨号、应答和挂断,如果对方正在通话则显示忙音,如果对方不在现场则显示无人应答,所以有连接的通信是可靠的。

正是由于 HTTP 位于 TCP 之上,所以它是无连接的,这是由于,在 HTTP 产生的时候,服务器需要同时处理面向全世界数十万个、甚至上百万个客户端的网页访问,但是每个浏览器与服务器之间交换的间歇性是比较大的,并且网页浏览的连续性、发散性导致两次传送的数据关联性是很低的,大部分通道实际上是空闲的,无端占用资源。所以 HTTP 的设计者有意利用这种特点将协议设计为请求时建立连接、请求完毕释放连接,即 HTTP 是面向无连接的,以尽快将资源释放出来,服务其他客户端。

但是,随着时间的推移,网页变得越来越复杂,网页中有很多图片、视频等文件。在这种情况下,如果每次访问都需要建立一次 TCP 连接就非常低效。因此,Keep-Alive 机制被提出以解决低效的问题。

Keep-Alive 可以使客户端到服务器端的连接持续有效,当出现对服务器的后继请求时,Keep-Alive 能够避免重新建立连接。大部分 Web 服务器,包括 Django、IIS 和 Apache,都支持 HTTP 的 Keep-Alive 机制。对于提供静态内容的网站来说,这个功能通常是非常有用的;但是,对于负担较重的网站来说,这里存在另外一个问题,就是对性能的影响。当 Web 服务器和应用服务器在同一台计算机上运行时,Keep-Alive 机制对资源利用的影响尤为突出。

有了 Keep-Alive 机制,客户端和服务器之间的 HTTP 连接就会被保持,而不会断开。当客户端发送另一个请求时,就使用这条已经建立的连接。

2.3.2　HTTP 的无状态性

通信中无状态协议是指同一个会话的连续两个请求互相不了解,它们对最新实例化的环境进行解析,除了应用本身可能已经存储在全局对象中的所有信息外,该环境不保存与会话有关的任何信息。

HTTP 是一个无状态协议,这意味着每个请求都是独立的,Keep-Alive 机制没能改变这个结果。

缺少状态意味着,如果后续处理需要前面的信息,则它必须被重传,这样可能导致每次连接传送的数据量增大。另外,在服务器不需要先前的信息时,它的应答就较快。

HTTP 这种特性既有优点也有缺点。其优点在于服务器得到了解放,每一次请求"点到为止",不会造成不必要的连接占用;其缺点在于每次请求会传输大量重复的信息。

进行动态交互的 Web 应用出现之后,HTTP 无状态的性质严重阻碍了这些应用的实现,这是因为交互是需要承前启后的。例如,购物车的程序就要知道用户到底在之前选择了什么商品。为此,两种用于保持 HTTP 连接状态的技术就应运而生了,它们分别是 Cookie 和 Session。

Cookie 可以保持登录信息到用户下次与服务器的会话,用户在本次登录后,下次登录不需要输入用户名和密码。有一些 Cookie 在用户退出会话的时候就被删除了,这样可以有效保护个人隐私。

Cookie 最典型的应用是判定注册用户是否已经登录了网站，用户可能会得到提示，确定是否在下一次进入此网站时保留用户信息，以便简化登录手续，这些都是 Cookie 的功用。Cookie 的另一个重要应用场合是购物车之类的处理。用户可能会在一段时间内在同一家网站的不同页面中选择不同的商品，这些信息都会写入 Cookie，以便在最后付款时提取信息。

  另一个解决方案就是 Session，它是通过服务器保持状态的。

  当客户端访问服务器的时候，服务器会根据需求设置 Session，将会话信息保存在服务器上，同时将标识 Session 的 SessionId 传送给客户端浏览器，浏览器将这个 SessionId 保存在客户端的内存中，称之为没有过期时间的 Cookie。以后浏览器的每次请求都会额外加上这个参数值，服务器根据这个 SessionId 就能取得客户端的数据信息。当浏览器关闭后，这个 Cookie 就会被清除。

  如果客户端浏览器意外关闭，服务器保存的 Session 数据是不会立即释放的，这个数据还会存在，只要知道 SessionId，就可以继续通过请求获得此 Session 的信息，因为此时后台的 Session 还存在。当然，可以设置 Session 超时时间，一旦超过规定时间没有客户端请求时，服务器就会清除 SessionId 对应的 Session 信息。

第 3 章

测试脚本初始化

本书的任务是完成电子商务系统以下功能的接口测试代码：

（1）登录功能（仅对 Django 版本）。

（2）注册功能（仅对 Django 版本）。

（3）商品列表功能（Django 和 J2EE 两个版本）。

（4）商品查询功能（仅对 Django 版本）。

（5）商品详情功能（对 Django 和 J2EE 两个版本）。

（6）创建订单（仅对 Django 版本）。

（7）查看订单（仅对 Django 版本）。

（8）添加购物车（仅对 Django 版本）。

（9）查看购物车（仅对 Django 版本）。

本章通过两种工具（Badboy 和 JMeter 自带的录制元件）和自己编写的方法实现电子商务系统的初始化脚本，然后介绍本章提及的以下 JMeter 元件：

（1）JMeter 的基本元件："测试计划"元件、"HTTP Cookie 管理器"元件、"用户定义的变量"元件、"HTTP 信息管理器"元件、"HTTP 请求默认值"元件、"HTTP 代理服务器"元件和"线程组"元件。

（2）取样器："HTTP 请求"元件和"调试取样器"元件。

（3）逻辑控制器："循环控制器"元件。

（4）监听器："察看结果树"元件、"简单数据写入器"元件和"用表格察看结果"元件。

 ## 3.1　测试脚本的初始化生成

测试脚本的初始化生成是指生成最原始的 JMeter 测试脚本，它可以通过 Badboy 和 JMeter 自带的录制元件生成，也可以通过自己编写的脚本生成。一般而言，初学者喜欢用工具生成初始化脚本，而对 JMeter 工具有一定了解的人员喜欢利用自己编写的脚本生成初始化脚本。

3.1.1 利用工具录制 JMeter 测试脚本

利用工具录制 JMeter 测试脚本主要有两种方法：一种方法是使用 Badboy；另一种方法是使用 JMeter 自带的录制元件。Badboy 是一个商用工具，如果是个人学习 JMeter，建议使用 Badboy 工具初始化 JMeter 测试脚本；如果是公司行为，建议使用 JMeter 自身带的录制元件初始化 JMeter 测试脚本。

1. 使用 Badboy 录制脚本

Badboy 是一款用于脚本测试的工具，该软件其实是浏览器模拟工具，具有录制和回放功能，支持对录制的脚本进行调试。同时 Badboy 支持捕获表单数据的功能，所以能够用它进行自动化测试。但目前 Badboy 应用最广的功能是脚本录制。BadBoy 支持将脚本导出为 JMeter 脚本。Badboy 非常好用，但是它是一款商用软件，允许个人学习使用，而商用则必须付费。

使用 Badboy 录制脚本的步骤如下：

（1）打开 Badboy，其欢迎界面如图 3-1 所示。

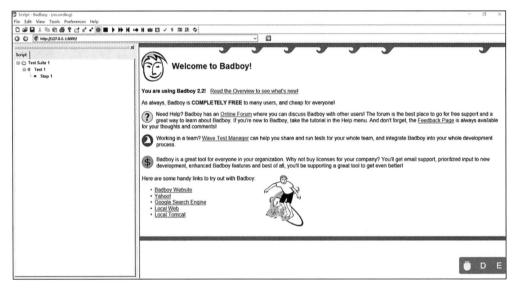

图 3-1　BadBoy 欢迎页面

进入 Badboy 后，默认处于录制状态，工具栏中红色的录制图标已经被点亮。

（2）启动被测产品。

（3）在 BadBoy 的地址栏中输入"http://＜服务器的 IP 地址＞：8000"，然后按 Enter 键开始录制脚本。BadBoy 在内置的浏览器中显示被测软件的 GUI 界面，如图 3-2 所示。

（4）在电子商务系统的登录界面中输入用户名 cindy 和密码 123456，单击"登录"按钮，出现如图 3-3 所示的商品列表。

（5）单击停止录制图标。

（6）在菜单栏中选择 File→Export to JMeter 命令，如图 3-4 所示。

图 3-2　开始录制脚本

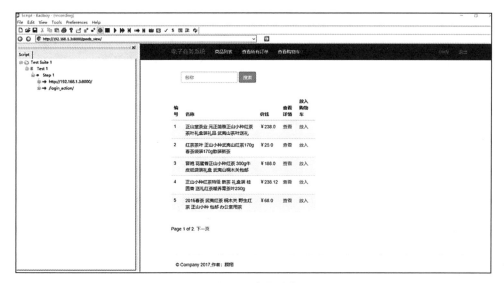

图 3-3　商品列表

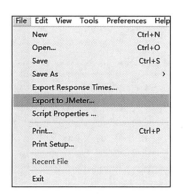

图 3-4　Export to JMeter 命令

（7）在打开的"另存为"对话框中为文件命名，并选择文件保存路径，文件名的扩展名
必须为 jmx，如图 3-5 所示。

（8）打开 JMeter，调入上一步保存的 jmx 文件，如图 3-6 所示。

（9）调入完毕，脚本的树状图如图 3-7 所示。

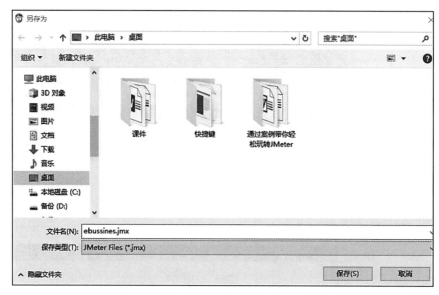

图 3-5　将录制的脚本另存为 JMeter 文件

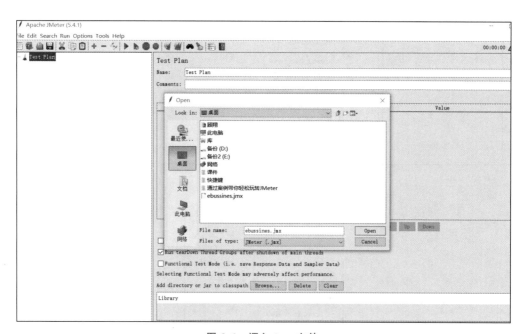

图 3-6　调入 jmx 文件

图 3-7　脚本的树状图

（10）接下来对录制的脚本进行修改。修改"HTTP Cookie 管理器"元件为 standard（标准）格式，如图 3-8 所示。

图 3-8　修改"HTTP Cookie 管理器"元件为 standard 格式

（11）删除"用户定义的变量"元件中的两个变量：VIEWSTATE 和 jsessionid，如图 3-9 所示。

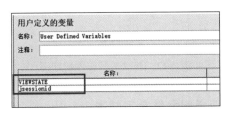

图 3-9　删除两个用户定义的变量

（12）在"HTTP 请求"元件中修改名称为"http：//＜服务器的 IP 地址＞/"的 HTTP 请求名称为"登录"，选择"自动重定向"复选框（注：在本书中没有提及的设置均为建立该元件的默认设置，如果不是关键的要点，不进行特别解释，后同），在"内容编码"文本框中输入 utf-8，如图 3-10 所示。

图 3-10　设置"登录"HTTP 请求

（13）在"HTTP 请求"元件中修改名称为"http：//＜服务器所处的 IP 地址＞/login_action/"的 HTTP 请求名称为"商品列表"。由于在登录界面提交用户名和密码后，在/login_action/页面进行登录验证，登录验证通过后重定向到/goods_view/页面显示商品列表，所以需要选择"跟随重定向"复选框。在"内容编码"文本框中输入 utf-8，如图 3-11 所示。

（14）最后的脚本树状图如图 3-12 所示。

图 3-11　设置"商品列表"HTTP 请求

图 3-12　修改后的脚本树状图

2. 使用 JMeter 自带的录制元件录制脚本

JMeter 自带录制脚本的功能，它是通过操作系统代理和"HTTP 代理服务器"元件实现的。JMeter 还提供了"录制控制器"元件，用于存储临时录制的脚本，如图 3-13 所示。但是一般很少这么操作，而是直接把录制的脚本放入对应的元件。

图 3-13　默认将脚本保存在"录制控制器"元件中

（1）进入控制面板，选择"网络和 Internet"→"Internet 选项"，在打开的窗口中选择"连接"标签，接下来单击"局域网设置"按钮，打开"局域网（LAN）设置"对话框。

（2）选择"为 LAN 使用代理服务器（这些设置不用于拨号或 VPN 连接）"复选框，在"地址"文本框中输入 127.0.0.1，选择一个没有被占用的本地端口，例如 1234，最后选择"对于本地地址不使用代理服务器"复选框，如图 3-14 所示。

（3）启动被测产品。

（4）打开 JMeter，切换到中文界面。

（5）右击"测试计划"元件，在弹出菜单中选择"添加"→"线程（用户）"→"线程组"命令，添加"线程组"元件。

（6）右击"线程组"元件，在弹出菜单中选择"添加"→"配置元件"→"HTTP 请求默认

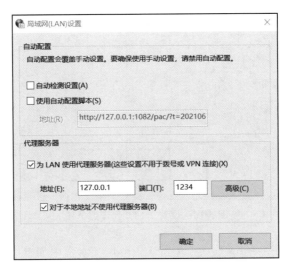

图 3-14　设置代理服务器

值"命令,打开"HTTP 请求默认值"元件。不要选择"从 HTML 文件中获取所有内含的资源"复选框,如图 3-15 所示。

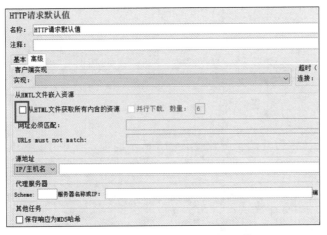

图 3-15　"HTTP 请求默认值"元件

（7）右击"测试计划"元件,在弹出菜单中选择"添加"→"配置元件"→"用户定义的变量"命令,在其中加入两个变量：一个是 username,其值为 Cindy;另一个是 password,其值为 8d969eef6ecad3c29a3a629280e686cf0c3f5d5a86aff3ca12020c923adc6c92（这是 123456经过 SHA-256 散列后的值,可以利用一些在线工具获得）,这两个变量值是下面录制登录功能使用的登录数据。

（8）右击"测试计划"元件,在弹出菜单中选择"添加"→"非测试元件"→"HTTP 代理服务器"命令,打开"HTTP 代理服务器"元件。

（9）在"HTTP 代理服务器"元件中按照图 3-16 进行设置,具体如下：

① 将端口号改为第（1）步设置的端口号 1234。

② 在"目标控制器"下拉列表框中选择"测试计划＞线程组"。

③ 在"分组"下拉列表框中选择"不对样本分组"。

图 3-16 设置 HTTP 代理服务器

（10）在 Request Filtering 选项卡中的 Exclude 文本框中加上过滤字符串：

`(?i).* \.(bmp|css|js|gif|ico|jpe? g|png|swf|woff|woff2)(.*?)`

通过这个过滤字符串，在录制过程中可以对 CSS、JS、PNG 等格式的文件进行过滤，如图 3-17 所示。

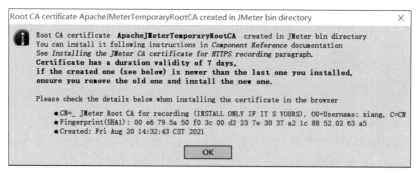

图 3-17 设置过滤字符串

（11）单击 Start 按钮开始录制，在图 3-18 所示的提示框中单击 OK 按钮。

> Root CA certificate ApacheJMeterTemporaryRootCA created in JMeter bin directory ×
>
> Root CA certificate **ApacheJMeterTemporaryRootCA** created in JMeter bin directory
> You can install it following instructions in *Component Reference* documentation
> See *Installing the JMeter CA certificate for HTTPS recording* paragraph.
> **Certificate has a duration validity of 7 days,**
> **if the created one (see below) is newer than the last one you installed,**
> **ensure you remove the old one and install the new one.**
>
> Please check the details below when installing the certificate in the browser
>
> ●CN=_ JMeter Root CA for recording (INSTALL ONLY IF IT S YOURS), OU=Username: xiang, C=CN
> ●Fingerprint(SHA1): 00 e6 79 5a 50 f0 3c 00 d2 23 7e 30 37 a2 1c 88 52 02 63 a5
> ●Created: Fri Aug 20 14:32:43 CST 2021
>
> OK

图 3-18 在 JMeter 的 bin 目录创建根认证文件的提示框

（12）出现如图 3-19 所示的录制界面，打开浏览器开始进行录制。

（13）在浏览器地址栏中输入"http://＜服务器的 IP 地址＞:8000"，进入被测产品登录界面（注意，必须用真实的 IP 地址，而不能用 127.0.0.1 或 localhost，这是因为对于本地地址不使用代理服务器）。这个真实的 IP 地址可以在运行被测产品的计算机中通过在命令行中执行 ipconfig 命令获得。

```
Recorder: Transactions Control                                    ×
         HTTP Sampler settings
         Transaction name              [                    ]
 ⊗ 停止   Naming scheme  [Prefix    ▼]   [                    ]
         Counter start value          [          ]  [Set counter]
         Create new transaction after request (ms): [         ]
```

图 3-19　录制界面

```
C:\Users\xiang>ipconfig
Windows IP 配置
...

无线局域网适配器WLAN:
连接特定的DNS后缀 . . . . . . . . . :
    IPv6 地址 . . . . . . . . . . . : 240e:388:622d:9200:6848:cfef:33d2:36b1
    临时IPv6 地址 . . . . . . . . . : 240e:388:622d:9200:a0f2:caec:19c1:359
    本地链接IPv6 地址. . . . . . . : fe80::6848:cfef:33d2:36b1%6
    IPv4 地址 . . . . . . . . . . . : 192.168.1.3
    子网掩码 . . . . . . . . . . . : 255.255.255.0
    默认网关. . . . . . . . . . . . : fe80::1%6
...
```

由于这里使用的是 WiFi，所以查看"无线局域网适配器 WLAN"中的信息，可以看出，无线局域网适配器给运行被测产品的计算机分配的 IP 地址为 192.168.1.3。

（14）在被测产品登录界面中输入用户名 cindy 和密码 123456，单击"登录"按钮。

（15）当商品列表出现以后，单击图 3-19 中的"停止"按钮，结束录制。

（16）录制完毕，脚本树状图如图 3-20 所示。

可以看到，由于在第（10）步进行了过滤设置，所以 CSS、JS、PNG 等格式的文件都没有被捕获。

（17）录制结束后，一定要关闭第（1）步设置的代理服务器，否则就上不了外网了。

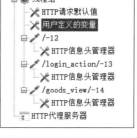

图 3-20　录制完成后的
　　　　　脚本树状图

接下来，同 Badboy 一样也要进行脚本修改。

（18）删除"HTTP 代理服务器"元件。

（19）修改名称为"/-12"的 HTTP 请求为"登录"，其他信息按照图 3-10 修改。

（20）修改名称为"/login_action/-13"的 HTTP 请求为"商品列表"，其他信息按照图 3-11 修改。由于在第（7）步设置了两个用户定义的变量，又由于录制过程中输入的 username 和 password 与第（7）步设置的数据一致（密码必须为经过 SHA-256 散列后的值，也就是发给 HTTP 请求的数据），所以这里的 username 和 password 以 ${username} 和 ${password}（即变量的形式）显示，如图 3-21 所示。

图 3-21　"商品列表"HTTP 请求中的用户名和密码以变量的形式显示

在 JMeter 中，如果变量名为 var，获取其值的方法为 ${var}。

（21）删除名称为"/goods_view/-14"的 HTTP 请求，因为在名称为"商品列表"的 HTTP 请求中已经通过跟随重定向自动跳转到"/goods_view/"页面了。

（22）保留一个"HTTP 信息头管理器"元件，并且把它移动到"线程组"元件下面，如图 3-22 所示。

（23）右击"线程组"元件，在弹出菜单中选择"添加"→"配置元件"→"HTTP Cookie 管理器"命令，把它拖到"登录"HTTP 请求元件上面，并且将其修改为 standard 格式。

（24）右击"线程组"元件，在弹出菜单中选择"添加"→"逻辑控制器"→"循环控制器"命令，把它拖到"登录"HTTP 请求元件上面。

（25）把"登录"和"商品列表"两个 HTTP 请求元件作为"循环控制器"元件的子元件，如图 3-23 所示。

图 3-22　将"HTTP 信息头管理器"元件　　图 3-23　"登录"和"商品列表"HTTP 请求元件作为
移动到"线程组"元件下　　　　　　　　　　"循环控制器"元件的子元件

（26）最后的脚本树状图如图 3-24 所示。

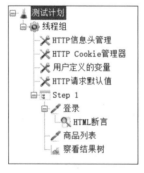

图 3-24　最后的脚本树状图

3.1.2　录制 HTTPS 下的脚本

如果被测产品采用 HTTPS,应该如何通过 JMeter 自带的录制工具录制测试脚本呢?

(1)认真阅读图 3-18 所示的消息框中的内容。在 JMeter 的 bin 目录下产生了一个根认证文件,有效期为 7 天。

(2)在%JMETER_HOME%/bin 目录下找到名为 ApacheJMeterTemporaryRootCA.crt 的根认证文件。

(3)在命令行中输入 mmc 命令,打开控制台,如图 3-25 所示。

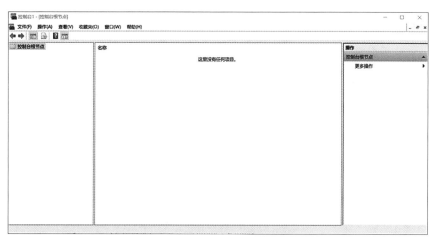

图 3-25　控制台

(4)在控制台中选择菜单"文件"→"添加或删除管理单元"命令,打开相应的对话框。

(5)选择左边的"控制台根节点",将其添加到右边,如图 3-26 所示。弹出如图 3-27 所示的对话框。

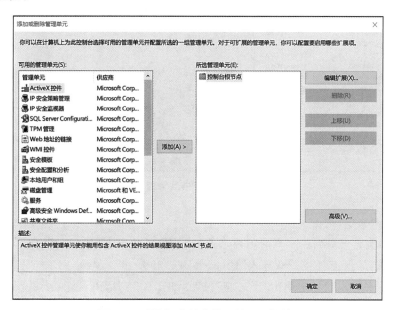

图 3-26　"添加或删除管理单元"对话框

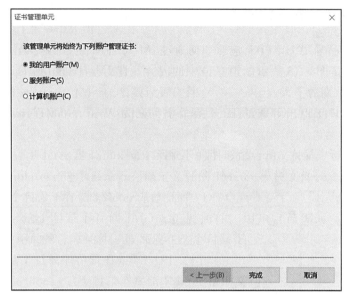

图 3-27 "证书管理单元"对话框

（6）单击"完成"按钮，添加证书到管理单元，如图 3-28 所示。

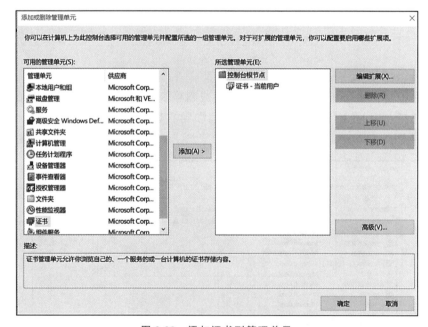

图 3-28 添加证书到管理单元

（7）单击"确定"按钮。

（8）在控制台展开"证书-当前用户"，选择"受信任的根证书颁发机构"。右击该项，在弹出菜单中选择"所有任务"→"导入"命令，如图 3-29 所示。

（9）在证书导入向导中单击"下一步"按钮，如图 3-30 所示。

（10）在接下来的界面中单击"浏览"按钮选择％JMETER_HOME％/bin 目录下的

图 3-29　在控制台导入证书

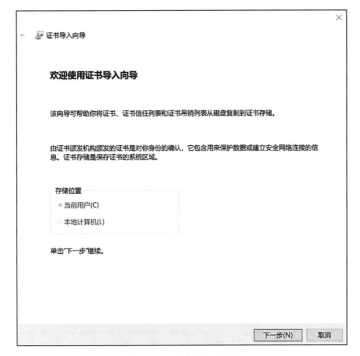

图 3-30　证书导入向导

ApacheJMeterTemporaryRootCA.crt 证书，如图 3-31 所示。

（11）单击"下一步"按钮，再单击"下一步"按钮，最后单击"完成"按钮，直到弹出证书导入成功的提示框，如图 3-32 所示。

（12）在控制台确认证书导入成功，如图 3-33 所示。

（13）启动浏览器，向其中导入这个证书文件。这里以 Chrome 浏览器为例，其他浏览器类似。

（14）在地址栏中输入 chrome：//settings/。

（15）找到"隐私设置和安全性"中的"安全"选项，如图 3-34 所示。单击该选项进入高级设置界面。

图 3-31　导入 ApacheJMeterTemporaryRootCA.crt 证书

图 3-32　证书导入成功的提示框

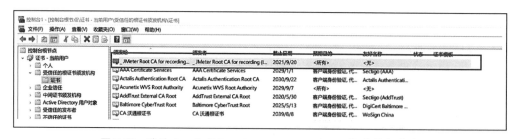

图 3-33　确认 ApacheJMeterTemporaryRootCA.crt 证书导入成功

（16）单击"管理证书"，如图 3-35 所示。

（17）在弹出的"证书"对话框中单击"导入"按钮，如图 3-36 所示。

（18）单击"下一步"按钮，在当前窗口中选择％JMETER_HOME％/bin 目录下的
ApacheJMeterTemporaryRootCA.crt 文件。

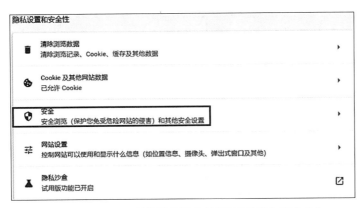

图 3-34　Chrome 浏览器设置中的"隐私设置和安全性"

图 3-35　管理证书

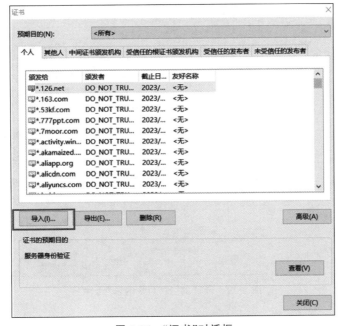

图 3-36　"证书"对话框

（19）单击"下一步"按钮，直到完成证书导入，在证书列表中确认 ApacheJMeter-TemporaryRootCA.crt 文件已经被成功导入。

（20）在录制"HTTP 请求"元件前，选择菜单"选项"→"SSL 管理器"命令，如图 3-37 所示。

图 3-37 选择菜单"选项"→"SSL 管理器"命令

（21）选择％JMETER_HOME％/bin 目录下的 ApacheJMeterTemporaryRootCA.crt 文件，如图 3-38 所示。

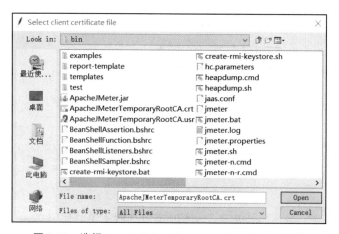

图 3-38 选择 ApacheJMeterTemporaryRootCA.crt 文件

（22）按照以上步骤设置后，就可以录制 HTTPS 请求了，如图 3-39 所示。

图 3-39 录制的"HTTPS 请求"元件

3.1.3　自己建立 JMeter 测试脚本

不管是通过 Badboy 录制脚本还是通过 JMeter 自带的录制功能录制脚本都是比较麻烦的,特别是通过 JMeter 自带的录制功能录制脚本,并且在录制完毕还要进行调整,如果不了解 JMeter 的基本功能也是很难调整的。JMeter 的录制功能对于初学者一般是有帮助的,但是有经验的用户都喜欢自己建立测试脚本。本节介绍如何自己建立测试脚本。

(1) 右击"测试计划"元件,在弹出菜单中选择"添加"→"线程(用户)"→"线程组"命令。选择默认设置。

(2) 右击"线程组"元件,在弹出菜单中选择"添加"→"配置元件"→"HTTP 信息头管理器"命令,加入一些必要的头信息,例如:

```
Accept-Language:zh-Hans-CN,zh-Hans;q=0.5
Accept: mage/gif, image/jpeg, image/pjpeg, application/x - ms - application,
application/xaml+xml, application/x-ms-xbap
```

(3) 右击"线程组"元件,在弹出菜单中选择"添加"→"配置元件"→"HTTP Cookie 管理器"命令,修改 Cookie 类型为 standard。

(4) 右击"线程组"元件,在弹出菜单中选择"添加"→"逻辑控制器"→"循环控制器"命令,将循环次数设置为 1。

(5) 右击"线程组"元件,在弹出菜单中选择"添加"→"配置元件"→"HTTP 请求默认值"命令,按照图 3-40 所示进行设置,具体如下:

① "协议": http。

② "服务器名称或 IP": 被测产品所在服务器的 IP 地址,这里为 192.168.1.3。

③ "端口号": 8000。

④ "内容编码": utf-8。

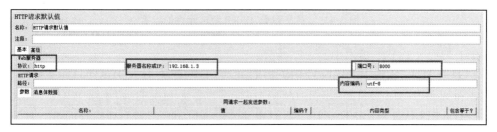

图 3-40　"HTTP 请求默认值"元件

(6) 右击"循环控制器"元件,在弹出菜单中选择"添加"→"取样器"→"HTTP 请求"命令,按照图 3-41 所示进行设置,具体如下:

① "名称": "登录"。

② "HTTP 请求": GET。

③ "路径": /,即根路径。

④ 选择"自动重定向"复选框。

由于"协议""服务器名称或 IP""端口号""内容编码"在"HTTP 请求默认值"元件中

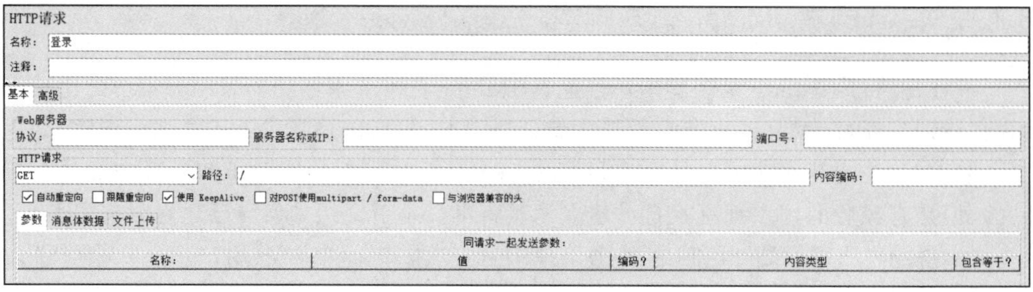

图 3-41 "登录"HTTP 请求元件的设置

已经设置了，在这里就不用再设置了。

（7）在"高级"选项卡的"客户端实现"中选择 Java。

（8）右击"登录"HTTP 请求元件，在弹出菜单中选择"复写"命令，按照图 3-42 所示进行设置，具体如下：

① "名称"："商品列表"。

② "HTTP 请求"：POST。

③ "路径"：/login_action/。

④ 选择"跟随重定向"复选框。

⑤ 选择"对 POST 使用 multipart/form-data"复选框。

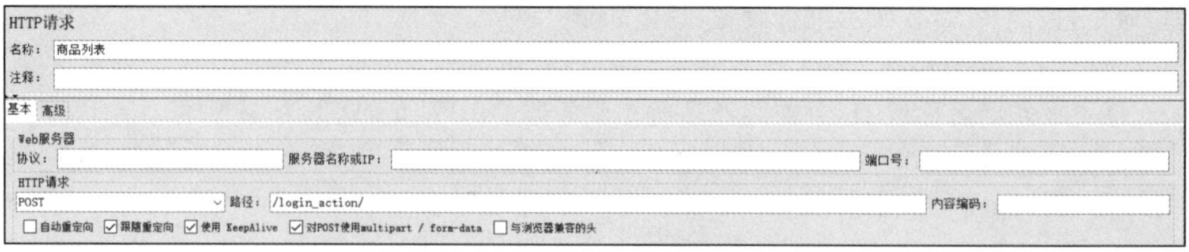

图 3-42 "商品列表"HTTP 请求元件的设置

接下来加入 POST 请求中的 3 个参数。

① 参数 csrfmiddlewaretoken 的值为

c1tAuPoWtv0uH0YrnT44WBVTFeU3QsyI9oCo0pcZp3FNjTl0YPrnNbTFOyFtFGgi

这个值可以从登录界面源代码中获得，如图 3-43 所示。

图 3-43 从登录界面源代码中获取 csrfmiddlewaretoken 参数值

② 参数 username 的值为

cindy

③ 参数 password 的值为

8d969eef6ecad3c29a3a629280e686cf0c3f5d5a86aff3ca12020c923adc6c92

如图 3-44 所示。

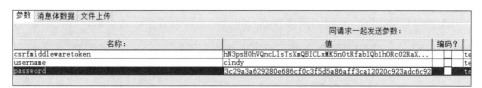

图 3-44　"商品列表"HTTP 请求 POST 参数设置

 ## 3.2　录制结果的验证

验证录制结果的步骤如下：

(1) 右击"线程组"元件，在弹出菜单中选择"添加"→"取样器"→Debug Sampler(调试取样器)命令，选择默认设置。

(2) 右击"线程组"元件，在弹出菜单中选择"添加"→"监听器"→"察看结果树"[①]命令。

(3) 关闭被测产品的 CSRF token 功能[②]，重新启动被测产品(关于 CSRF token 功能，会在 4.1.2 节进行介绍)。

(4) 单击 JMeter 界面中的开始测试图标 ▶，启动测试。

(5) 如果出现图 3-45 所示的结果，说明配置成功；否则请结合 Debug Sampler 命令进行调试。

"察看结果树"和 Debug Sampler 是两个非常有用的调试工具，往往结合在一起使用。

(6) 也可以通过"简单数据写入器"元件把结果写入文件中进行查看。右击"线程组"元件，在弹出菜单中选择"添加"→"监听器"→"简单数据写入器"命令，按照图 3-46 进行设置，具体如下：

图 3-45　运行测试成功

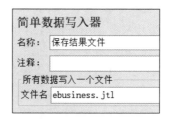

图 3-46　设置"简单数据写入器"元件

① "名称"："保存结果文件"。

---

① "察看结果树"应该翻译为"查看结果树"。本书为便于学习，保持与软件中一致。以下不再说明。

② 本程序是用 Django 实现的，关闭 CSRFtoken 的方法是：打开%/EBUSINESSS_HOME%/ebusiness/settings.py，将 MIDDLEWARE 下的'django.middleware.csrf.CsrfViewMiddleware'前面加上＃注释掉，即 ＃'django.middleware.csrf.CsrfViewMiddleware'

②"文件名"：ebusiness.jtl。

运行的结果将保存在 ebusiness.jtl 文件中。

（7）结果树的另一种形式是表格。右击"线程组"元件，在弹出菜单中选择"添加"→"监听器"→"用表格察看结果"命令。执行该命令后，测试结果将以表格形式显示，如图 3-47 所示。

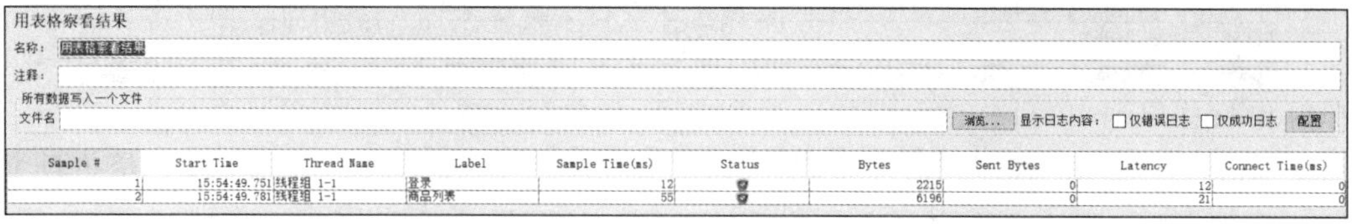

图 3-47　测试结果的表格形式

脚本初始化到此结束，存储以下文件：

（1）使用 Badboy 录制的脚本代码 ebusiness_badboy.jmx。

（2）使用 JMeter 录制的脚本代码 ebusiness_jmeter.jmx。

（3）自己建立的脚本代码 ebusiness_interface.jmx。

从第 4 章开始，可以使用 ebusiness_badboy.jmx、ebusiness_jmeter.jmx 或 ebusiness_interface.jmx 中的任意一个脚本继续脚本搭建工作（本书是在 ebusiness_interface.jmx 脚本上进行扩展的）。

3.3　脚本初始化中使用的 JMeter 基本元件

本节介绍脚本初始化中使用的 JMeter 基本元件，包括"测试计划"元件、"HTTP Cookie 管理器"元件、"用户定义的变量"元件、"HTTP 信息头管理器"元件、"HTTP 请求默认值"元件、"HTTP 代理服务器（HTTP(S) 测试脚本录制）"元件和"线程组"元件。

3.3.1　"测试计划"元件

"测试计划"元件一般都是 JMeter 测试脚本树状结构的根部，其界面如图 3-48 所示。

（1）"用户定义的变量"。在"测试计划"元件上可以添加用户定义的变量，它们相当于全局变量。由于这类变量不方便启用和禁用，所以不建议在"测试计划"元件上添加用户定义的变量，而在"用户自定义的变量"元件中添加用户定义的变量。

（2）"独立运行每个线程组"。用于控制"测试计划"元件中的多个"线程组"元件的执行顺序。打开本书配套代码 testplan.jmx，"测试计划"元件中包括两个"线程组"元件，如图 3-49 所示。如果不选择"独立运行每个线程组"复选框，默认各"线程组"元件并行、随机执行。如图 3-50 所示，当"线程组 A"元件和"线程组 B"元件的线程并行执行时，在执行过程中线程的执行顺序是不可预料的。

如果选择了"独立运行每个线程组"复选框，可以保证"线程组 A"元件的执行一定在"线程组 B"元件之前，"线程组 A"元件执行完毕，才会执行"线程组 B"元件，即顺序执行各"线程组"元件，如图 3-51 所示。

"线程组"元件中各调试取样器的执行顺序默认是从上到下的。但是在"交替控制器""随机控制器""随机顺序控制器""循环控制器"等元件中是可以改变各调试取样器的执行顺序的。

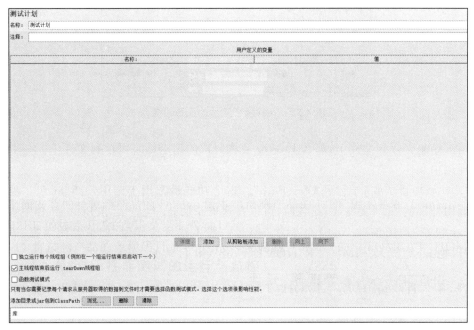

图 3-48 "测试计划"元件

图 3-49 "测试计划"元件中包括两个"线程组"元件

 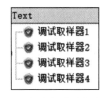

图 3-50 并行执行各"线程组"元件　　　　图 3-51 顺序执行各"线程组"元件

（3）"主线程结束后运行 tearDown 线程组"。当主线程组结束运行时仍继续运行"tearDown 线程组"元件。该选项可以结合"线程组"元件的执行设置使用。如图 3-52 所示，"线程组"元件的执行设置为遇到错误立刻停止测试，但是如果在"测试计划"元件中选择了"主线程结束后运行 tearDown 线程组"复选框，这样可以清理"setUp 线程组"元件设置的环境，便于执行下一个测试。

（4）"函数测试模式"。如果选择了该复选框，同时监听元件（如"察看结果树"）配置

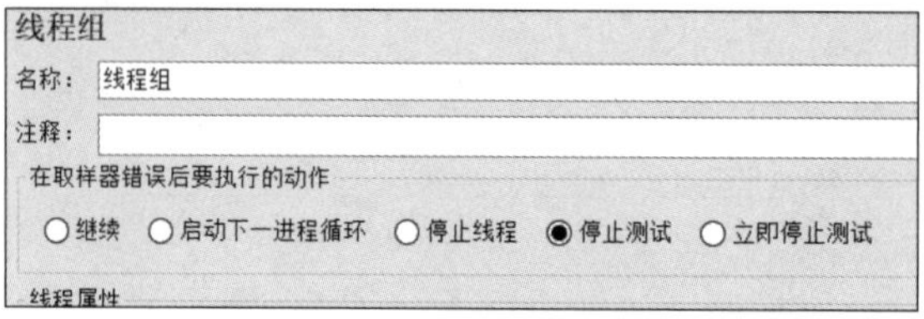

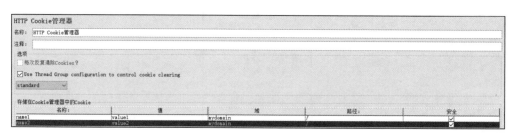

图 3-52 "线程组"元件的执行设置

为将请求结果保存到文件中，那么 JMeter 会将每次的请求结果保存到文件中。一般不建议选择该项。

（5）"添加目录或 jar 包到 ClassPath"。这个功能最常用于调用外部 jar 包。当脚本需要调用外部的 Java 文件或 jar 包时，可以在这里添加 jar 包，然后在 BeanShell 中直接导入该 jar 包，并调用该 jar 包中的方法。但是一般不建议这样做，如果要使用第三方 jar 包，建议把 jar 包放入 %JMETER_HOME%\lib\ext 目录下。

3.3.2 "HTTP Cookie 管理器"元件

"HTTP Cookie 管理器"元件用于管理整个测试中的 Cookie。HTTP 是无状态的协议，HTTP/1.1 通过 Cookie 得到状态。右击元件，在弹出菜单中选择"添加"→"配置元件"→"HTTP Cookie 管理器"命令，即可打开"HTTP Cookie 管理器"元件，如图 3-53 所示。

HTTP Cookie管理器					
名称:	HTTP Cookie管理器				
注释:					
选项					
☐ 每次反复清除Cookies？					
☑ Use Thread Group configuration to control cookie clearing					
standard ▾					
存储在Cookie管理器中的Cookie					
名称:	值		域	路径:	安全
name1	value1		mydomain		☑
name2	value2		mydomain		☑

图 3-53 "HTTP Cookie 管理器"元件

（1）"每次反复清除 Cookies？"：每次循环都清除 Cookie。

（2）Use Thread Group configuration to control cookie clearing：使用线程组配置清除 Cookie。一般不选择该复选框。

（3）Cookie 类型下拉列表框：JMeter 定义了一系列 Cookie 类型，但是一般不用过多关注该项，只要选择 standard（标准）即可。

下面设置 Cookie 的具体信息。

（1）"名称"：Cookie 的名称。

（2）"值"：Cookie 的值。

（3）"域"：Cookie 的作用域。

（4）"路径"：Cookie 的存储路径。

（5）"安全"：Cookie 是否使用安全方式。

（6）通过"HTTP Cookie 管理器"元件底部的操作按钮可以添加和删除 Cookie、载入保存在文件中的 Cookie 设置以及将当前 Cookie 设置保存到文件中，如图 3-54 所示。

图 3-54　"HTTP Cookie 管理器"元件底部的操作按钮

① "添加"按钮：用于添加 Cookie。

② "删除"按钮：用于删除 Cookie。

③ "载入"按钮：用于载入保存在文件中的 Cookie 设置。

④ "保存测试计划"[①]按钮：把当前的 Cookie 设置保存到文件中，如图 3-55 所示。

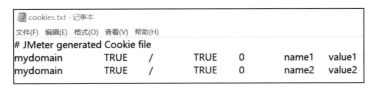

图 3-55　保存 Cookie 设置的文件

注意，由于在 HTTP/1.1 中通过 Cookie 保证有状态性，所以不管测试什么程序，都必须在"测试计划"元件或"线程组"元件下加入"HTTP Cookie 管理器"元件。

3.3.3　"HTTP 信息头管理器"元件

"HTTP 信息头管理器"元件用于设置 HTTP 请求包的头信息。右击元件，在弹出菜单中选择"添加"→"配置元件"→"HTTP 信息头管理器"命令，即可打开"HTTP 信息头管理器"元件，如图 3-56 所示。

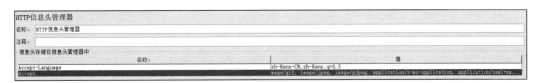

图 3-56　"HTTP 信息头管理器"元件

主体部分为建立的 HTTP 信息头信息。图 3-57 为"HTTP 信息头管理器"元件底部的操作按钮。

图 3-57　"HTTP 信息头管理器"元件底部的操作按钮

① "添加"按钮：添加 HTTP 信息头。

② "从剪贴板添加"按钮：把已经复制到剪贴板中的 HTTP 信息头添加到这里。

③ "删除"按钮：删除信息头。

---

① 这里虽然叫保存测试计划，其实为保存 Cookie 设置。

④"载入"按钮：载入保存在文件中的 HTTP 信息头设置。

⑤"保存测试计划"按钮：把当前的 HTTP 信息头设置保存到文件中去。

3.3.4 "用户定义的变量"元件

"用户定义的变量"元件用来管理脚本的自定义变量。虽然在"测试计划"元件中可以设置用户定义的变量，但是由于该元件不方便启用和禁用变量，因此还是建议通过"用户定义的变量"元件管理用户变量。右击元件，在弹出菜单中选择"添加"→"配置元件"→"用户定义的变量"命令，即可打开"用户定义的变量"元件，如图 3-58 所示。

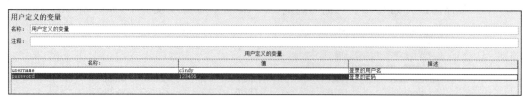

图 3-58 "用户定义的变量"元件

"用户定义的变量"元件定义测试需要的变量。在前面已经看到，如果事先设置好的用户定义的变量，在录制过程中，对应的地方会以变量的形式显示。

"用户定义的变量"元件底部的操作按钮如图 3-59 所示。

图 3-59 "用户定义的变量"元件底部的操作按钮

①"详细"按钮：显示变量的详细信息，如图 3-60 所示。

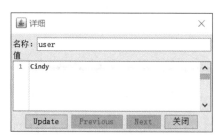

图 3-60 显示变量的详细信息

②"添加"按钮：添加变量。

③"从剪贴板添加"按钮：把已经复制到剪贴板中的变量添加到这里。

④"删除"按钮：删除变量。

⑤"向上"按钮：将当前变量向上移动一位。

⑥"向下"按钮：将当前变量向下移动一位。

3.3.5 "HTTP 请求默认值"元件

"HTTP 请求默认值"元件用于设置 HTTP 请求的默认值。在这里设置的信息在下面所有的"HTTP 请求"元件中都可以不用设置。右击元件,在弹出菜单中选择"添加"→"配置元件"→"HTTP 请求默认值"命令,即可打开"HTTP 请求默认值"元件,如图 3-61 所示。

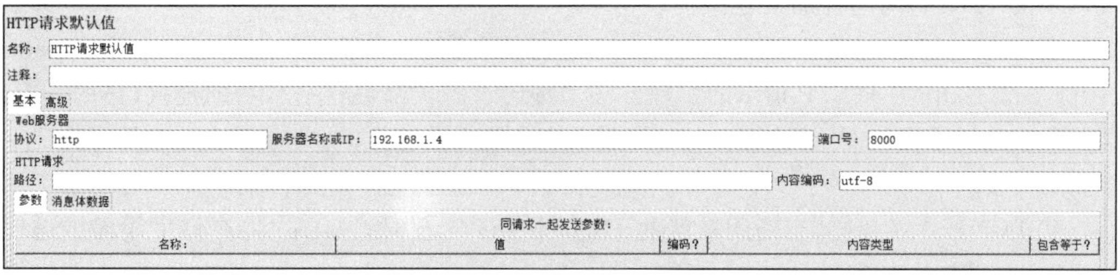

图 3-61　"HTTP 请求默认值"元件

1. "基本"选项卡

"HTTP 请求默认值"元件可以为 HTTP 请求设置默认值。例如,创建一个有很多个请求且都是发送到相同的服务器的"测试计划"元件,这时只需添加一个"HTTP 请求默认值"元件并设置"服务器名称或 IP",随后添加的多个 HTTP 请求都不用设置"服务器名称或 IP"这一项了,这些 HTTP 请求会默认使用"HTTP 请求默认值"元件设置的值。

在"基本"选项卡中可以设置以下 5 项:

(1)"协议":向目标服务器发送 HTTP 请求时的协议,包括 HTTP 和 HTTPS 两种协议,不区分大小写,默认为 HTTP。

(2)"服务器名称或 IP":HTTP 请求发送的目标服务器名称或者 IP 地址。

(3)"端口号":目标服务器的端口号,默认值为 80。

(4)"路径":目标 URL(不包括服务器的 IP 地址和端口号)。

(5)"内容编码":HTTP 请求内容的编码方式,默认为 ISO 8859,中文格式的网页建议改为 utf-8。

2. "高级"选项卡

"HTTP 请求默认值"元件的"高级"选项卡如图 3-62 所示。

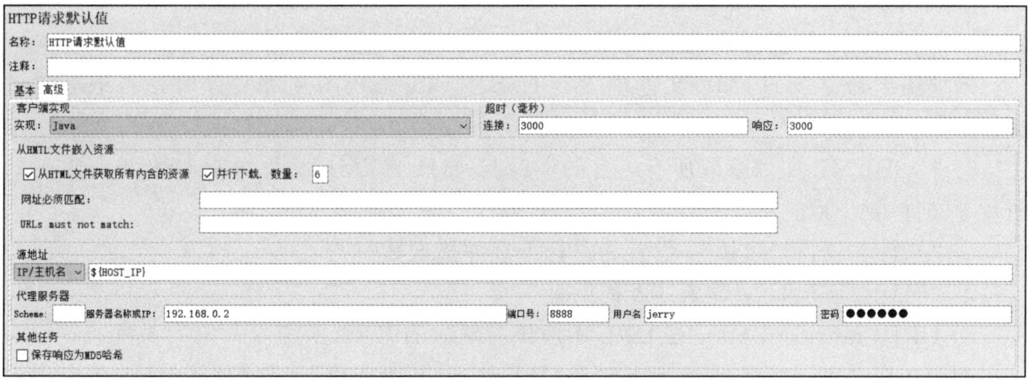

图 3-62　"HTTP 请求默认值"元件的"高级"选项卡

（1）"客户端实现"。

"实现"可以选择 Java 和 HttpClient4。

选择 Java 表示使用 Java 进行压力测试，即使用 JVM 的 HTTP 实现，连接是复用的，代码中的 HTTP 调用都加了连接池。

选择 HttpClient4 表示使用 HttpClient4 进行压力测试，即使用 Apache HttpComponents HttpClient 4.x 作为 HTTP 请求的实现方法。每请求一次都创建一个新的连接（JMeter 5.0 以前默认关闭了连接复用；从 JMeter 5.0 开始连接复用是打开的，即每请求一次都会创建一个新的连接）。

从 JMeter 5.0 开始，当使用默认的 HttpClient4 实现时，JMeter 将在每个线程组迭代时重置 HTTP 状态（SSL 状态＋连接）。如果不希望这样，应在 jmeter.properties 文件中进行以下设置：

```
httpclient.reset_state_on_thread_group_iteration = false
```

所以 HttpClient4 在连接复用设置打开的情况下，压力测试结果与使用 Java 时是不一样的，因为 Java 复用连接，而 HttpClient4 每次请求都会重新建立 TCP 连接。如果 HttpClient4 吞吐量过低，需要考虑网络带宽的限制。Java 适合强度测试，HttpClient4 适合真实场景的模拟。

在这里顺便介绍一下连接池的作用。正常访问数据库的过程中，每次访问都需要创建一个新的连接，这会消耗大量的资源。连接池的作用就是为数据库连接建立一个缓冲池，预先在缓冲池中放入一定数量的连接对象，当需要建立数据库连接时，只需要从缓冲池中取出一个连接对象，使用完毕之后再将其放回去就可以了。连接池允许多个客户端使用缓存的连接对象，这些对象可以连接数据库，并且是共享的，可以被重复使用。使用连接池可以节省大量资源，从而提高程序运行速度。

（2）"超时"。在这里可以设置以下两项：

① "连接"：连接超时时间设置。超过指定时间没有连接就认为超时。

② "响应"：响应超时时间设置。超过指定时间没有响应就认为超时。

例如，某公司要求产品的所有界面在指定压力下响应时间不得超过 3s，在这种情况下，应设置响应超时为 3000ms。

（3）"从 HTML 文件嵌入资源"。

该项用于确定当 HTML 文件中含有 CSS、JavaScript、图片等文件时是否下载这些文件。

① "从 HTML 文件获取所有内含的资源"：如果 HTML 文件含有 CSS、JavaScript、图片等文件，则下载这些文件。

② "并行下载"和"数量"：设置为并行下载并指定数量。

③ "网址必须匹配"：输入匹配的网址。

④ URLs must not match：URL 不应该与输入的 URL 匹配。

如果在建立电子商务登录脚本时在"HTTP 请求默认值"元件的"高级"选项卡中选择"从 HTML 文件获取所有内含的资源"复选框，运行结果如图 3-63 所示。

在这种情形下，所有对 CSS、JavaScript、图片等文件的请求都被记录下来了。

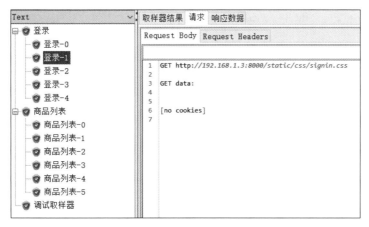

图 3-63　选择"从 HTML 文件获取所有内含的资源"复选框的运行结果

（4）"源地址"。

该部分主要用于 IP 地址欺骗，以避免服务器对同一 IP 地址进行过滤。只有当 HTTP 请求方式为 HTTP Client 的时候才能使用该选项。可选类型有"IP/主机名""设备""设备 IPv4"和"设备 IPv6"。

① "IP/主机名"：指定 IP 地址或者主机名。

② "设备"：选择设备以选择该接口的第一个可用地址，该接口可以是 IPv4 或 IPv6。

③ "设备 IPv4"：选择设备名称（如"eth0"、"lo"、"wlan0"）的 IPv4 地址。

④ "设备 IPv6"：选择设备名称（如"eth0"、"lo"、"wlan0"）的 IPv6 地址。

此选项用于启用 IP 地址欺骗。它重写了这个实例的默认本地 IP 地址。JMeter 主机必须具有多个 IP 地址（即 IP 别名、网络接口、设备）。该值可以是主机名、IP 地址或网络接口设备名称（如"eth0"、"lo"、"wlan0"等）。

（5）"代理服务器"。

该项用于设置代理服务器的名称或 IP 地址、端口号、用户名和密码。

（6）"其他任务"。

选择"保存响应为 MD5 的哈希值"复选框，在执行时只记录服务器端响应数据的 MD5 值，而不记录完整的响应数据。在需要进行数据量非常大的测试时，建议选中该复选框以减少取样器记录响应数据的开销。

设置了 HTTP 请求默认值后，在设置 HTTP 请求时，相同的部分就不用设置了。

3.3.6　"HTTP 代理服务器"元件

"HTTP 代理服务器"元件用于对使用 JMeter 自带的工具录制脚本进行设置。右击元件，在弹出菜单中选择"添加"→"非测试元件"→"HTTP 代理服务器"命令，即可打开"HTTP 代理服务器"元件，如图 3-64 所示。

（1）Global Settings：这里包括"端口"和 HTTPS Domains 两个选项。

① "端口"：代理服务器监听的端口，一定要与 Internet 代理服务器中设置的代理端口保持一致。

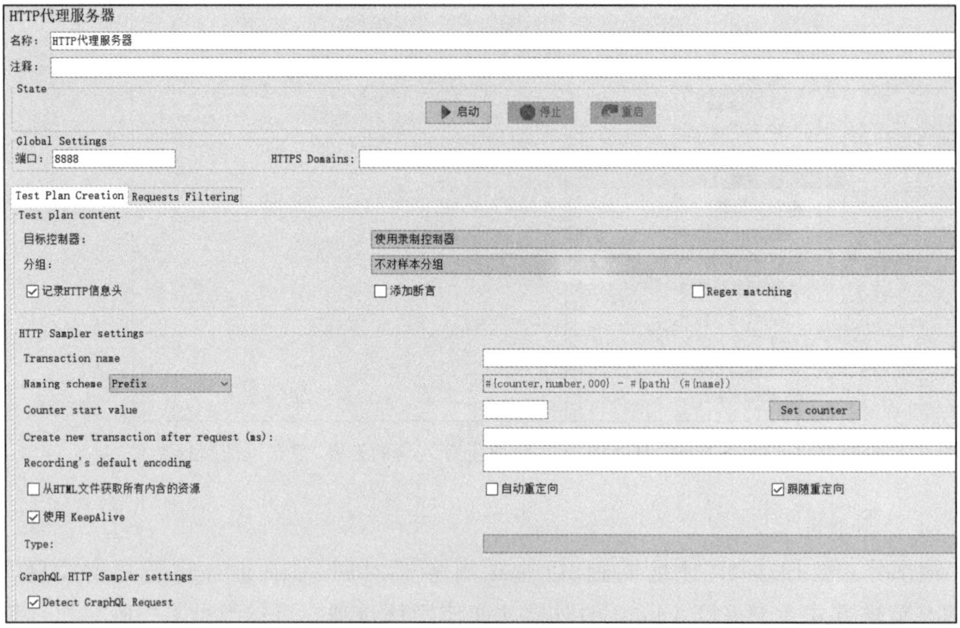

图 3-64　"HTTP 代理服务器"元件

② HTTPS Domains：指定 HTTPS 域（或主机）名称列表。用于预生成所有要记录的服务器的证书。例如：

.example.com,.subdomain.example.com

注意，通配符域只适用于一个级别。例如，my.subdomain.example.com 与 *.subdomain.example.com 匹配，但是不与 *.example.com 匹配。

（2）"启动"按钮：启动代理服务器。一旦代理服务器启动并准备接收请求，JMeter就向控制台写入以下消息："代理启动并运行！"。

（3）"停止"按钮：停止代理服务器。

（4）"重启"按钮：停止并重新启动代理服务器，当改变、添加、删除包含/排除过滤器时，这个按钮很有用。

1. Test Plan Creation 选项卡

Test Plan Creation 选项卡包含 Test plan content（测试计划内容）、HTTP Sampler settings（HTTP Sampler 设置）和 GraphQL HTTP Sample settings（GraphQL HTTP Sampler 设置）3 个选项。

1）Test plan content 选项

（1）"目标控制器"：指定代理服务器录制的脚本保存到哪个控制器。

（2）"分组"：指定是否将请求分组以及如何在录制中显示该分组。

① "不对样本分组"：对所有录制的取样器不分组。

② "在组间添加分组"：在取样器分组之间添加名为"----------"的控制器。

③ "每个组放入一个新的控制器"：将每个分组放到一个新的简单控制器下。

④ "只存入每个组的第一个样本"：只有每个分组的第一个样本会被录制。

⑤ "将每个组放入一个新的事务控制器"：为每个分组创建一个事务控制器，一个分组的所有取样器都保存在对应的事务控制器下。

(3) "记录 HTTP 信息头"：表示是否向"测试计划"元件中添加信息头。如果选择该复选框，那么将向每个 HTTP 取样器添加"HTTP 信息头管理器"元件。代理服务器会从生成的"HTTP 信息头管理器"元件中删除 Cookie 和授权头。默认情况下，也会移除 If-Modified-Since 和 If-None-Match 信息头。如果要修改其他头部信息，可修改 JMeter 属性文件%JMETER_HOME%\bin\jmeter.properties 中的下面一行内容：

```
proxy.headers.remove=If-Modified-Since,If-None-Match,Host
```

(4) "添加断言"：为每个空的取样器添加一个断言。

(5) Regex matching：指定在替换变量时是否使用正则表达式进行匹配。如果选择该复选框，则将取样器中的信息使用正则表达式匹配用户定义的变量值，替换为"${变量名}"。匹配时只对整个词进行匹配，而不对单词的一部分进行匹配。

2) HTTP Sampler settings 选项

(1) Transaction name：在录制时，在取样器名称前添加指定的前缀，或者以用户指定的事务名称替换取样器名称。

(2) Naming scheme：有 4 个选项，分别是 Prefix(前缀)、Transaction Name(替换名称)、Suffix(后缀)和 Using Format String(使用格式串)。如果设置为 Using Format String，默认给出"#{counter,number,000} - #{path}(#{name})"的格式串。

(3) Counter start value：当 Name scheme 为 Using Format String 时 Counter 的开始值。

(4) Create new transaction after request (ms)：两个请求之间的不活动时间(需要在两个单独的组中考虑它们)。

(5) Recording's default encoding：录制的默认编码格式，一般为 utf-8。

(6) "从 HTML 文件获取所有内含的资源"：录制的取样器是否获取 HTML 文件中所有包含的资源，例如 CSS、JavaScript 或图片等文件。

(7) "自动重定向"：录制的取样器是否要设置自动重定向。

(8) "跟随重定向"：录制的取样器是否要设置跟随重定向。

(9) "使用 KeepAlive"：录制的取样器是否使用 KeepAlive。在前面介绍过，以前的 HTTP 是无连接的协议，通过头文件增加 KeepAlive 的属性，以变为有连接的协议。

(10) Type：要生成哪种类型的取样器，可选择 HTTPclient4(默认)或 Java。

3) GraphQL HTTP Sample settings 选项

GraphQL 是一种针对 Graph(图形数据)进行查询的查询语言(Query Language, QL)。由于 GraphQL 一直没有被广泛使用，所以这里不进行介绍。

2. Requests Filtering 选项卡

"HTTP 代理服务器"元件的 Requests Filtering 选项卡如图 3-65 所示。

在这个选项卡中，可以根据 content-type 过滤请求，例如"text/html [;charset=utf-8]"。这个字段为正则表达式，它会检查 content-type 是否包含了指定字符串(不必匹配整个字

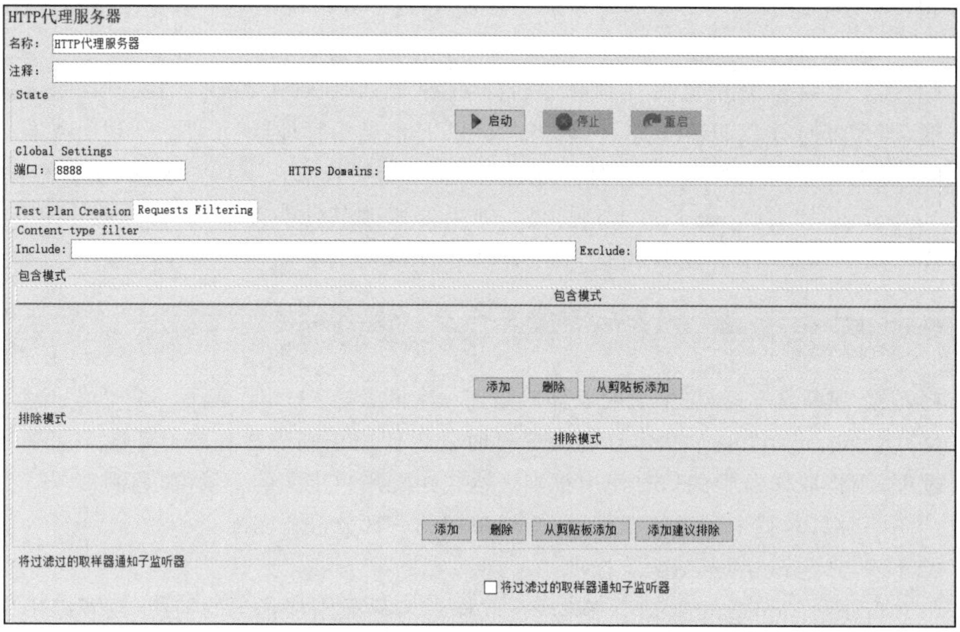

图 3-65　"HTTP 代理服务器"元件的 Requests Filtering 选项卡

段）。先检查 content-type 的包含过滤器，再检查排除过滤器。被过滤的取样器将不会被存储。如果不想录制 CSS、JavaScript、图片等文件，可以在 Exclude 中设置以下正则表达式：

```
(?i).*\.(bmp|css|js|gif|ico|jpe?g|png|swf|woff|woff2)(.*?)
```

（1）"包含模式"：使用它可以过滤 URL，只有与正则表达式匹配的取样器的完整 URL 才会被记录。

① 如果 Include 和 Exclude 都为空，则记录所有内容。

② 如果在包含模式中至少有一个条目，则只记录匹配相应条目的请求。

③ 如果要录制对某个网站的请求，可以添加一个 URL 过滤器，以防止录制不必要的请求。

（2）"排除模式"：使用它可以过滤 URL，满足该条件的请求不会被录制。

（3）"将过滤过的取样器通知子监听器"：通知被过滤取样器的子监听器。匹配一个或多个排除模式的任何响应都不会传递给子监听器。

3.3.7　"线程组"元件

JMeter 通过多线程的方式模拟并发，从而达到性能测试的目的。右击元件，在弹出菜单中选择"添加"→"线程（用户）"→"线程组"命令，即可打开"线程组"元件，如图 3-66 所示。

（1）"在取样器错误后要执行的动作"：包含以下 5 个单选按钮。

①"继续"：忽略错误，继续执行。

②"启动下一进程循环"：忽略错误，线程当前循环终止，执行下一次循环。

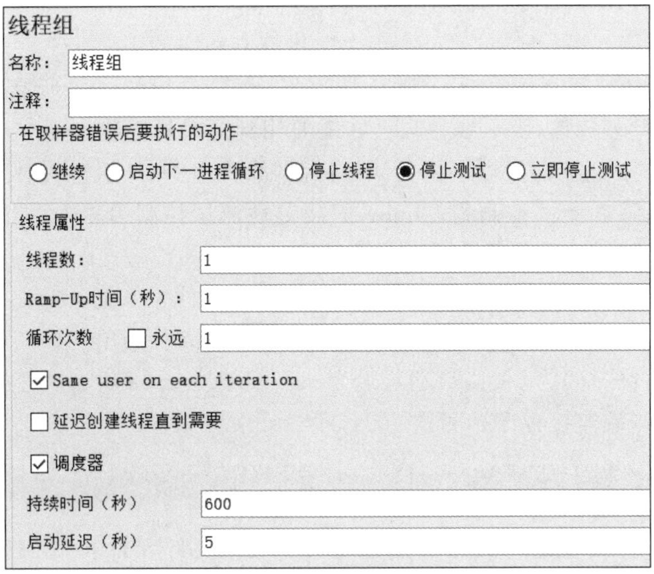

线程组

名称：　线程组

注释：

在取样器错误后要执行的动作
○ 继续　　○ 启动下一进程循环　　○ 停止线程　　● 停止测试　　○ 立即停止测试

线程属性

线程数：　　　　　　　1

Ramp-Up时间（秒）：　1

循环次数　□ 永远　　1

☑ Same user on each iteration

□ 延迟创建线程直到需要

☑ 调度器

持续时间（秒）　　　600

启动延迟（秒）　　　5

图 3-66　"线程组"元件

③ "停止线程"：当前线程停止执行，但是不影响其他线程正常执行。

④ "停止测试"：整个测试会在所有当前正在执行的线程执行完毕后停止。

⑤ "立即停止测试"：整个测试会立即停止执行，当前正在执行的取样器可能会被中断。

请参看图 3-67 了解这 5 个动作。

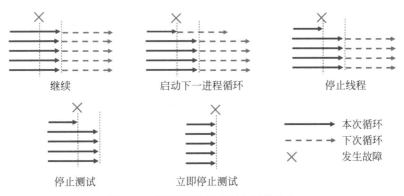

继续　　　　　　启动下一进程循环　　　　　停止线程

停止测试　　　　立即停止测试

→ 本次循环
⇢ 下次循环
✕ 发生故障

图 3-67　取样器错误后要执行的动作

（2）"线程数"：也就是在线用户数。JMeter 用一个线程模拟一个虚拟用户。

（3）"Ramp-Up时间（秒）"：用于设置启动所有线程需要的时间。如果选择了 10 个线程，并且 Ramp-Up时间是 5s，那么 JMeter 将使用 5s 使 10 个线程启动并运行。每个线程将在前一个线程启动后 0.5s 启动。

（4）"循环次数"：设置"线程组"元件结束前每个线程的循环次数，如果循环次数设置为 1，那么 JMeter 在停止前只执行"测试计划"元件一次。一般而言，如果利用 JMeter 进行接口测试，线程数、Ramp-Up时间和循环次数均设置为 1；而在进行性能测试时，线程数按照需求进行设置，循环次数可以设置为"永远"。

（5）Same user on each iteration：每次迭代都有相同的用户。

（6）"延迟创建线程直到需要"：默认情况下，测试开始的时候所有线程就被创建好了。如果选择了此复选框，那么线程只会在需要用到的时候创建。

（7）"调度器"：此项配置可以更灵活地控制"线程组"元件执行的时间。例如，负载测试控制为 10min，强度测试控制为 30min，而疲劳性测试控制为 48h。当线程运行了规定的时间时将自动停止测试，然后生成测试报告。

① "持续时间（秒）"：控制测试执行的持续时间，以秒为单位。

② "启动延迟（秒）"：控制测试在多久后启动执行，以秒为单位。

例如，设置持续时间为 600s，启动延迟为 5s。启动测试 5s 后测试开始进行（这个时间可以用于启动被测端监控程序），测试 600s，即 10min 结束。

3.3.8 "setUp 线程组"和"tearDown 线程组"元件

有两个特殊的"线程组"元件，分别是"setUp 线程组"元件和"tearDown 线程组"元件，它们的界面和设置与"线程组"元件是一样的。

"setUp 线程组"元件用于测试之前的初始化操作。右击元件，在弹出菜单中选择"添加"→"线程组（用户）"→"setUp 线程组"命令，即可打开"setUp 线程组"元件，如图 3-68 所示。

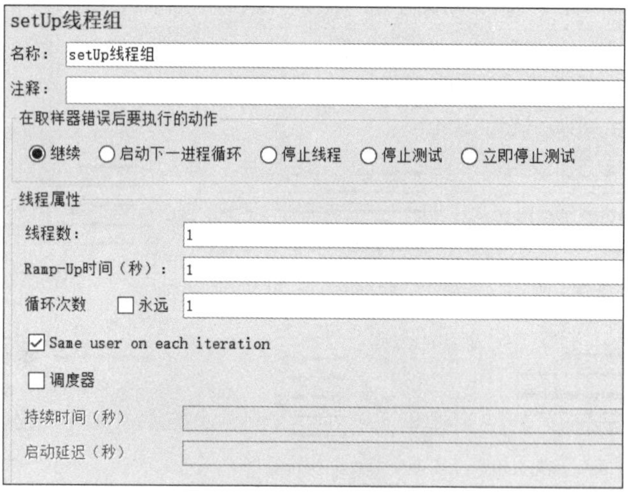

图 3-68　"setUp 线程组"元件

"tearDown 线程组"元件用于测试之后的收尾操作。右击元件，在弹出菜单中选择"添加"→"线程组（用户）"→"tearDown 线程组"命令，即可打开"tearDown 线程组"元件，如图 3-69 所示。

"setUp 线程组"元件和"tearDown 线程组"元件的界面与设置和"线程组"元件完全一致，在这里不再赘述。

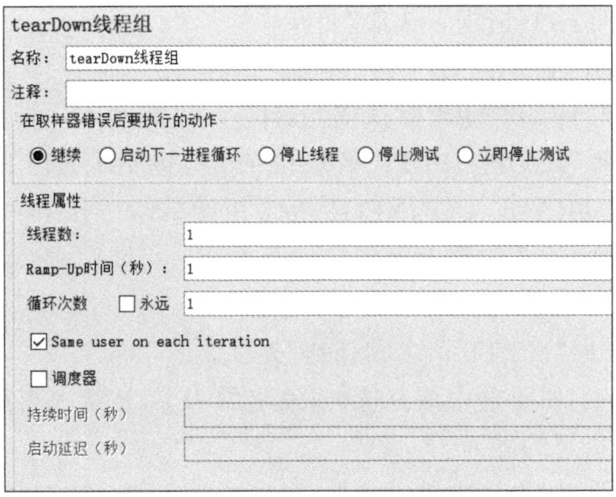

图 3-69　"tearDown 线程组"元件

 3.4　脚本初始化中使用的取样器

本节介绍脚本的初始化中使用的取样器,包括"HTTP 请求"元件和"调试取样器"。

3.4.1　"HTTP 请求"元件

"HTTP 请求"元件用于模拟单独的 HTTP 请求。右击元件,在弹出菜单中选择"添加"→"取样器"→"HTTP 请求"命令,即可打开"HTTP 请求"元件。

1."基本"选项卡

"HTTP 请求"元件的"基本"选项卡如图 3-70 所示。

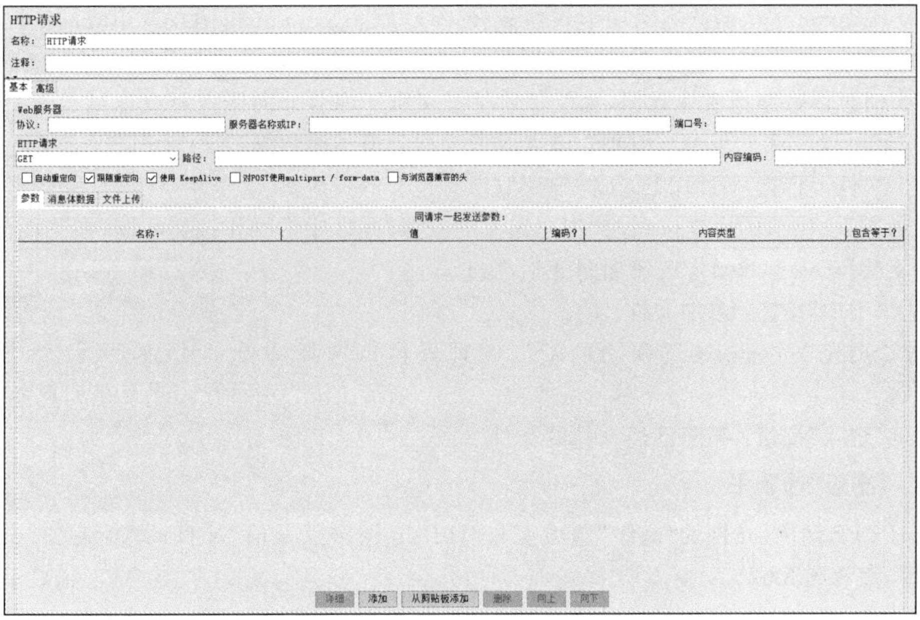

图 3-70　"HTTP 请求"元件的"基本"选项卡

（1）"协议"：同"HTTP请求默认值"元件。

（2）"服务器名称或IP"：同"HTTP请求默认值"元件。

（3）"端口号"：同"HTTP请求默认值"元件。

（4）"HTTP请求"：发送HTTP请求的方法，包括GET、POST、PUT、HEAD、DELETE、OPTIONS、TRACE、CONNECT等常用的请求方法和一些JMeter自定义的请求方法。在一般情况下GET和POST方法最常用。

（5）"路径"：同"HTTP请求默认值"元件。

（6）"内容编码"：同"HTTP请求默认值"元件。

（7）"自动重定向"：如果选中该复选框，发出的HTTP请求得到的响应码是3××，JMeter不会重定向到指定的界面。

（8）"跟随重定向"：如果选中该复选框，发出的HTTP请求得到的响应码是3××，JMeter会重定向到指定的界面。"自动重定向"与"跟随重定向"只能选一个。

（9）"使用KeepAlive"：JMeter和目标服务器之间使用KeepAlive方式进行HTTP通信（该复选框默认是选中的）。

（10）"对POST使用multipart/form-data"：multipart/form-data的基础方法是POST，也就是说是由POST方法组合实现的。multipart/form-data与POST方法的不同之处在于请求头和请求体。multipart/form-data的请求头必须包含一个特殊的头信息：Content-Type，并且其值也必须规定为multipart/form-data，同时还需要规定一个内容分隔符用于分隔请求体中的多个POST内容，以便接收方正常解析和还原文件。具体的头信息如下：

```
Content-Type: multipart/form-data; boundary=${bound}
```

（11）"参数""消息体数据""文件上传"选项卡。

① parameter指函数定义中形式参数（形参），而argument指函数调用时的实际参数（实参）。在不严格的情况下二者可以混用，一般用argument，而parameter则比较少用。

② 消息体数据指实体数据，也就是请求报文实体内容。向服务器发送请求时携带的实体内容可以在这里写入。POST请求的参数均为消息体数据。

③ 文件上传指从HTML文件中获取所有包含的资源。

"参数"选项卡的操作按钮与"用户定义的变量"元件中的操作按钮相同，参见图3-59。"文件上传"选项卡的操作按钮如图3-71所示。

① "添加"按钮：添加文件。

② "浏览"按钮：通过弹出的资源管理器窗口选择文件。

③ "删除"按钮：删除已经选择的文件。

图3-71 "文件上传"选项卡的操作按钮

2. "高级"选项卡

"HTTP请求"元件的"高级"选项卡与"HTTP请求默认值"元件的"高级"选项卡完全一致，参看图3-62。

3.4.2 "调试取样器"元件

"调试取样器"元件的英文名为 Debug Sampler。右击元件,在弹出菜单中选择"添加"→"取样器"→Debug Sampler 命令,即可打开"调试取样器"元件,如图 3-72 所示。

图 3-72 "调试取样器"元件

(1)"JMeter 属性":设置是否显示 JMeter 属性,默认为 False,即不显示 JMeter 属性。

(2)"JMeter 变量":设置是否显示 JMeter 变量,默认为 True,即显示 JMeter 变量。

(3)"系统属性":设置是否显示系统属性,默认为 False,即不显示系统属性。

当测试发现问题时,就需要通过"察看结果树"元件和"调试取样器"元件进行问题定位了。在"察看结果树"中查看调试取样器的内容,如图 3-73 所示。

图 3-73 在"察看结果树"元件中查看调试取样器的内容

可以在"调试取样器"的"响应数据"选项卡的 Response Body(响应体)中获得 JMeter 变量数据的内容,如图 3-74 所示。

图 3-74 中的"商品列表"HTTP 请求失败,显示为红色。其取样器的结果如图 3-75 所示。

在这里可以发现,其响应码为 403,即没有权限,服务器端拒绝浏览器端的访问。再来看一下"商品列表"HTTP 请求体,如图 3-76 所示。

图 3-74　JMeter 变量数据

图 3-75　"商品列表"HTTP 请求失败后显示的取样器结果

图 3-76　"商品列表"HTTP 请求体

这里给出了 csrfmiddlewaretoken 和 csrftokencookie 的值，分别为

> hN3psH0hVQncLlsTsXmQBICLxMK5n0tRfabIQb1hORc02RaXmOe9BXo6nCkUy8Qp

和

> 3LIik5b6q7PJF79stPNzMtxptmq3b4bNZqrySi9k5TGYOBwznGa6qOWjqH51pW0F

二者不一致。所以可以判定是 csrftoken 失效引起的请求失败。

3.5　脚本初始化中使用的逻辑控制器

本节介绍脚本初始化中使用的逻辑控制器，包括"录制控制器"元件和"循环控制器"元件。

3.5.1　"录制控制器"元件

"录制控制器"元件是一个占位符，指示代理服务器将样本记录到什么位置。右击元件，在弹出菜单中选择"添加"→"逻辑控制器"→"录制控制器"，即可打开"录制控制器"元件，如图 3-77 所示。

图 3-77　"录制控制器"元件

在测试脚本运行期间，"录制控制器"元件是没有作用的，类似于"简单控制器"元件。但是在使用 HTTP(S)测试脚本记录器进行记录期间，所有记录的样本默认情况下都将保存在"录制控制器"元件中，如图 3-78 所示。

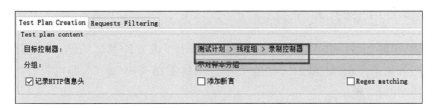

图 3-78　所有记录的样本默认保存在"录制控制器"元件中

3.5.2　"循环控制器"元件

"循环控制器"元件是 JMeter 中使用频率最高的逻辑控制器。右击元件，在弹出菜单中选择"添加"→"逻辑控制器"→"循环控制器"命令，即可打开"循环控制器"元件，如图 3-79 所示。

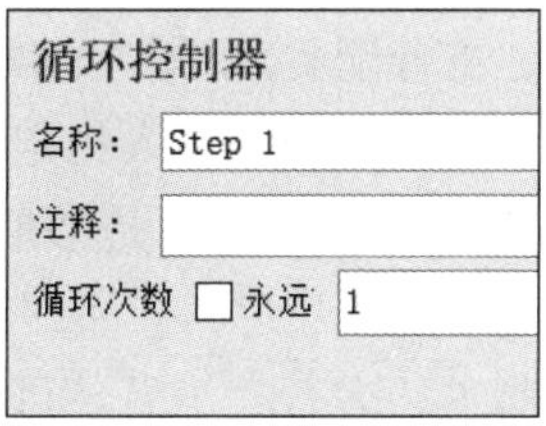

在进行接口测试的时候一般将循环次数设置为固定的数目，而不设置为"永远"。在进行性能测试的时候既可以将循环次数设置为固定的数目，也可以设置为永远。

图 3-79　"循环控制器"元件

打开本书的配套代码，载入 loop.jmx，如图 3-80 所示，在"线程组"元件中设置循环次数为 2，在"循环控制器"元件中设置循环次数为 3。运行结果如图 3-81 所示。

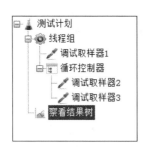

图 3-80　"测试计划"的设置

图 3-81　运行结果

"调试取样器 1"由"线程组"元件控制，总共运行了两次。"调试取样器 2"和"调试取样器 3"由"循环控制器"元件控制。"线程组"元件每运行一次，"循环控制器"元件下的"调试取样器 2"和"调试取样器 3"各运行 3 次。由于"线程组"元件循环了两次，所以"调试取样器 2"和"调试取样器 3"共运行了 6 次。

3.6　脚本初始化中使用的监听器

本节介绍脚本的初始化提及的监听器，包括"察看结果树"元件、"简单数据写入器"元件和"用表格察看结果"元件。

3.6.1　"察看结果树"元件

"察看结果树"元件和"调试取样器"元件是两个很重要的调试工具，往往结合在一起使用。在右键菜单中选择"添加"→"监听器"→"察看结果树"命令，即可打开"察看结果树"元件，如图 3-82 所示。

（1）"Scroll automatically?"：设置是否自动滚动。如果选择该复选框，当显示的内容数量较多的时候，内容会自动向下滚动。

（2）"所有数据写入一个文件"：可以将"察看结果树"元件的内容写入一个文件中（这个文件必须事先创建好）。可以仅显示错误日志或仅显示成功日志。也可以单击"配置"按钮进行配置，配置界面如图 3-83 所示。在运行之前配置好要保存的结果，运行过程中就会把相关内容写入指定的文件中（下面所有的监听器均有这个配置窗口，不再重复）。

图 3-84 显示的是结果树的运行日志。

（3）打开待测产品配置文件中的 CSRF token 开关，重新启动被测产品，然后运行测试脚本。运行完毕后，可以在"查找"文本框中指定要查找的内容。可以选择"区分大小写"和"正则表达式"复选框。

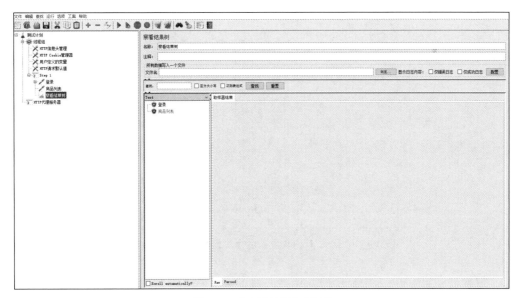

图 3-82 "察看结果树"元件

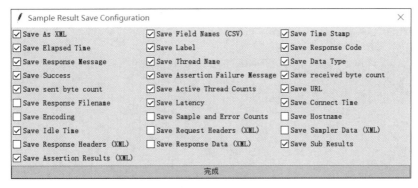

图 3-83 配置要保存的结果

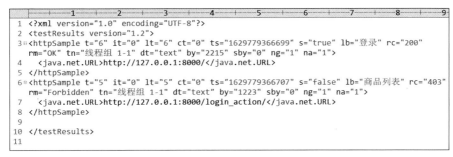

图 3-84 结果树运行日志

（4）在 Text 下，绿色的部分表示运行没有问题；红色的部分表示运行出现问题。

"察看结果树"元件的界面类似于 Fiddle 等抓包工具。图 3-85 为"登录"HTTP 请求运行后显示的取样器结果。

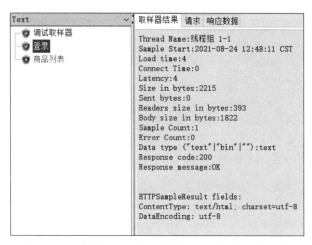

图 3-85 "登录"HTTP 请求运行后显示的取样器结果

"取样器结果"选项卡中显示的取样器的基本信息说明如下：

```
线程名称：线程组 1-1
样本开始时间：美国中部时间 2021 年 8 月 24 日 12:48:11
加载时间：4
连接时间：0
延迟：4
字节数：2215
发送字节：0
表头大小(字节)：393
正文大小(字节)：1822
样本数：1
错误计数：0
数据类型("文本"|"bin"|"")：文本
回应代码：200
响应消息：OK


HTTPSampleResult 字段：
ContentType: text/html;字符集=utf-8
数据编码：utf-8
```

"请求"选项卡中分别是请求体(图 3-86)和请求头(图 3-87)。

图 3-86 请求体

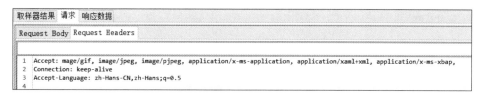

图 3-87　请求头

"响应数据"选项卡中分别是响应体(图 3-88)和响应头(图 3-89)。

取样器结果　请求　响应数据

Response Body | Response headers

```
<!DOCTYPE html>
<html lang="zh-CN">
  <head>
    <meta charset="utf-8">
    <meta http-equiv="X-UA-Compatible" content="IE=edge">
    <meta name="viewport" content="width=device-width, initial-scale=1">
    <!-- 上述3个meta标签*必须*放在最前面,任何其他内容都*必须*跟随其后! -->
    <meta name="description" content="">
    <meta name="author" content="">

    <title>电子商务系统-登录</title>

    <!-- Bootstrap core CSS -->
    <link href="/static/css/signin.css" rel="stylesheet">
    <!-- Custom styles for this template -->
    <link href="/static/css/bootstrap.min.css" rel="stylesheet">
        <link href="/static/css/my.css" rel="stylesheet">
        <script type="text/javascript" src="/static/js/sh256.js"></script>
        <script type="text/javascript">
        function SHA256Password()
        {
        document.forms["myForm"]["password"].value = SHA256(document.forms["myForm"]["password"].value);
        return true;
        }
</script>

  </head>

  <body>

    <div class="container">
        <form class="form-signin" name="myForm" method="post" action="/login_action/" enctype="multipart/fo
```

图 3-88　响应体

图 3-89　响应头

"察看结果树"元件的内容可以通过工具栏中的 和 这两个图标清除。右边的图标除了可以清除"察看结果树"元件的内容,还可以清除日志,并且把错误请求的计数器归零。

3.6.2 "简单数据写入器"元件

"简单数据写入器"元件可以将结果记录到文件中,但它不能在 GUI 模式下使用。其效果与在 CLI(Command Line Interface,命令行界面)模式下运行时使用"-l"的标志是一致的。要保存的字段由 JMeter 属性定义。在右键菜单中选择"添加"→"监听器"→"简单数据写入器"命令,即可打开"简单数据写入器"元件,如图 3-90 所示。

图 3-90 "简单数据写入器"元件

3.6.3 "用表格察看结果"元件

"用表格察看结果"元件为每个样本结果创建一行。它与"察看结果树"元件一样需要使用大量内存。在默认情况下,它仅显示主样本,不显示子样本。在右键菜单中选择"添加"→"监听器"→"用表格察看结果"命令,即可打开"用表格察看结果"元件,如图 3-91 所示。

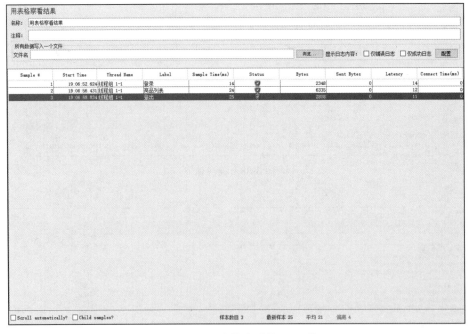

图 3-91 "用表格察看结果"元件

（1）"Scroll automatically?"：设置是否自动滚动。如果选择该复选框,当该元件的数据记录较多的时候,会自动向下滚动。

（2）"Child samples?"：设置是否显示子样本。

第 4 章

建立登录接口测试脚本

本章首先介绍如何利用"函数助手"中的散列函数对密码进行 SHA-256 散列处理，介绍 CSRF 攻击以及 CSRF token 的防范原理，介绍如何通过 JMeter 处理 CSRF token。其次介绍几种断言，以确保测试的结果与预期的结果一致。随后介绍如何使用 CSV Data Set Config 元件和 JDBC 元件对用户名和密码进行参数化。最后介绍本章使用的 15 个 JMeter 元件。

 4.1　登录接口测试脚本的建立

本节介绍登录接口测试脚本的建立，包括生成密码的 SHA-256 散列值、处理 CSRF token、建立测试断言、用户名密码的参数化以及建立"setUp 线程组"元件和"tearDown 线程组"元件。

4.1.1　生成密码的 SHA-256 散列值

在第 3 章的案例中，对密码采用 SHA-256 进行散列，需要输入类似于下面这样的一长串字符：

```
8d969eef6ecad3c29a3a629280e686cf0c3f5d5a86aff3ca12020c923adc6c92
```

这是非常麻烦的，这里通过"函数助手"解决这个问题。

（1）单击▦图标，打开"函数助手"。

（2）选择 digest 函数。

① 在"算法摘要"中输入 SHA-256。

② 在 String to be hashed（要散列的字符串）中输入 123456。

（3）单击"生成"按钮，结果如图 4-1 所示。在 The result of the function is 中显示字符串 123456 的 SHA-256 散列值。

（4）在相应的位置，例如"商品列表"HTTP 请求中的 password 中粘贴函数字符串

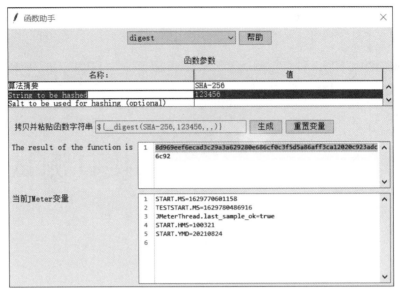

图 4-1　通过 digest 函数生成 SHA-256 散列值

（即 SHA-256 散列达式），如图 4-2 所示，通过 ${__digest(SHA-256,123456,,,)}调用 digest 函数。

图 4-2　用 SHA-256 散列表达式作为参数

4.1.2　对 CSRF token 的处理

前面介绍过，启用 CSRF token 开关后，录制脚本时返回 403 响应码，表示没有权限访问这个 HTTP 请求。本节介绍如何解决这个问题。

首先介绍 CSRF 攻击以及 CSRF token 的原理。

1. CSRF 攻击

网站的登录功能为了防止暴力破解或者 DDoS 攻击，往往在用户连续输入 5 次错误的密码后锁定账号，只能等待一定的时间或者通过申诉解锁，才可以重新登录，HTML 代码如下：

```
<form class="form- signin" method="post" action="/login_action/" onsubmit=
javascript:check()>
...
</form>
```

其中，javascript：check()函数就是用来防止暴力破解或者 DDoS 攻击的。在这种情况下，黑客可以把这段 HTML 代码复制/粘贴到在自己的计算机上建立的 HTML 文件中，把 action 的路径改为绝对路径，例如：

```
<form class="form-signin" method="post" action="http://www.doman.com/login_
action/">
...
</form>
```

其中, http://www.doman.com 为被攻击网站的域名。这就是 CSRF 攻击。

2. CSRF token 原理

为了防止 CSRF 攻击, 人们想出了 CSRF token(令牌)的方法。当浏览器向服务器发送请求的时候, 产生一个固定长度的随机字符串, 这个字符串通过表单中的 hidden 类型的字段发送给服务器, 同时通过 cookie 发送给服务器。当服务器接收到 hidden 类型的字段后, 再检查是否有一个指定名称的 cookie 字段, 然后检查 hidden 类型的字段的值与指定名称的 cookie 字段的值是否一致。如果存在指定的 hidden 类型的字段和 cookie 字段, 并且两者的值是一致的, 说明不存在 CSRF 攻击, 返回响应码 200; 否则说明存在 CSRF 攻击, 返回响应码 403。CSRF token 的原理如图 4-3 所示。

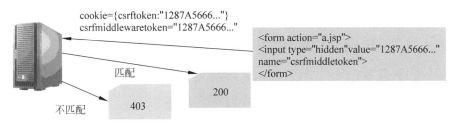

图 4-3　CSRF token 的原理

在 Django 框架中, POST 请求中的 hidden 类型的字段的名称为 csrfmiddlewaretoken; cookie 字段的名称为 csrftoken。服务器接收到 POST 请求, 对比这两个字段的值。如果一致, 返回响应码 200; 否则返回响应码 403。例如, 对于如下的 HTML 代码:

```
<form class="form-signin" method="post" action="http://www.mydoman.com/
login_action/">
...
</form>
```

黑客在里面加入黑体部分:

```
<form class="form-signin" method="post" action="http://www.mydoman.com/
login_action/">
<input type="hidden" name="csrfmiddlewaretoken"
value="EBE0TZyDmX7zm858DktM2UktS489URIhI6UiwXh5lCN8kjrejzRRcUypUu75oDdV">
...
</form>
```

但是黑客不用特殊的方法是产生不了名称为 csrftoken 的 cookie 字段的。这样就能够防止 CSRF 攻击。

3. 处理 CSRF token

JMeter 解决上述 CSRF token 问题的方法是通过"边界提取器"元件从"登录"HTTP 请求的响应码中获取随机产生的字符串，放入一个变量中，然后建立一个"HTTP Cookie 管理器"元件，设置一个名称为 csrftoken、值为获取的变量值的响应字段，同时设置 POST 请求的 hidden 类型的字段值也为这个变量的值。具体操作步骤如下。

（1）右击"登录"HTTP 请求，在右键菜单中选择"添加"→"后置处理器"→"边界提取器"命令，按照图 4-4 进行设置。

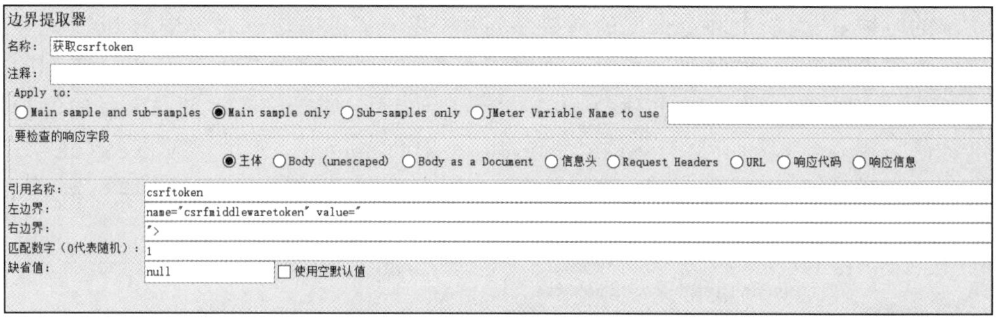

图 4-4　设置"边界提取器"元件

① 把"名称"改为"获取 csrftoken"。

② 在 Apply to 下选择 Main sample only 单选按钮。

③ 在"要检查的响应字段"下选择"主体"单选按钮。

④ "引用名称"为 csrftoken，它是获取的参数名。

⑤ "左边界"为"name="csrfmiddlewaretoken" value=""。

⑥ "右边界"为"">"。

⑦ "匹配数字"为 1（1 表示第 1 个匹配项，2 表示第 2 个匹配项，以此类推；0 表示由 JMeter 随机分配的一个匹配项；负数表示获得所有的匹配项）。

⑧ "缺省值"为 null。

边界提取器内容可以从"察看结果树"元件中"登录"HTTP 请求的"响应数据"选项卡中的 Response Body 选项卡中获取（图 4-5），也可以在浏览器上通过查看登录页面的源代码获取。

（2）右击"登录"HTTP 请求，在右键菜单中选择"添加"→"配置元件"→"HTTP Cookie 管理器"命令，按照图 4-6 进行设置。

① 修改"名称"为"设置 csrftoken cookie 信息"。

② 确认类型为 standard。

③ 加入一个 cookie 字段，命名为 csrftoken（可以通过 Fiddle 抓包工具获得）。其值为第（1）步中通过"引用名称"获取的参数 ${csrftoken}。

（3）进入"商品列表"HTTP 请求，把名称为 csrfmiddlewaretoken 的字段的值也设为 ${csrftoken}，以便与 cookie 字段的值保持一致，如图 4-7 所示。

（4）运行测试脚本，单击"察看结果树"，如图 4-8 所示，全绿，表示配置成功。

由于"商品列表"HTTP 请求中设置的是跟随重定向，所以在这里显示了"商品列表-0"

图 4-5　通过"察看结果树"获取边界提取器内容

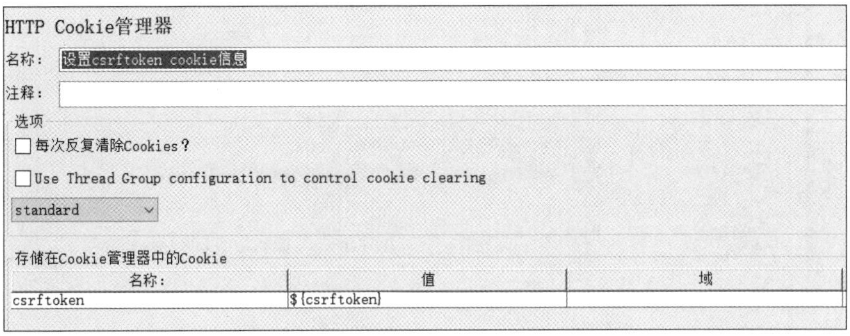

图 4-6　设置"HTTP Cookie 管理器"元件

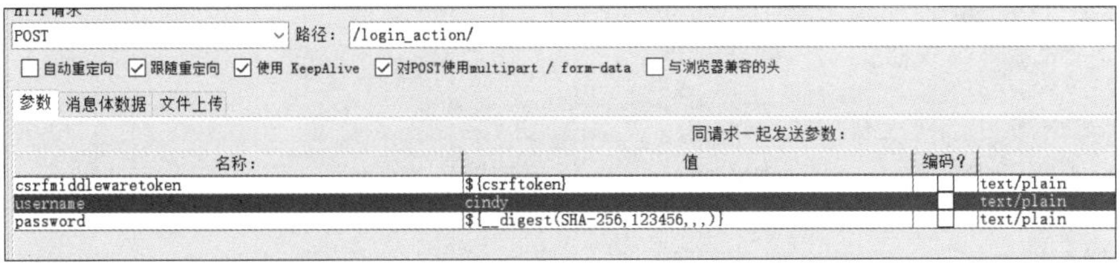

图 4-7　设置 csrfmiddlewaretoken 字段的值

和"商品列表-1"。"商品列表-0"对应的 URL 是"http://＜服务器的 IP 地址＞:8000/login_action/",用于检查用户名和密码是否正确,如图 4-9 所示;"商品列表-1"对应的 URL 是"http://＜服务器的 IP 地址＞:8000/goods_view/",用于检查正确后重定向到商品列表页面,如图 4-10 所示。

查看"调试取样器",如图 4-11 所示,可以获得"边界提取器"元件设置的参数。

具体参数信息如下:

图 4-8　CSRF token 配置成功

图 4-9　login_action 页面的请求体

图 4-10　goods_view 页面的请求体

图 4-11　获得"边界提取器"元件设置的参数

```
csrftoken=Y7z9WwddMR7VCBwoW91nPGXIb9XOb0RWiJYrHBO9FuT4zwKWSyME6oT23SYW4VbX
csrftoken_g=1
csrftoken_g0=name="csrfmiddlewaretoken"
value="Y7z9WwddMR7VCBwoW91nPGXIb9XOb0RWiJYrHBO9FuT4zwKWSyME6oT23SYW4VbX">
csrftoken_g1=Y7z9WwddMR7VCBwoW91nPGXIb9XOb0RWiJYrHBO9FuT4zwKWSyME6oT23SYW4VbX
password=8d969eef6ecad3c29a3a629280e686cf0c3f5d5a86aff3ca12020c923adc6c92
username=cindy
```

各参数说明如下：

① csrftoken：变量值。

② csrftoken_g：变量个数，这里为 1。

③ csrftoken_g0：左边界＋变量值＋右边界。

④ csrftoken_g1：第一个变量的值，在这里与 csrftoken 一致。

⑤ password：发送的密码（已经进行了 SHA-256 散列）。

⑥ username：发送的用户名。

4.1.3　建立测试断言

所谓断言，即验证测试结果是否与期望结果一致。本节分别介绍对"登录"HTTP 请求和"商品列表"HTTP 请求建立"响应断言"元件和"BeanShell 断言"元件的方法。

1. 对"登录"HTTP 请求建立的"响应断言"元件

（1）右击"登录"HTTP 请求元件，在弹出菜单中选择"添加"→"断言"→"响应断言"命令，按照图 4-12 进行设置。

图 4-12　设置"登录"HTTP 请求的"响应断言"元件

①"名称"："登录"。

② Apply to：选择 Main sample only 单选按钮。

③"测试字段"：选择"响应文本"单选按钮。

④"模式匹配规则"：选择"字符串"单选按钮。

⑤"测试模式"："<title>电子商务系统-登录</title>"。

运行后没有发生异常（读者要养成在建立测试脚本之后随即运行一次的习惯，这样可以在第一时间判断设置是否存在问题）。

2. 对"登录"HTTP请求建立的"BeanShell断言"元件

（1）右击"登录"HTTP请求元件，在弹出菜单中选择"添加"→"断言"→"BeanShell断言"命令，打开"BeanShell断言"元件，如图4-13所示。

```
BeanShell断言
名称：    登录
注释：
☐ 每次调用前重置 bsh.Interpreter
参数（-> String Parameters 和 String [ ]bsh.args）
脚本文件
脚本（见下文所定义的变量）
1   response = prev.getResponseDataAsString();
2
3   Failure = true;
4 ⊟ if (response.contains("<title>电子商务系统-登录</title>")){
5       Failure = false;
6   }else{
7       FailureMessage="响应内容中没有找到<title>电子商务系统-登录</title>";
8   }
```

图 4-13　设置"登录"HTTP请求的"BeanShell断言"元件

（2）将"名称"修改为"登录"，然后在"脚本"文本框中输入如下代码：

```
response = prev.getResponseDataAsString();

Failure = true;
if (response.contains("<title>电子商务系统-登录</title>")){
    Failure = false;
}else{
    FailureMessage="响应内容中没有找到<title>电子商务系统-登录</title>";
}
```

在上述代码中，关键代码的含义如下：

① response = prev.getResponseDataAsString()表示获取响应包主体信息的数据，然后赋值给 response。

② Failure = true 表示断言失败；Failure = false 表示断言成功。

③ response.contains 用于判断 response 中是否包含指定的字符串。

注意，在日常工作中，使用"响应断言"元件和"BeanShell断言"元件的效果是一样的，二者选一即可。

3. 对"商品列表"HTTP请求建立的"响应断言"元件

（1）右击"商品列表"HTTP请求元件，在弹出菜单中选择"添加"→"后置处理器"→"正则表达式提取器"命令，按照图4-14进行设置。

① Apply to：选择 Main sample only 单选按钮。

②"名称"："获得商品列表信息"。

③"引用名称"：name。

④"正则表达式"：<td id="name">(.*?)</td>，用于获取 name 的 table 信息。

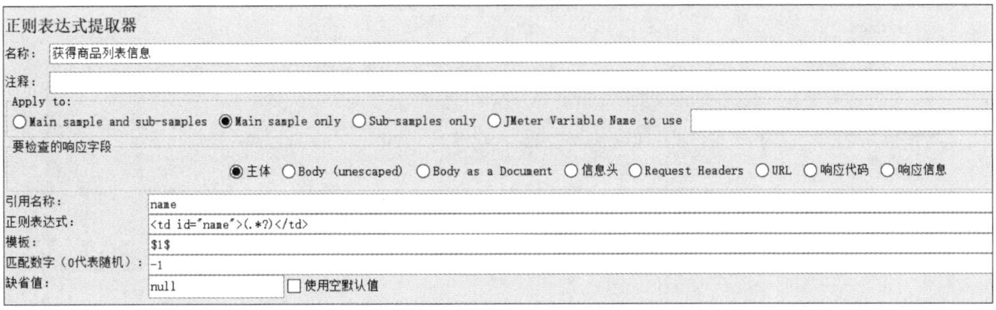

图 4-14 设置"获得商品列表信息"的正则表达式

⑤ "模板"：1，表示正则表达式中有一个参数。

⑥ "匹配数字"：−1，获得所有匹配，取值与"边界提取器"元件一样。

⑦ "缺省值"：null。

运行测试脚本，在结果的取样器中可以获得所有匹配的参数，如图 4-15 所示。

```
name=null
name_1=正山堂茶业 元正简雅正山小种红茶茶叶礼盒装礼品 武夷山茶叶送礼
name_1_g=1
name_1_g0=<td id="name">正山堂茶业 元正简雅正山小种红茶茶叶礼盒装礼品 武夷山茶叶送礼</td>
name_1_g1=正山堂茶业 元正简雅正山小种红茶茶叶礼盒装礼品 武夷山茶叶送礼
name_2=红茶茶叶 正山小种武夷山红茶170g 春茶袋装170g散装新茶
name_2_g=1
name_2_g0=<td id="name">红茶茶叶 正山小种武夷山红茶170g 春茶袋装170g散装新茶</td>
name_2_g1=红茶茶叶 正山小种武夷山红茶170g 春茶袋装170g散装新茶
name_3=晋袍 花蜜香正山小种红茶 300g牛皮纸袋装礼盒 武夷山桐木关包邮
name_3_g=1
name_3_g0=<td id="name">晋袍 花蜜香正山小种红茶 300g牛皮纸袋装礼盒 武夷山桐木关包邮</td>
name_3_g1=晋袍 花蜜香正山小种红茶 300g牛皮纸袋装礼盒 武夷山桐木关包邮
name_4=正山小种红茶特级 新茶 礼盒装 桂圆香 送礼红茶暖养胃茶叶250g
name_4_g=1
name_4_g0=<td id="name">正山小种红茶特级 新茶 礼盒装 桂圆香 送礼红茶暖养胃茶叶250g</td>
name_4_g1=正山小种红茶特级 新茶 礼盒装 桂圆香 送礼红茶暖养胃茶叶250g
name_5=2016春茶 武夷红茶 桐木关 野生红茶 正山小种 包邮 办公室用茶
name_5_g=1
name_5_g0=<td id="name">2016春茶 武夷红茶 桐木关 野生红茶 正山小种 包邮 办公室用茶</td>
name_5_g1=2016春茶 武夷红茶 桐木关 野生红茶 正山小种 包邮 办公室用茶
name_matchNr=5
```

图 4-15 所有匹配的商品列表信息

① 由于获得了多条信息，所以 name 为 null。

② name_1：第 1 条记录匹配的字符串为"正山堂茶业 元正简雅正山小种红茶茶叶礼盒装礼品 武夷山茶叶送礼"。

③ name_1_g：第 1 条记录匹配的参数个数，为 1 个。

④ name_1_g0：正则表达式加上匹配的部分，结果为"<td id="name">正山堂茶业 元正简雅正山小种红茶茶叶礼盒装礼品 武夷山茶叶送礼</td>"。

⑤ name_1_g1：同 name_1，是第 1 条记录匹配到的字符串："正山堂茶业 元正简雅正山小种红茶茶叶礼盒装礼品 武夷山茶叶送礼"。

⑥ name_2 到 name_5：分别为第 2~5 个匹配的字符串。

⑦ name_matchNr=5：表示总共匹配的个数为 5。

（2）右击"商品列表"HTTP 请求元件，在弹出菜单中选择"添加"→"断言"→"响应断言"命令，按照图 4-16 进行设置。

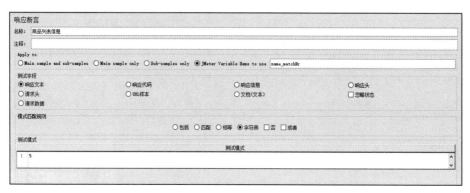

图 4-16　设置"商品列表"HTTP 请求的"响应断言"元件

① "名称"："商品列表信息"。

② Apply to：选择 JMeter Variable Name to use 单选按钮，在右侧的文本框中输入
name_matchNr（注意，这里不能输入 ${name_matchNr}）。

③ "模式匹配规则"：选择"字符串"单选按钮。

④ "测试模式"：5。

设置完毕，运行测试脚本，没有发生异常。

4. 对"商品列表"HTTP 请求建立的"BeanShell 断言"元件

（1）右击"商品列表"HTTP 请求元件，在弹出菜单中选择"添加"→"断言"→
"BeanShell 断言"命令，打开"BeanShell 断言"元件，如图 4-17 所示。

```
BeanShell断言
名称：  商品列表
注释：
□ 每次调用前重置 bsh. Interpreter
参数（-> String Parameters 和 String [ ]bsh. args）
脚本文件
脚本（见下文所定义的变量）
1   //获取系统变量
2   String name1 = vars.get("name_1");
3   String name2 = vars.get("name_2");
4   String name3 = vars.get("name_3");
5   String name4 = vars.get("name_4");
6   String name5 = vars.get("name_5");
7   String name_matchNr = vars.get("name_matchNr");
8
9   //判断返回值是否和预期一致
10  Failure = false;
11  if (! name1.equals("正山堂茶业 元正简雅正山小种红茶茶叶礼盒装礼品 武夷山茶叶送礼")){
12      Failure = true;
13      FailureMessage = " name1信息与预期不符合";
14  }else if(! name2.equals("红茶茶叶 正山小种武夷山红茶170g 春茶袋装170g散装新茶")){
15      Failure = true;
16      FailureMessage = " name2信息与预期不符合";
17  }else if(! name3.equals("青袍 花蜜香正山小种红茶 300g牛皮纸袋装礼盒 武夷山桐木关包邮")){
18      Failure = true;
19      FailureMessage = " name3信息与预期不符合";
20  }else if(! name4.equals("正山小种红茶特级 新茶 礼盒装 桂圆香 送礼红茶暖养胃茶叶250g")){
21      Failure = true;
22      FailureMessage = " name4信息与预期不符合";
23  }else if(! name5.equals("2016春茶 武夷红茶 桐木关 野生红茶 正山小种 包邮 办公室用茶")){
24      Failure = true;
25      FailureMessage = " name5信息与预期不符合";
26  }else if(!name_matchNr.equals("5")){
27      Failure = true;
28      FailureMessage = " name_matchNr信息与预期不符合";
29  }
```

图 4-17　设置"商品列表"HTTP 请求的"BeanShell 断言"元件

（2）将"名称"修改为"商品列表"，然后在"脚本"文本框中输入如下代码：

```
//获取系统变量
String name1 = vars.get("name_1");
String name2 = vars.get("name_2");
String name3 = vars.get("name_3");
String name4 = vars.get("name_4");
String name5 = vars.get("name_5");
String name_matchNr = vars.get("name_matchNr");

//判断返回值是否和预期一致
Failure = false;
if (! name1.equals("正山堂茶业 元正简雅正山小种红茶茶叶礼盒装礼品 武夷山茶叶送
礼")){
    Failure = true;
    FailureMessage = "name1 信息与预期不符合";
}else if(! name2.equals("红茶茶叶 正山小种武夷山红茶 170g 春茶袋装 170g 散装新
茶")){
    Failure = true;
    FailureMessage = "name2 信息与预期不符合";
}else if(! name3.equals("晋袍 花蜜香正山小种红茶 300g 牛皮纸袋装礼盒 武夷山桐木关
包邮")){
    Failure = true;
    FailureMessage = "name3 信息与预期不符合";
}else if(! name4.equals("正山小种红茶特级 新茶 礼盒装 桂圆香 送礼红茶暖养胃茶叶
250g")){
    Failure = true;
    FailureMessage = "name4 信息与预期不符合";
}else if(! name5.equals("2016 春茶 武夷红茶 桐木关 野生红茶 正山小种 包邮 办公室用
茶")){
    Failure = true;
    FailureMessage = "name5 信息与预期不符合";
}else if(!name_matchNr.equals("5")){
    Failure = true;
    FailureMessage = "name_matchNr 信息与预期不符合";
}
```

设置完毕，运行测试脚本，没有发生异常。由此可见，"BeanShall 断言"元件的灵活性是很强的。

4.1.4　用户名和密码的参数化

本节介绍利用 CSV Data Set Config 元件和 MySQL 对用户名和密码进行参数化的方法。

1. 利用 CSV Data Set Config 实现参数化

利用 CSV Data Set Config 元件参数化是将测试数据可以存储在 CSV 文件中，通过 CSV Data Set Config 元件依次读取 CSV 文件中的内容并进行参数化。

（1）建立 user.dat 文件，与测试脚本放在同一个目录下。其内容如下：

```
username,password
linda,knyzh158
cindy,123456
jerry,654321
susan,qwert
peter,zxcvb
```

应确保使用这些用户名和密码均可以登录成功。

（2）右击"登录"HTTP 请求元件，在弹出菜单中选择"添加"→"配置元件"→CSV Data Set Config 命令，按照图 4-18 进行设置。

CSV 数据文件设置	
名称:	获取用户名和密码
注释:	
设置 CSV 数据文件	
文件名:	user.dat
文件编码:	utf-8
变量名称(西文逗号间隔):	username,password
忽略首行(只在设置了变量名称后才生效):	True
分隔符（用'\t'代替制表符）:	,
是否允许带引号？:	False
遇到文件结束符再次循环？:	True
遇到文件结束符停止线程？:	False
线程共享模式:	所有现场

图 4-18　从 user.dat 文件中获取 username 和 password 参数

① "名称"：为"获取用户名和密码"。

② "文件名"：user.dat。由于 user.dat 文件与测试脚本放在同一个目录下，所以在这里直接输入 user.dat 即可。如果通过浏览器选择，产生的是文件的绝对地址，反而不利于脚本的维护。

③ "文件编码"：utf-8。实际的 user.dat 文件可以采用任意的文件编码，如 ANSI 等。

④ "变量名称"："username,password"。在 user.dat 的一行中，英文逗号前的内容赋予名为 username 的变量，英文逗号后的内容赋予名为 password 的变量。

⑤ "忽略首行"：由于在 user.dat 中第一行为"username,password"标识，而不是实际的数据，所以这里选择 True。

⑥ "分隔符"："，"（英文逗号，与 user.dat 保持一致）。

⑦ 其他均选择默认项。

（3）在"商品列表"HTTP 请求元件中，把 username 的值改为 ${username}，把 password 的值改为 ${__digest(SHA-256,${password},,,)}。

（4）将"循环控制器"元件的循环次数改为5（因为设置了5个参数对）。

（5）把"调试取样器"元件拖到"循环控制器"元件下面。

（6）设置完毕，运行测试脚本，没有发生异常。

（7）在"察看结果树"元件中查看，5次循环结果均显示为绿色。每次循环的username和password参数均来自user.dat中的不同行。前两次循环的结果如图4-19显示。

图 4-19　CSV Data Set Config 参数化成功

2. 利用 MySQL 实现参数化

数据库参数化是将测试数据存储在数据库中，通过 JDBC Connection Configuration和 JDBC Request 两个元件读取数据库中的内容并进行参数化。JDBC Connection Configuration 和 JDBC Request 支持 MySQL、Oracle、SQL Server、SQLite 等主流数据库，这里以 MySQL 数据库为例。

（1）在 MySQL 中的数据库 php_business 中建立表 user，在表中插入要参数化的数据，如图4-20所示。

同样要确保使用这些用户名和密码均可以登录成功。

（2）把访问 MySQL 的 JDBC 的 jar 包 mysql-connector-java-5.1.7-bin.jar 放入％JMETER_HOME\％\lib\ext\目录下，重新启动 JMeter。

（3）右击"循环控制器"元件，在弹出菜单中选择"添加"→"配置元件"→"JDBC Connection Configuration"命令，按图4-21进行设置。

① Variable Name for created pool：data_ebusiness。在这个元件的设置中，在上面的部分中仅需要设置这里，

图 4-20　user 表中的参数化数据

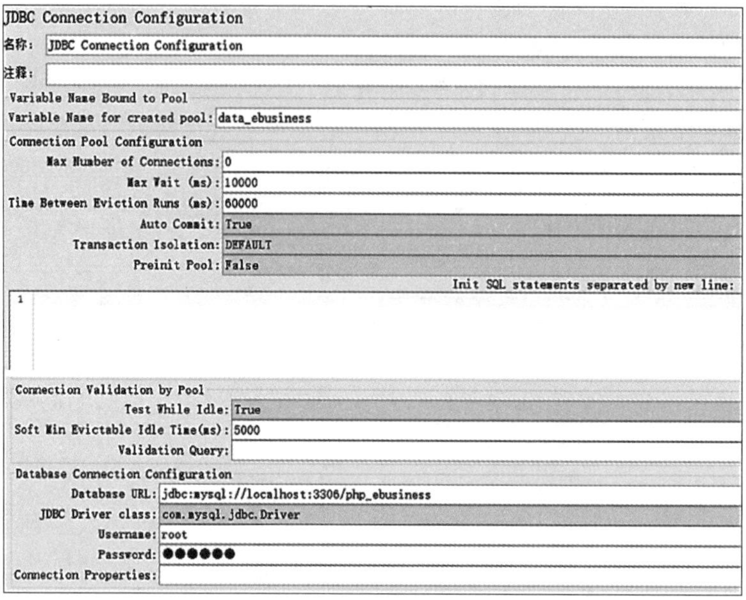

图 4-21　JDBC Connection Configuration 元件

其他使用默认值即可，关键在于下面的设置。

② Database URL："jdbc：mysql：//localhost：3306/php_ebusiness"。

- Localhost：MySQL 所在的服务器的主机名或 IP 地址。

- 3306：MySQL 占用的默认端口。

- php_ebusiness：数据库名。

③ JDBC Driver class：由于这里使用的是 MySQL，因此选择 com.mysql.jdbc.Driver。

④ Username：root，为连接 MySQL 的用户名。

⑤ Password：123456，为连接 MySQL 的密码。

（4）右击"循环控制器"元件，在弹出菜单中选择"添加"→"取样器"→JDBC Request
命令，按照图 4-22 进行设置。

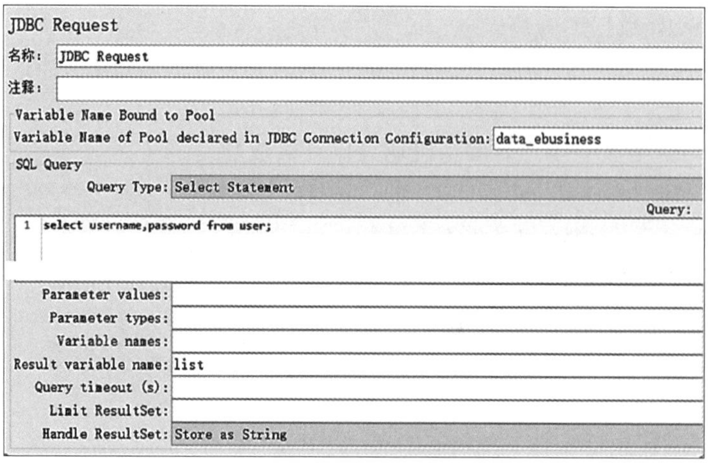

图 4-22　JDBC Request 元件

① Variable Name of Pool declared in JDBC Connection Configuration：data_ebusiness。

注意，JDBC Request 元件的这个选项的值与 JDBC Connection Configuration 元件中的 Variable Name for created pool 必须保持一致。

② Query Type：Select Statement。

③ 在 Query 文本框中输入查询语句：

```
select username,password from user;
```

④ Result variable name：list。

（5）其他使用默认值即可。

（6）执行查询后，在"察看结果树"元件中获得以下 list 变量：

```
list=[{password=654321, username=jerry},
      {password=123456, username=cindy},
      {password=zxcvb, username=peter},
      {password=knyzh158, username=linda},
      {password=qwert, username=susan}]
```

接下来通过"正则表达式提取器"元件从 list 变量中提取用户名和密码。

（7）右击"循环控制器"元件，在弹出菜单中选择"添加"→"后置处理器"→"正则表达式提取器"命令，并把它拖到 JDBC Request 元件下面，按照图 4-23 进行设置。

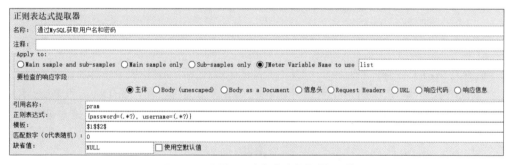

图 4-23　设置"正则表达式提取器"元件

① "名称"：为"通过 MySQL 获取用户名和密码"。

② Apply to：选择 JMeter Variable Name to use 单选按钮，在后面输入 list。

③ "引用名称"：pram。

④ "正则表达式"："{password＝(.＊?), username＝(.＊?)}"。

⑤ "模板"：1 2，表示正则表达式中有两个参数。

⑥ "匹配数字(0 代表随机)"：0，表示随机获得匹配项。

⑦ "缺省值"：NULL。

（8）进入"商品列表"HTTP 请求元件，"用户名"为 ${pram_g2}，密码为 ${__digest(SHA-256, ${pram_g1},,,)}。

（9）设置完毕，运行测试脚本没有发生异常。

（10）各个参数从 list 中获取值：

```
pram=qwertsusan
pram_g=2
pram_g0={password=qwert, username=susan}
pram_g1=qwert
pram_g2=susan
```

登录操作产生的树状图如图 4-24 所示。

图 4-24　登录操作产生的树状图

4.1.5　建立"setUp 线程组"元件与"tearDown 线程组"元件

本节介绍两个特殊的"线程组"元件："setUp 线程组"元件与"tearDown 线程组"元件。"setUp 线程组"元件用于在测试开始时初始化测试数据，而"tearDown 线程组"用于在测试结束时清理测试数据。这两个元件对于当前比较受关注的在线测试是非常有用的，可以有效保障测试数据与生产数据的分离。

（1）右击"测试计划"元件，在弹出菜单中选择"添加"→"线程（用户）"→"setUp 线程组"命令。采用默认设置即可，如图 4-25 所示。

（2）确保"setUp 线程组"元件在树状结构的上方。

（3）在"setUp 线程组"元件下面建立 JDBC Connection Configuration 元件，如图 4-26 所示。

① Variable name Bound to Pool：ebusiness，表示使用待测产品数据库。

② Database URL："jdbc:mysql://localhost:3306/ebusiness?characterEncoding＝utf-8"（由于下面要插入中文，所以在 URL 后面要加上"?characterEncoding＝utf-8"，否则容易产生乱码）。

③ JDBC Driver class：com.mysql.jdbc.Driver。

④ Username：root，为连接 MySQL 的用户名。

⑤ Password：123456，为连接 MySQL 的密码。

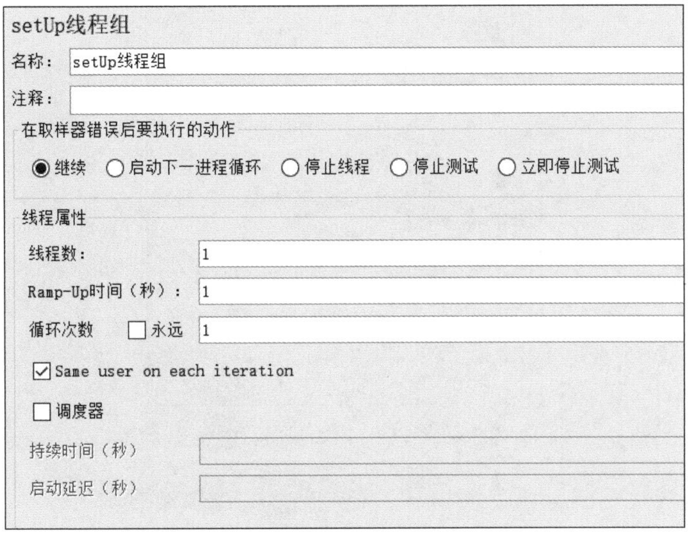

图 4-25 "setUp 线程组"元件的默认设置

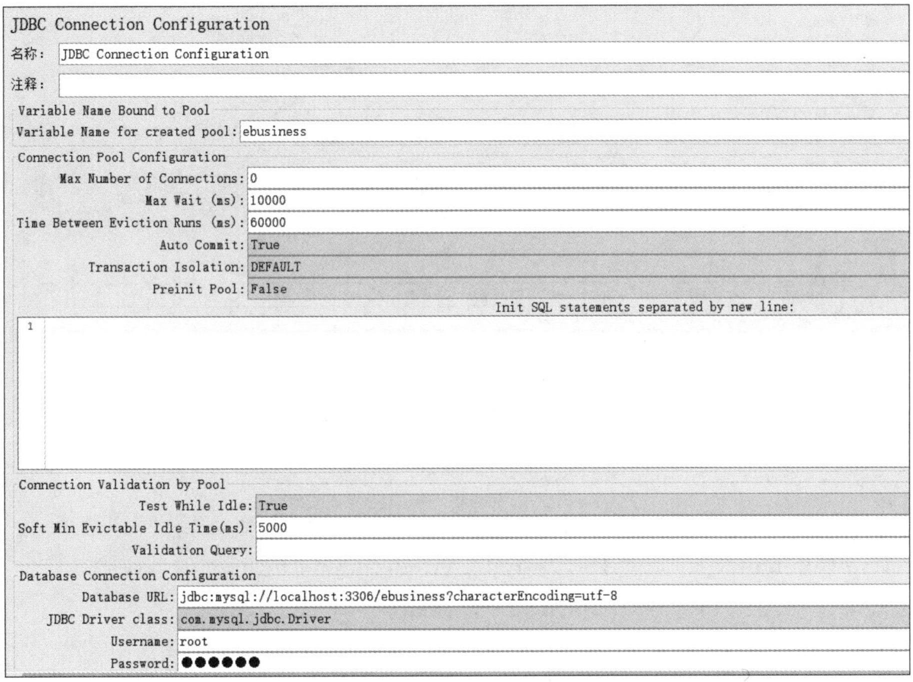

图 4-26 JDBC Connection Configuration 元件

（4）在"setUp 线程组"元件下面建立"循环控制器"元件，循环次数为 5。

（5）复制 4.1.4 节建立的 CSV Data Set Config 元件到"循环控制器"元件下面。

（6）右击"循环控制器"元件，在弹出菜单中选择"添加"→"配置元件"→"计数器"命令，按照图 4-27 进行配置。

① Starting value：1。

图 4-27 "计数器"元件

② "递增"：1。

③ "引用名称"：No。

（7）在"计数器"元件下面建立 JDBC Request 元件，按照图 4-28 进行配置。

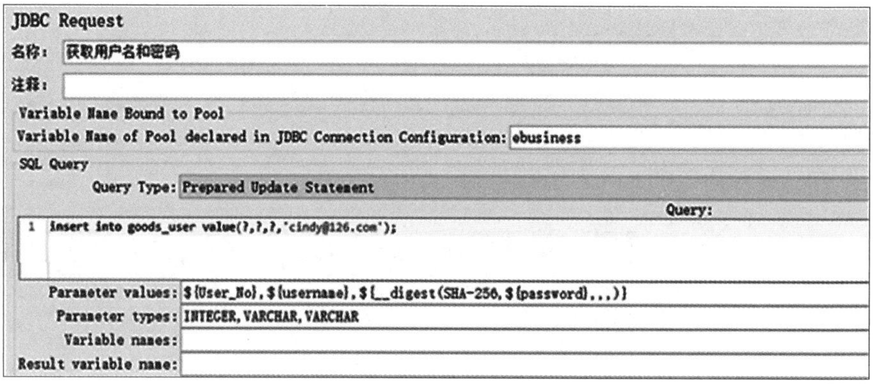

图 4-28 "获取用户名和密码"JDBC Request 元件

① "名称"：为"获取用户名和密码"。

② Variable Name Bound to Pool：ebusiness。再次强调，必须保证该项与 JDBC Connection Configuration 元件中的 Variable Name Bound to Pool 的值一致。

③ Query Type：Prepared Update Statement。

④ Query："insert into goods_user value(?,?,?,'cindy@126.com');"。

⑤ Parameter values："$\{User\_No\}$,$\{username\}$,$\{\_\_digest(SHA-256,$\{password\},,,)\}$"。

⑥ Parameter types："INTEGER,VARCHAR,VARCHAR"。

这里将登录的参数化文件作为系统用户名初始化的数据，以保证测试数据的一致性。

（8）复制第（4）步建立的"循环控制器"元件及其下面的元件。"循环控制器"元件的循环次数为 16。

（9）建立 goods.dat 文件：

正山堂茶业 元正简雅正山小种红茶茶叶礼盒装礼品 武夷山茶叶送礼,238,static/image/1.jpg,生产许可证编号：SC11435078200021 产品标准号：GB/T 13738.2—2008 厂名：福建武夷山国家级自然保护区正山茶业有限公司 厂址：武夷山市星村镇桐木村庙湾 厂家联系方式：4000599567 配料表：正山小种红茶 储藏方法：干燥、防潮、防晒、避光、防异味 保质期：1095 食品添加剂：无产品名称：元正正山堂元正正山小种简雅礼盒 净含量：250g 包装方式：包装 包装种类：盒装 品牌：元正正山堂 系列：元正正山小种简雅礼盒茶 种类：正山小种 级别：特级 生长季节：春季 产地：中国大陆 省份：福建省 城市：武夷山市 食品工艺：小种红茶 套餐份量：1 人套餐 周期：1 周 配送频次：1 周 1 次 特产品类：正山小种 价格段：200~299 元
…
辣子鸡丁,30,static/image/4.jpg,辣子鸡丁,特色传统菜肴,属川菜系,一道家常菜,较辣,是重庆一道著名的江湖风味菜,起源于歌乐山。干辣椒不是主料胜似主料,充分体现了江湖厨师"下手重"的特点。经巴国布衣厨师精心改良后其口味更富有特色,成菜色泽棕红油亮,质地酥软,麻辣味浓,咸鲜醇香,略带回甜,是一款食者唉之难忘的美味佳肴。

（10）CSV Data Set Config 元件按照图 4-29 设置。

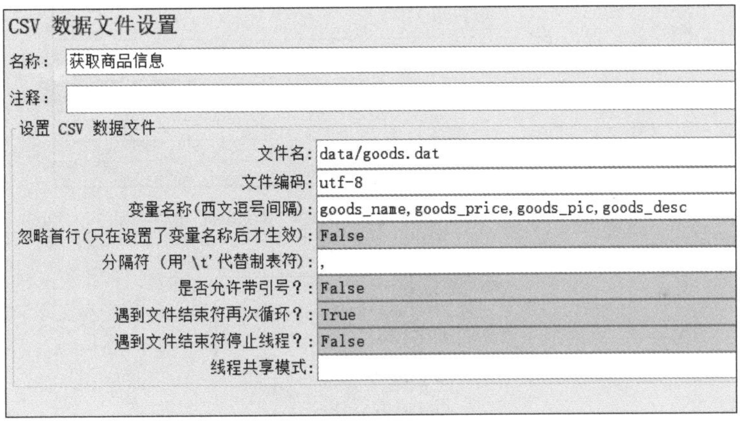

图 4-29　"获取商品信息"CSV Data Set Config 元件

① "文件名"：data/goods.dat。

② "变量名"："goods_name,goods_price,goods_pic,goods_desc"。

③ "忽略首行"：False。

（11）将计数器的引用名称改为 Goods_No。

（12）JDBC Reques 元件按照图 4-30 设置。

① 将"名称"改为"获取商品信息"。

② Query："insert into goods_goods value(?,?,?,?,?);"。

③ Parameter values："${Goods_No},${goods_name},${goods_price},${goods_pic},${goods_desc}"。

④ Parameter type："INTEGER,VARCHAR,VARCHAR,VARCHAR,VARCHAR"。

"setUp 线程组"元件的树状结构如图 4-31 所示。

（13）右击"测试计划"元件,在弹出菜单中选择"添加"→"线程（用户）"→"tearDown 线程组"命令,采用默认设置即可,如图 4-32 所示。

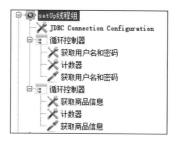

```
JDBC Request
名称： 获取商品信息
注释：
Variable Name Bound to Pool
Variable Name of Pool declared in JDBC Connection Configuration: ebusiness
SQL Query
        Query Type: Prepared Update Statement
                                                    Query:
  1  insert into goods_goods value(?,?,?,?,?);




        Parameter values: ${Goods_No},${goods_name},${goods_price},${goods_pic},${goods_desc}
        Parameter types: INTEGER, VARCHAR, VARCHAR, VARCHAR, VARCHAR
        Variable names:
   Result variable name:
     Query timeout (s):
        Limit ResultSet:
       Handle ResultSet: Store as String
```

图 4-30 "获取商品信息"JDBC Request 元件

```
setUp线程组
    JDBC Connection Configuration
    循环控制器
        获取用户名和密码
        计数器
        获取用户名和密码
    循环控制器
        获取商品信息
        计数器
        获取商品信息
```

图 4-31 "setUp 线程组"元件的树状结构

```
tearDown线程组
名称：  tearDown线程组
注释：
在取样器错误后要执行的动作
 ● 继续  ○ 启动下一进程循环  ○ 停止线程  ○ 停止测试  ○ 立即停止测试
线程属性
线程数：            1
Ramp-Up时间（秒）：  1
循环次数  □ 永远  1
 ☑ Same user on each iteration
 □ 调度器
持续时间（秒）
启动延迟（秒）
```

图 4-32 "tearDown 线程组"元件的默认设置

确保"tearDown 线程组"元件在树状结构的最下方。

（14）把第（4）步建立的"循环控制器"元件及其下面的元件复制到"tearDown 线程组"元件下面，循环次数为 5。

（15）删除"计数器"元件。

（16）修改 JDBC Request 元件的设置，如图 4-33 所示。

图 4-33　"删除用户信息"JDBC Request 元件

① "名称"：为"删除用户信息"。

② Query："delete from goods_user where username＝?;"。

③ Parameter values：" $ \{username\}$ "。

④ Parameter types：VARCHAR。

（17）复制第（13）步建立的"循环控制器"元件，循环次数为 16。

（18）按照图 4-34 修改 JDBC Request 元件的设置。

① "名称"：为"删除商品信息"。

② Query："delete from goods_goods where price＝?;"。

③ Parameter values：" $ \{price\}$ "。

④ Parameter types：VARCHAR。

（19）在"测试计划"元件中选择：主线程结束后运行 tearDown 线程组。

"tearDown 线程组"元件的树状结构如图 4-35 所示。

对测试脚本建立"setUp 线程组"元件与"tearDown 线程组"元件，在在线测试中是非常有效的熔断技术，即一旦程序发生异常，可以立即将测试数据删除。

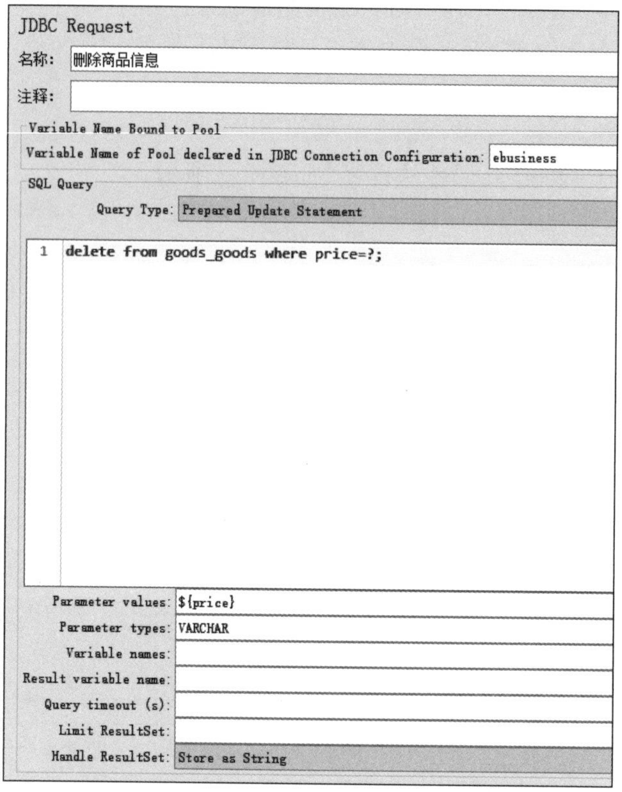

```
JDBC Request
名称: 删除商品信息
注释:
Variable Name Bound to Pool
Variable Name of Pool declared in JDBC Connection Configuration: ebusiness
SQL Query
                 Query Type: Prepared Update Statement

  1    delete from goods_goods where price=?;




        Parameter values: ${price}
        Parameter types: VARCHAR
         Variable names:
    Result variable name:
       Query timeout (s):
         Limit ResultSet:
        Handle ResultSet: Store as String
```

图 4-34　"删除商品信息"JDBC Request 元件

```
tearDown线程组
  循环控制器
    获取用户名和密码
    删除用户信息
  循环控制器
    获取商品信息
    删除商品信息
```

图 4-35　"tearDown 线程组"元件的树状结构

4.2　J2EE 版本商品列表的接口测试脚本

在 J2EE 版本中，仅从服务器端下载 XML 文件。经过 HTML 的解析后，这个 XML
文件的形式如下：

```
CATALOG>
<GOOD>
<ID>1</ID>
<NAME>正山堂茶业 元正简雅正山小种红茶茶叶礼盒装礼品 武夷山茶叶送礼</NAME>
<PRICE>￥238.0</PRICE>
```

```
</GOOD>
<GOOD>
<ID>2</ID>
<NAME>红茶茶叶 正山小种武夷山红茶 170g 春茶袋装 170g 散装新茶</NAME>
<PRICE>￥25.0</PRICE>
</GOOD>
<GOOD>
<ID>3</ID>
<NAME>晋袍 花蜜香正山小种红茶 300g 牛皮纸袋装礼盒 武夷山桐木关包邮</NAME>
<PRICE>￥188.0 </PRICE>
</GOOD>
<GOOD>
<ID>4</ID>
<NAME>正山小种红茶特级 新茶 礼盒装 桂圆香 送礼红茶暖养胃茶叶 250g</NAME>
<PRICE>￥238.12</PRICE>
</GOOD>
<GOOD>
<ID>5</ID>
<NAME>2016 春茶 武夷红茶 桐木关 野生红茶 正山小种 包邮 办公室用茶</NAME>
<PRICE>￥68.0</PRICE>
</GOOD>
</CATALOG>
```

把它存储在 Tomcat 中,请求地址为 http://127.0.0.1:8080/sec/48/goods.xml。

(1) 建立"商品列表(J2EE)"HTTP 请求,如图 4-36 所示。

图 4-36 "商品列表(J2EE)"HTTP 请求

① "名称":商品列表(J2EE)。

② "HTTP 请求":GET。

③ "路径":/sec/48/goods.xml。

④ 选择"自动重定向"复选框。

(2) 右击"商品列表(J2EE)"HTTP 请求元件,在弹出菜单中选择"添加"→"断言"→"XML 断言"命令,按照图 4-37 进行设置。"XML 断言"元件用于验证 XML 文件格式是否正确。

(3) 右击"商品列表(J2EE)"HTTP 请求元件,在弹出菜单中选择"添加"→"断言"→

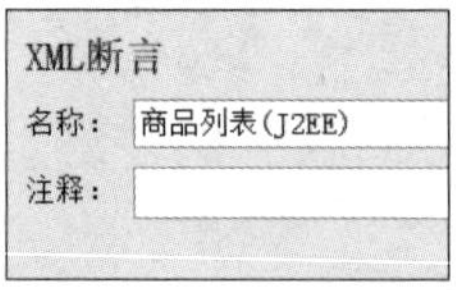

XML断言
名称： 商品列表(J2EE)
注释：

图 4-37 "商品列表(J2EE)"HTTP 请求的"XML 断言"元件

"XPath 断言"命令，按照图 4-38 进行设置。

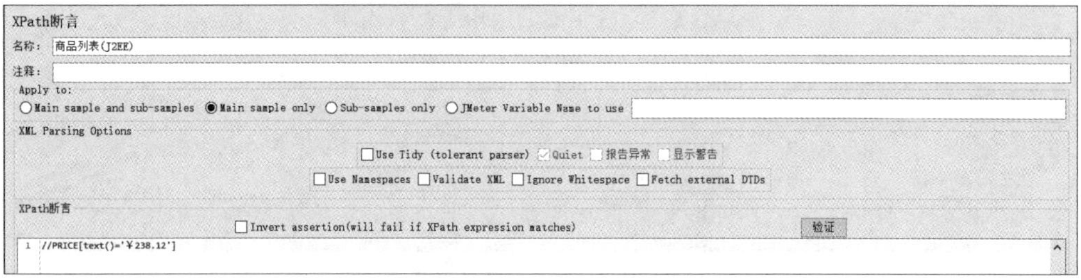

XPath断言
名称： 商品列表(J2EE)
注释：
Apply to:
○Main sample and sub-samples ●Main sample only ○Sub-samples only ○JMeter Variable Name to use
XML Parsing Options
☐Use Tidy (tolerant parser) ☑Quiet ☐报告异常 ☐显示警告
☐Use Namespaces ☐Validate XML ☐Ignore Whitespace ☐Fetch external DTDs
XPath断言
☐Invert assertion(will fail if XPath expression matches) 验证
1 //PRICE[text()='￥238.12']

图 4-38 "商品列表(J2EE)"HTTP 请求的"XPath 断言"元件

① "名称"：商品列表(J2EE)。

② Apply to：选择 Main sample only 单选按钮。

③ "XPath 断言"：//PRICE[text()="￥238.12"]（验证是否存在<PRICE>￥238.12</PRICE>）。

（4）单击"验证"按钮，确保 XPath 表达式格式正确。

（5）现在 XPath 发布了 2.0 版本，所以也可以使用 XPath2 Assertion(XPath2 断言)元件进行断言。右击"商品列表(J2EE)"HTTP 请求元件，在弹出菜单中选择"添加"→"断言"→XPath2 Assertion 命令，按照图 4-39 进行设置。

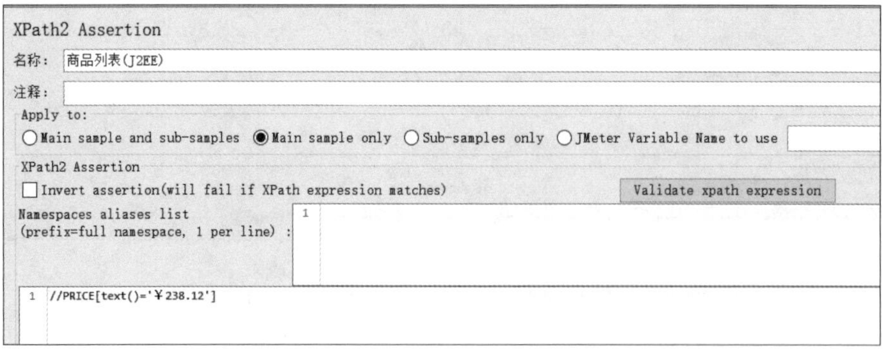

XPath2 Assertion
名称： 商品列表(J2EE)
注释：
Apply to:
○Main sample and sub-samples ●Main sample only ○Sub-samples only ○JMeter Variable Name to use
XPath2 Assertion
☐Invert assertion(will fail if XPath expression matches) Validate xpath expression
Namespaces aliases list
(prefix=full namespace, 1 per line) :
1
1 //PRICE[text()='￥238.12']

图 4-39 "商品列表(J2EE)"HTTP 请求的"XPath2 断言"元件

① "名称"：商品列表(J2EE)。

② Apply to：选择 Main sample only 单选按钮。

③ XPath Assertion：//PRICE[text()='￥238.12']（验证是否存在<PRICE>￥238.12</PRICE>）。

（6）单击 Validate xpath expression(验证 XPath 表达式)按钮，确保 XPath 表达式格

式正确。设置完毕,运行测试脚本,没有发生异常。

（7）此外,顺便在这里介绍一下,还可以使用 XPath 和 XPath2 的表达式从"XPath 提取器"元件和"XPath2 提取器"元件获得 XML 文件中的信息。先介绍如何用"XPath 提取器"元件提取所有商品的价格。

（8）右击"商品列表(J2EE)"HTTP 请求元件,在弹出菜单中选择"添加"→"后置处理器"→"XPath 提取器"命令,按照图 4-40 进行设置。

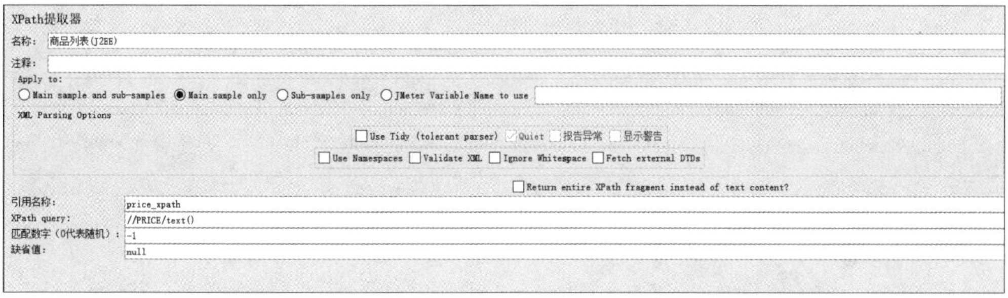

图 4-40 "商品列表(J2EE)"HTTP 请求的"XPath 提取器"元件

① "引用名称": price_xpath。

② XPath query：//PRICE/text()。

③ "匹配数字(0 代表随机)"：-1。

④ "缺省值"：null。

（9）介绍如何用"XPath2 提取器"元件提取所有商品的价格。右击"商品列表(J2EE)"HTTP 请求元件,在弹出菜单中选择"添加"→"后置处理器"→XPath2 Extractor 命令,按图 4-41 进行设置。

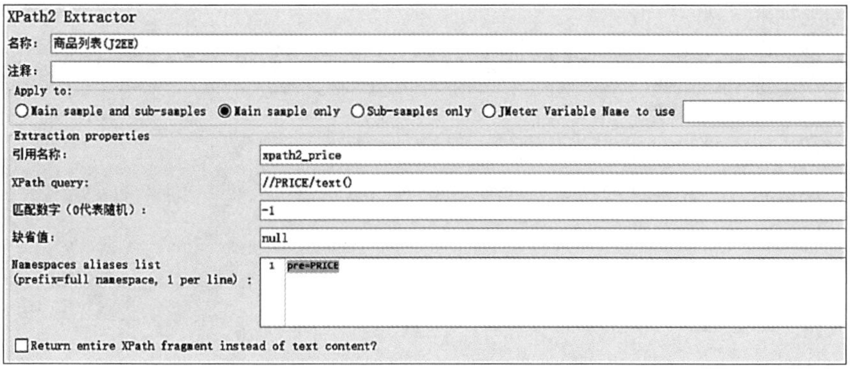

图 4-41 "商品列表(J2EE)"HTTP 请求的 XPath2 提取器元件

① "引用名称"：xpath2_price。

② XPath query：//PRICE/text()。

③ "匹配数字(0 代表随机)"：-1。

④ "缺省值"：null。

⑤ Namespaces aliases list：pre＝PRICE。

（10）运行测试脚本，从"调试取样器"元件中获得当前页面所有商品的价格。

```
price_xpath=￥238.0
price_xpath_1=￥238.0
price_xpath_2=￥25.0
price_xpath_3=￥188.0
price_xpath_4=￥238.12
price_xpath_5=￥68.0
price_xpath_matchNr=5
xpath2_price=￥238.0
xpath2_price_1=￥238.0
xpath2_price_2=￥25.0
xpath2_price_3=￥188.0
xpath2_price_4=￥238.12
xpath2_price_5=￥68.0
xpath2_price_matchNr=5
```

到此，建立登录接口测试脚本的任务完毕，保存测试脚本为 ebusiness_interface.jmx。

（1）CSV Data Set Config 参数化和 MySQL 参数化保留一个（本书保留前者）。

（2）"登录"HTTP 请求的"响应断言"元件和"BeanShell 断言"元件保留一个（本书保留前者）。

（3）"商品列表"HTTP 请求的"响应断言"元件和"BeanShell 断言"元件保留一个（本书保留后者）。

（4）删除"商品列表（J2EE）"HTTP 请求元件及其下面的元件。

（5）将处理好的文件保存为 ebusiness_login.jmx。

4.3 登录接口测试脚本中使用的散列函数

本节介绍登录接口测试脚本中使用的散列函数。

单击"函数助手"图标，打开"函数助手"，选择 digest 函数，即可创建散列函数，如图 4-42 所示。

（1）"算法摘要"：支持散列的方法，包括 MD2、MD5、SHA-1、SHA-224、SHA-256、SHA-384 和 SHA-512。

（2）String to be hashed：需要被散列的字符串。

（3）Salt to be used for hashing（optional）：散列用到的盐值（可选）。

（4）单击"生成"按钮，可以得到函数表达式，并且进行复制。

（5）单击"重置变量"按钮，可以重新输入函数表达式。

（6）The result of the function is：显示当前产生的字符串散列值。

（7）当前 JMeter 变量：显示当前 JMeter 的变量。

图 4-43 显示了字符串 123456 加上盐值 654321 执行 MD5 算法后的散列值。

下面介绍散列的相关知识。

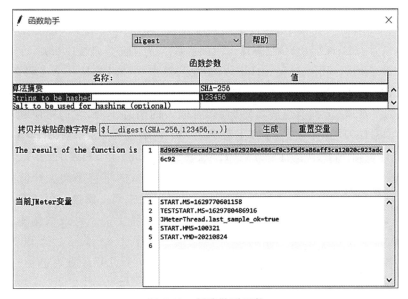

图 4-42 创建散列函数

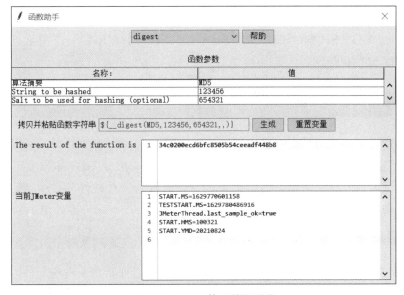

图 4-43 MD5 算法的散列值

(1) MD5。该算法是一种被广泛使用的密码散列函数,可以产生一个 128 位(16 字节)的散列值,用于确保信息传输地完整、一致。MD5 由美国密码学家罗纳德·李维斯特(Ronald L. Rivest)设计,于 1992 年公布,它取代了 MD4 算法。该算法的程序在 RFC 1321 中被加以规范。1996 年后,该算法被证实存在弱点,对于需要高度安全性的数据,专家一般建议改用其他算法,如 SHA-2。2004 年,MD5 算法被证实无法防止碰撞(collision),因此不适用于安全性认证,如 SSL 公开密钥认证或数字签名等。

(2) 哈希碰撞。对于不同的字符串,通过散列函数,可以生成字符串的哈希值。对于任

何字符串 A 和 $B(A \neq B)$，进行散列后得到字符串 X 和 Y，其中 $X = f(A)$，$Y = f(B)$，f 为某种散列函数，X 和 Y 一定满足 $X \neq Y$。如果得到某个字符串 A' 和 B'，$(A' \neq B')$，但是发现 $X' = f(A')$，$Y' = f(B')$，$X' = Y'$，则称这个散列函数 f 无法防止碰撞（collision）。

（3）SHA（Secure Hash Algorithm，安全散列算法）。SHA 是一个密码散列函数族，是美国联邦信息处理标准（FIPS）认证的安全散列算法。它能计算出一个数字消息对应的长度固定的字符串（又称消息摘要）；而且，若输入的消息不同，它们对应到不同字符串的概率很高。SHA-1 被谷歌公司的工程师在 2017 年 2 月 23 日证明存在哈希碰撞。SHA 的函数族包括 SHA-1、SHA-224、SHA-256、SHA-384 和 SHA-512。

（4）盐值。为了保证散列函数的安全性，往往把加密的字符串加上盐值一起进行散列。盐值可以在加密的字符串最前面、最后面，也可以在中间。设置一组字符串可以用一个盐值，也可以一个字符串用一个盐值。盐值单独放在特定的文件或数据库字段中。在 JMeter 中，盐值一般放在加密的字符串的后面。字符串 123456 加上盐值 654321 执行 MD5 算法后的散列值与字符串 123456654321 执行 MD5 算法后的散列值是一致的。

digest 函数语法如下：

```
${__digest(str,type,salt,,)}
```

（1）str：被散列的字符串。

（2）type：MD5、SHA-1、SHA-224、SHA-256、SHA-384、SHA-512 等散列算法。

（3）salt：盐值（可选）。

4.4　登录接口测试脚本中使用的断言

本节介绍登录功能的接口测试脚本中使用的断言，包括"响应断言"元件、"BeanShell 断言"元件、"XML 断言"元件、"XPath 断言"元件和 XPath2 Assertion 元件。所谓断言，就是验证测试得到的结果与预期的结果是否一致的行为。在软件测试中，断言是一种非常重要的活动。

4.4.1　"响应断言"元件

"响应断言"元件通过获得 HTTP 响应报文的信息进行断言。右击元件，在弹出菜单中选择"添加"→"断言"→"响应断言"命令，即可打开"响应断言"元件，如图 4-44 所示。

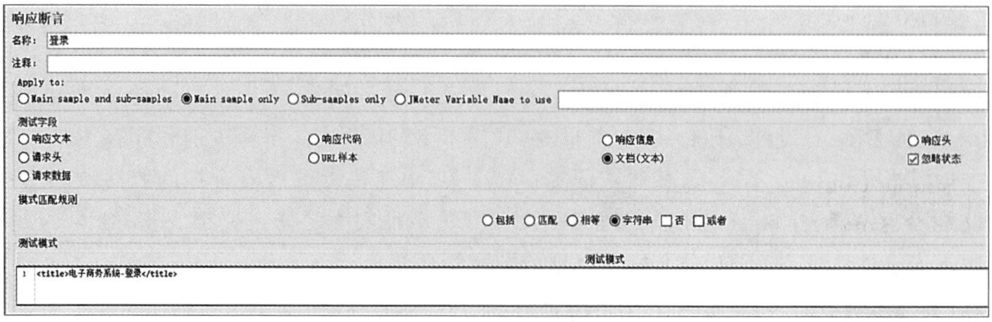

图 4-44　"响应断言"元件

（1）Apply to：同"正则表达式提取器"元件中的同名选项。

（2）"测试字段"。

①"响应文本"：响应报文的 Body 部分（不包括状态行与响应头）。

②"响应代码"：响应状态码，例如 200、304、404 等。

③"响应信息"：响应短语，例如 OK、Not Modified、Not Found 等。

④"响应头"：响应报文的头部信息。

⑤"请求头"：请求报文的头部信息。

⑥"URL 样本"：请求的 URL。如果在"HTML 请求"元件中选择了"跟随重定向"复选框，则包含重定向后的 URL。

⑦"文档（文本）"：通过 Apache Tika 从各种类型的文档中提取文本。此选项开启后会严重影响性能，应谨慎使用。

⑧"请求数据"：请求报文的 Body 部分（不包括请求行与请求头）。

⑨"忽略状态"：通过断言的结果与现有的响应状态相结合来确定取样器的总体成功率。当选择"忽略状态"复选框时，将强制响应状态在计算断言之前是成功的。HTTP 返回 4××和 5××的状态码默认是不成功的。选择此项可以在执行进一步检查之前设置状态是成功的。

（3）"模式匹配规则"。

①"包括"：如果文本包含正则表达式模式，则为 True。

②"匹配"：如果整个文本与正则表达式模式匹配，则为 True。

③"相等"：如果整个文本等于模式字符串（区分大小写），则为 True。

④"字符串"：如果文本包含模式字符串（区分大小写），则为 True。

⑤"否"：对断言结果进行否定。

⑥"或者"：将多个正则表达式模式以逻辑或的形式组合起来。

包括模式、匹配模式、相等模式、字符串模式的关系如表 4-1 所示。

表 4-1　包括模式、匹配模式、相等模式、字符串模式的关系

模　　式	是否支持 Perl 5 类型的正则表达	是否区分大小写	匹配程度
包括模式	支持	不区分	部分匹配
匹配模式	支持	不区分	完全匹配
相等模式	不支持	区分	部分匹配
字符串模式	不支持	区分	完全匹配

（4）"响应断言"元件底部的操作按钮如图 4-45 所示。

①"添加"按钮：添加响应信息。

②"从剪贴板添加"按钮：把已经复制到剪贴板中的响应信息添加到这里。

③"删除"按钮：删除响应信息。

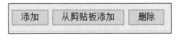

图 4-45　"响应断言"元件底部的操作按钮

4.4.2 "BeanShell 断言"元件

"BeanShell 断言"元件通过测试脚本设置断言。右击元件，在弹出菜单中选择"添加"→"断言"→"BeanShell 断言"命令，即可打开"BeanShell 断言"元件，如图 4-46 所示。

```
BeanShell断言

名称：  登录

注释：

□ 每次调用前重置 bsh.Interpreter

参数（-> String Parameters 和 String [ ]bsh.args）

脚本文件

脚本（见下文所定义的变量）
1  response = prev.getResponseDataAsString();
2
3  Failure = true;
4  if (response.contains("<title>电子商务系统-登录</title>")){
5      Failure = false;
6  }else{
7      FailureMessage="响应内容中没有找到<title>电子商务系统-登录</title>";
8  }

为脚本定义了下列变量：
Read/Write: Failure, FailureMessage, SampleResult, vars, props, log.
ReadOnly: Response[Data|Code|Message|Headers], RequestHeaders, SampleLabel, SamplerData, ctx
```

图 4-46 "BeanShell 断言"元件

（1）"每次调用前重置 bsh.Interpreter"：如果选择此复选框，则为每个取样器重新创建解释器。

（2）"参数(->String Parameters 和 String []bsh.args)"：传递给 BeanShell 脚本的参数，参数保存在下面两个变量中。

① String Parameters：整个参数字符串作为一个变量。

② String []bsh.args：用空格分隔的字符串被保存到变量数组 bsh.args 中。

（3）"脚本文件"：包含 BeanShell 脚本的文件，文件名保存在变量 FileName 中。

在"BeanShell 断言"元件最下面给出了脚本变量，分为读/写变量和只读变量两类。

（1）读/写（Read/Write）变量，包括 Failure、FailureMessage、SampleResult、vars、props、log。

① Failure：布尔值。Failure 为 True，断言失败；Failure 为 False，断言成功。

② FailureMessage：当断言失败时的提示信息。

③ SampleResult：获得取样器结果。

④ vars：即 JMeterVariables，是用于操作 JMeter 的变量，这个变量实际上引用了 JMeter 线程中的局部变量容器（本质上是一个 Map），它是测试用例与 BeanShell 交互的桥梁，常用方法如下。

方法 1：vars.get(String key)。

该方法用于从 JMeter 中获得变量值。例如：

```
myname=vars.get("name");
```

获取 JMeter 变量 name 的值，然后将其赋予 BeanShell 变量 myname。

方法 2：vars.put(String key,String value)。

该方法用于将数据保存到 JMeter 变量中。例如：

```
vars.put("name","cindy");
```

把名为 cindy 的字符串赋予 JMeter 变量 name。

方法 3：vars.putObject("objectName"，Object)。

该方法用于把一个对象的值赋予 JMeter 对象 objectName。

注意，在元件中获取或者设置 vars 变量时，依然使用 ${变量名}获取其值。

vars 接收的值必须是字符串类型。如果传递其他类型的值，包括 null，都会报错。如果想使用数字、数组等类型的值，则要进行类型转换。例如：

```
vars.put("key1", "" + 0);
vars.put("key2", (String)0);
vars.put("key3", [1,2,3].toString());
vars.put("key4", (String)[1,2]);
vars.put("key4", "" + [1, 2, 3]);
vars.put("key5", "" + false);
vars.put("key6", false.toString());
```

⑤ props：即 JMeterProperties，属于 java.util.Properties 类。props 和 vars 一样有 put、get 方法。props 操作 JMeter 属性，该变量引用 JMeter 的配置信息，可以获取 JMeter 的属性。它的使用方法与 vars 类似，但是只能传入字符串类型的值，而不能是一个对象，对应于 java.util.Properties。例如：

```
props.get("START.HMS");
```

（注：START.HMS 为属性名，在文件 jmeter.properties 中定义。）

```
props.put("PROP1","1234");
```

⑥ log：将信息写入 JMeter 日志文件 jmeber.log 中，其目的是便于调试。有以下几种使用方法：

```
log.info("This is a info log");          //这是一个信息
log.error("This is an error log ");      //这是一个错误
log.warn("This is a warn log ");         //这是一个警告
```

（2）只读（ReadOnly）变量，包括 ResponseData、ResponseCode、ResponseMessage、ResponseHeader、RequestHeader、SampleLabel、SamplerData、ctx。

① ResponseData：响应数据。

② ResponseCode：响应码，如 304、404、500。

③ ResponseMessage：响应消息。

④ ResponseHeader：响应头。

⑤ RequestHeader：请求头。

⑤ SampleLabel：取样标签，即在 HTTP 请求中设置的名称。

⑥ SamplerData：取样器数据。

⑦ ctx：该变量引用了当前线程的上下文（context）。

在"登录"HTTP 请求的"BeanShell 断言"元件中加入下面的代码：

```
log.info("ResponseData:"+ResponseData);
log.info("ResponseCode:"+ResponseCode);
log.info("ResponseHeader:"+ResponseHeader);
log.info("RequestHeader:"+RequestHeader);
log.info("SampleLabel:"+SampleLabel);
log.info("SamplerData:"+SamplerData);
log.info("ctx:"+ctx);
```

获得如下结果：

```
2021-08-26 16:28:23,069 INFO o.a.j.u.BeanShellTestElement: ResponseData:[B
@35d9015d
2021-08-26 16:28:23,069 INFO o.a.j.u.BeanShellTestElement: ResponseCode:200
2021-08-26 16:28:23,074 INFO o.a.j.u.BeanShellTestElement: ResponseHeader:void
2021-08-26 16:28:23,078 INFO o.a.j.u.BeanShellTestElement: RequestHeader:void
2021-08-26 16:28:23,078 INFO o.a.j.u.BeanShellTestElement: SampleLabel:登录
2021-08-26 16:28:23,078 INFO o.a.j.u.BeanShellTestElement: SamplerData:GET
http://<服务器的 IP 地址>:8000/

GET data:


[no cookies]

2021-08-26 16:28:23,078 INFO o.a.j.u.BeanShellTestElement: ctx:org.apache.
jmeter.threads.JMeterContext@6cf09382
```

通过这个例子，可以更好地了解只读变量的作用。

4.4.3　与 XML 相关的断言

本节介绍与 XML 相关的断言，包括"XML 断言"元件、"XPath 断言"元件和 XPath2 Assertion 元件。

1. "XML 断言"元件

"XML 断言"元件用来验证是否符合 XML 格式。右击元件，在弹出菜单中选择"添加"→"断言"→"XML 断言"命令，即可打开"XML 断言"元件，如图 4-47 所示。

由于在"XPath 断言"元件中也可以验证 XML 格式，所以"XML 断言"元件很少使用。

图 4-47　"XML 断言"元件

2. "XPath 断言"元件

XPath 即 XML 路径(XML Path)语言,它是一种用来确定 XML(标准通用标记语言的子集)文档中某部分位置的语言。XPath 基于 XML 的树状结构,提供在数据结构树中寻找节点的能力。右击元件,在弹出菜单中选择"添加"→"断言"→"XPath 断言"命令,即可打开"XPath 断言"元件,如图 4-48 所示。

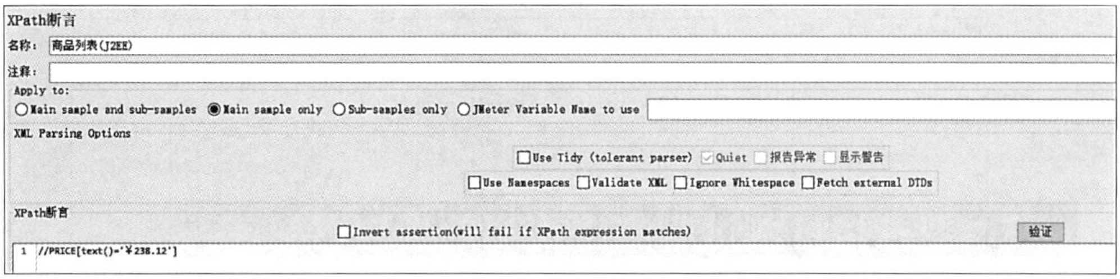

图 4-48　"XPath 断言"元件

(1) Apply to:同"响应断言"元件的同名选项。

(2) XML Parsing Options:XML 解析选项。

① Use Tidy(tolerant parser):使用 Tidy(容错解析器),默认选择 Quiet(不显示)。

② Use Namespaces:使用命名空间。

③ Validate XML:验证 XML(文件包/数据)。

④ Ignore Whitespace:忽略空格(允许指定语法分析器可以忽略哪个空格,而哪个空格是不可忽略的)。

⑤ Fetch external DTDs:获取外部 DTD(Document Type Definition,文档类型定义。一些 XML 元素具有属性,属性包含应用程序使用的信息。属性仅在程序对元素进行读写操作时提供元素的额外信息,这时需要在 DTD 中声明)。

⑥ "XPath 断言":在文本框中输入 XPath 断言,单击"验证"按钮验证其正确性。

⑦ Invert assertion(will fail if XPath expression matches):反向断言(如果 XPath 表达式匹配,将会失败)。

输入 XPath 断言,单击"验证"按钮验证 XPath 断言是否正确。

3. XPath2 Assertion 元件

XPath2 Assertion(XPath2 断言)元件支持 XPath 2.0 表达式,相对于 XPath 1.0 版本,XPath 2.0 提供了更加丰富的计算功能,并引入了序列、内建的变量绑定等功能。右击元件,在弹出菜单中选择"添加"→"断言"→XPath2 Assertion 命令,即可打开 XPath2 Assertion 元件,如图 4-49 所示。

(1) Apply to:同"响应断言"元件的同名选项。

(2) Invert assertion(will fail if XPath expression matches):反向断言(如果 XPath 表达式匹配,将会失败)。

(3) Namespace aliases list(prefix=full namespace,1 per line):命名空间别名列表(格式为"前缀=命名空间",每行一项)。

输入 XPath 断言,单击 Validate xpath expression 按钮验证 XPath 断言是否正确。

图 4-49　XPath2 Assertion 元件

4.5　登录接口测试脚本中使用的提取器

本节介绍登录接口测试脚本中使用的提取器，包括"正则表达式提取器"元件、"边界提取器"元件、"XPath 断言"元件和 XPath2 Assertion 元件。

4.5.1　"正则表达式提取器"元件

"正则表达式提取器"元件由正则表达式得到需要的内容。右击元件，在弹出菜单中选择"添加"→"后置处理器"→"正则表达式提取器"命令，即可打开"正则表达式提取器"元件，如图 4-50 所示。

图 4-50　"正则表达式提取器"元件

（1）Apply to：同"响应断言"元件的同名选项。

（2）"要检查的响应字段"。

①"主体"：响应报文的主体，这个选项最常用。

② Body（unescaped）：主体，是替换了所有的 HTML 转义符的响应主体内容。注意，HTML 转义符在处理的时候不考虑上下文，因此可能有不正确的转换，所以不建议选择该项。

③ Body as a Document：从不同类型的文件中提取文本。注意，这个选项会影响性能，也不建议使用。

④"信息头"[①]：响应报文的信息头。

---

① 英文 Response Headers 应该译为响应头，中文版翻译有误。

⑤ Request Headers：请求报文的信息头。

⑥ URL：请求的 URL。

⑦ "响应代码"：即响应码，如 200、404、403 等。

⑧ "响应信息"：响应短语，如 OK、Not Found 等。

（3）"引用名称"："正则表达式提取器"元件获取的数据存入的变量的名称。例如，将该项设为 token，就会将提取到的结果存入名称为 token 的变量中，通过 $\{token\}$ 获得其值。

（4）"正则表达式"：使用的正则表达式。正则表达式的基本使用方法可参考官方文档，本书不做更详细的介绍。在 JMeter 中经常用到的正则表达式是 (. * ?)。

（5）"模板"：正则表达式的提取模式。如果正则表达式有 n 个提取结果，则结果模板为 $\$1\$\,\$2\$\cdots\$n\$$，表示把解析到的第几个值赋给第几个变量。

（6）"匹配数字(0 代表随机)"：正则表达式匹配数据的结果可以看作一个数组，用数字表示如何提取结果。

① 0：表示随机（默认值）。

② 负数：表示提取所有结果，它们将被命名为<变量名> _N（其中 N 从 1 到匹配结果数）。

③ n：表示提取第 $n(n \geqslant 1)$ 个结果。如果 n 大于匹配结果数量，则不返回任何内容。

（7）"缺省值"：匹配失败时的默认值，如 null 等通常用于后续的调试。

结合 4.1.3 节和 4.1.4 节的介绍，可以看到，如果正则表达式中有 m 个匹配的字符串（m 为大于 1 的整数），引用名称为 var，则相应的变量如下：

var：提取的字符串。如果匹配的个数多于一次，这里取默认值。

var _n：第 n 次匹配的字符串（n 为大于 1 的整数）。如果只有一个匹配，就没有这个变量。

var_n_g：第 n 次匹配的字符串个数。

var_n_g0：包含 var _n（或 var）正则表达式的字符串，其中的匹配部分用相应的字符串替换。

var_n_ g1：匹配的第一个字符串。

var_n_ g2：匹配的第二个字符串。

……

var_n_ gm：匹配的第 m 个字符串。

var_matchNr：匹配的个数。

通过 $\{var\}$、$\{var\_n\}$、$\{var\_n\_g\}$、$\{var\_n\_g0\}$、$\{var\_n\_g1\}$……$\{var\_n\_gm\}$、$\{name\_matchNr\}$ 可以获得这些值。

4.5.2　"边界提取器"元件

"边界提取器"元件由左边界和右边界得到所需的内容。右击元件，在弹出菜单中选择"添加"→"后置处理器"→"边界提取器"命令，即可打开"边界提取器"元件，如图 4-51 所示。

（1）Apply to：同"正则表达式提取器"元件的同名选项。

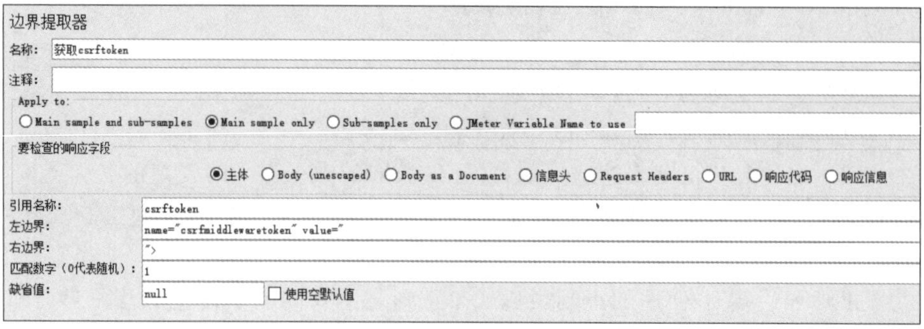

图 4-51　"边界提取器"元件

（2）"要检查的响应字段"：同"正则表达式提取器"元件的同名选项。

（3）"引用名称"：保存"边界提取器"元件获取的数据的变量名。

（4）"左边界"：要提取字符串最左边的字符串。

（5）"右边界"：要提取字符串最右边的字符串。

（6）"匹配数字（0 代表随机）"：同"正则表达式提取器"元件的同名选项。

（7）"缺省值"：同"正则表达式提取器"元件的同名选项。

其参数的表示方法与"正则表达式提取器"元件也是相似的。可以用"边界提取器"元件提取的数据，均可以用"正则表达式提取器"元件提取，反之则不然。

4.5.3　"XPath 提取器"元件

"XPath 提取器"元件允许用户使用 XPath 查询语言从结构化响应（XML、HTML 或 XHTML）中提取值。右击元件，在弹出菜单中选择"添加"→"后置处理器"→"XPath 提取器"命令，即可打开"XPath 提取器"元件，如图 4-52 所示。

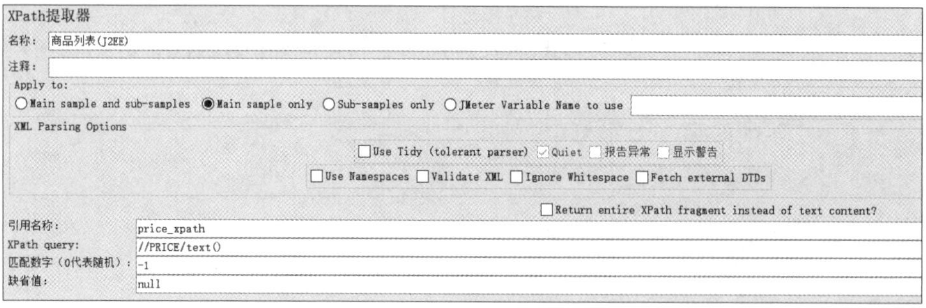

图 4-52　"XPath 提取器"元件

（1）Apply to：同"正则表达式提取器"元件的同名选项。

（2）Use Tidy（tolerant parser）到 Fetch External DTDs：同"XPath 断言"元件的同名选项。

（3）"Return entire XPath fragment instead of text content?"：如果选中该复选框，将返回片段而不是文本内容。例如，//PRICE 将返回<PRICE>12.56</PRICE>而不是 12.56。

（4）"引用名称"：JMeter 变量名,这个变量的值为提取器提取的内容。

（5）XPath query：XPath 查询语句,可以返回多个匹配项。

（6）"匹配数字(0 代表随机)"：同"正则表达式提取器"元件的同名选项。

（7）"缺省值"：同"正则表达式提取器"元件的同名选项。

4.5.4　XPath2 Extractor 元件

XPath2 Extractor 元件允许用户使用 XPath 2.0 查询语言从结构化响应(XML、HTML 或 XHTML)中提取值。右击元件,在弹出菜单中选择"添加"→"后置处理器"→XPath2 Extractor 命令,即可打开 XPath2 Extractor 元件,如图 4-53 所示。

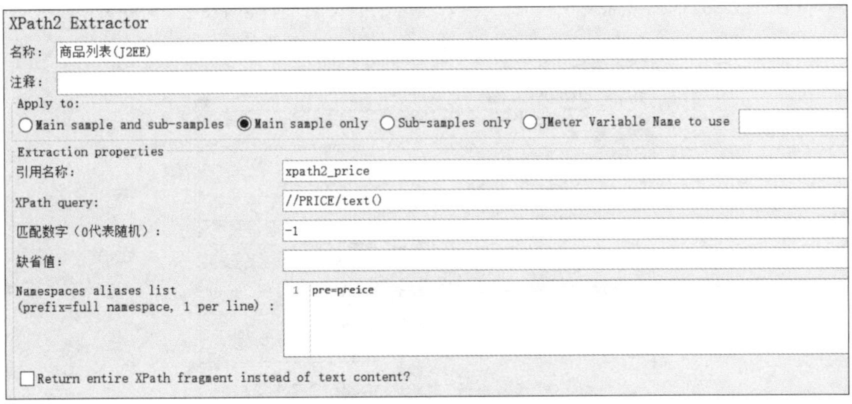

图 4-53　XPath2 Extractor 元件

（1）Apply to：同"正则表达式提取器"元件的同名选项。

（2）"Return entire XPath fragment instead of text content?"：同"XPath 提取器"元件的同名选项。

（3）"引用名称"：JMeter 变量名,这个变量的值为提以器提取的内容。

（4）XPath query：XPath 2.0 查询语句,可以返回多个匹配项。

（5）"匹配数字(0 代表随机)"：同"正则表达式提取器"元件的同名选项。

（6）"缺省值"：同"正则表达式提取器"元件的同名选项。

（7）Namespaces aliases list：用于解析文档的命名空间别名列表,每个声明一行。必须按如下格式指定：前缀＝命名空间。这种实现使得使用命名空间比使用"XPath 提取器"元件更容易。

XPath2 Extractor 元件提供了一些有趣的工具、改进的语法和比"XPath 提取器"元件更多的功能。例如：

（1）abs(/book/page[2])：从书(book)中提取第 2 页(page)。

（2）avg(/libraries/book/page)：从图书馆(libraries)的所有书(book)中提取的平均页数(page)。

（3）compare(/book[1]/page[2],/book[2]/page[2])：如果第 1 本书(book)的第 2 页(page)等于第 2 本书(book)的第 2 页(page),则返回 0;否则返回−1。

4.6 登录接口测试脚本中使用的配置元件

本节介绍登录接口测试脚本中使用的配置元件，包括 CSV Data Set Config 元件、JDBC Connection Configuration 元件和"计数器"元件。

4.6.1 CSV Data Set Config 元件

CSV Data Set Config 元件是用来实现参数化的常用元件。右击元件，在弹出菜单中选择"添加"→"配置元件"→CSV Data Set Config 命令，即可打开 CSV Data Set Config 元件（打开以后，它变为中文名称——"CSV 数据文件设置"），如图 4-54 所示。

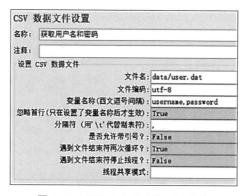

图 4-54 CSV Data Set Config 元件

（1）"文件名"：CSV 文件的名称。单击该文本框右侧的"浏览"按钮可以选择 CSV 文件，这样操作会自动带上 CSV 文件的绝对路径。为了便于维护，建议使用相对路径。例如，CSV 文件为 user.dat，把它放在测试脚本目录下的 data 目录下，应在"文件名"文本框中输入 data/user.dat。

（2）"文件编码"：CSV 文件的编码格式。默认使用当前操作系统的编码格式。如果 CSV 文件中包含中文字符，建议选择 utf-8。注意，在这里 CSV 文件本身的编码格式可以不为 utf-8。

（3）"变量名称"：CSV 文件中各列的名称（有多列时，用英文逗号隔开）。变量名称的顺序要与内容对应，这个变量名称是在其他处被引用的，所以为必填项。

（4）"分隔符"：CSV 文件中的分隔符（用'\t'替代制表符）。一般情况下，分隔符为英文逗号。

（5）"是否允许带引号？"：指定是否允许数据内容加引号。默认为 False。如果数据带有双引号且此项设置为 True，则会自动去掉数据中的引号，使数据能够正常读取，而且即使引号之间的内容包含分隔符，仍作为一个整体而不进行分隔；如果此项设置为 False，则读取数据报错。如果希望字段中含有双引号，那么要用两个双引号代替一个双引号。例如，此项设置为 true 时，"2,3"表示"2,3"，"4""5"表示"4"5"。

（6）"遇到文件结束符再次循环？"：指定到了文件的结尾是否循环。默认为 True，表示继续从文件第一行开始读取；False 表示不再循环。此项与下一项的设置为互斥关系。

（7）"遇到文件结束符停止线程?"：指定到了文件尾是否停止线程。默认为 False，表示不停止；True 表示停止。注意，当"遇到文件结束符再次循环?"设置为 True 时，此项设置无效。

仍旧以前面的测试参数化数据作为例子：

```
username,password
linda,knyzh158
cindy,123456
jerry,654321
susan,qwert
peter,zxcvb
```

设置"循环控制器"元件的循环次数为 5，"商品列表"HTTP 请求的名称为"商品列表 ${username}"。运行后的结果树如图 4-55 所示，5 个数据被依次调用。

将循环次数改为 8，将"遇到文件结束符再次循环?"设置为 True。运行后的结果树如图 4-56 所示，第 6 次重新使用第 1 条数据，第 7 次重新使用第 2 条数据，第 8 次重新使用第 3 条数据。

图 4-55　循环次数为 5　　　　图 4-56　循环次数为 8 且遇到文件结束符再次循环

仍旧保持循环次数为 8，将"遇到文件结束符再次循环?"设置为 False，将"遇到文件结束符停止线程?"设置为 False。运行后的结果树如图 4-57 所示，获取了 5 条数据。由于设置为遇到文件结束符不停止线程，所以第 6 次出现错误。

将"遇到文件结束符停止线程?"设置为 True。运行后的结果树如图 4-58 所示，获取了 5 条数据。由于设置为遇到文件结束符停止线程，所以循环了 5 次就结束。

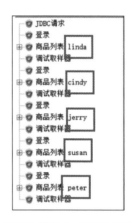

图 4-57　循环次数为 8，遇到文件结束符不再循环且遇到文件结束符停止线程

图 4-58　循环次数为 8，遇到文件结束符再次循环且遇到文件结束符停止线程

（8）"线程共享模式"：有以下 3 个选项。

①"所有现场"：即所有线程。此元件作用范围内的所有线程共享 CSV 数据，每个线程依次读取 CSV 数据，互不重复。

②"当前线程组"：在此元件作用范围内，以线程组为单位，每个线程组内的线程共享 CSV 数据，依次读取 CSV 数据，互不重复。

③"当前线程"：在此元件作用范围内，每次循环中所有线程取值一样。

4.6.2　JDBC Connection Configuration 元件

JMeter 访问数据库主要通过 JDBC Connection Configuration 和 JDBC Request 两个元件完成。右击元件，在弹出菜单中选择"添加"→"配置元件"→JDBC Connection Configuration 命令，即可打开 JDBC Connection Configuration 元件，如图 4-59 所示。

JDBC Connection Configuration 元件用于设置数据库连接，可以支持 MySQL、PostgreSQL、Oracle、Ingres（2006）、MSSQL 等多个数据库。首先要把对应数据库的 JDBC jar 文件复制到%JMETER_HOME% \lib\ext\目录下，并且重新启动 JMeter。

（1）Variable Name for created pool：自定义数据库连接池的变量名，必须与 JDBC Request 元件的 Variable Name Bound to Pool 保持一致。

（2）Max Number of Connections：该数据库连接池的最大连接数。0 表示每个线程都使用单独的数据库连接，线程之间不共享数据库连接。默认值为 0。

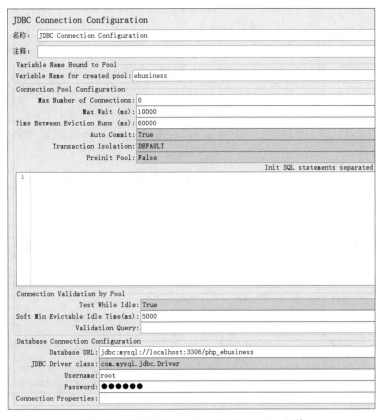

图 4-59　JDBC Connection Configuration 元件

（3）Max Wait（ms）：最大等待时间。如果超过这个时间，请求结果还没有返回，系统会报超时错误。默认值为 10 000ms，即 10s。

（4）Time Between Eviction Runs（ms）：疏散时间，即在空闲对象驱逐线程运行期间可以休眠的毫秒数。当值为非整数的时候，将运行无空闲对象驱逐线程。如果当前数据库连接池中某个连接在空闲指定时间后仍然没有被使用，则被物理地关闭。默认值为 60 000ms，即 1min。

（5）Auto Commit：自动提交 SQL 语句，有 3 个选项，分别为 True、False 和 Edit。默认值为 True。

（6）Transaction Isolation：事务间隔级别设置，主要有下面几个选项。

① TRANSACTION_NODE：事务节点。

② TRANSACTION_READ_UNCOMMITTED：事务未提交读。

③ TRANSACTION_READ_COMMITTED：事务已提交读。

④ TRANSACTION_SERIALIZABLE：事务序列化。

⑤ DEFAULT：默认。

⑥ TRANSACTION_REPEATABLE_READ：事务重复读。

⑦ EDIT：编辑。

（7）Test While Idle：当空闲的时候测试连接是否断开，默认为 True。

（8）Soft Min Evictable Idle Time(ms)：连接在连接池中闲置的最小时间，闲置时间超出此时间的连接才会被回收。默认值为5000ms，即5s。

（9）Validation Query：测试连接是否有效的查询语句。这是JMeter用来检验数据库连接是否有效的一种机制。当Soft Min Evictable Idle Time(ms)设置为5000ms时，如果超过5000ms没有使用，就会用这里指定的查询语句测试这个连接是否有效。默认为空。

一般情况下，以上部分，除了Variable Name for created pool需要单独设置外，其他均可使用默认值。

（10）Database Connection Configration：数据库连接属性中的Database URL和JDBC Driver class对不同的数据库是不同的，如表4-2所示。

表4-2　不同数据库的Database URL和JDBC Driver class设置

数据库	Database URL	JDBC Driver class
MySQL	jdbc:mysql://host:port/{dbname}	com.mysql.jdbc.Driver
PostgreSQL	jdbc:postgresql:{dbname}	org.postgresql.Driver
Oracle	jdbc:oracle:thin:user/pass@//host:port/service	oracle.jdbc.driver.OracleDriver
Ingres（2006）	jdbc:ingres://host:port/db[;attr=value]	com.ingres.jdbc.IngresDriver
MSSQL	jdbc:sqlserver://IP:1433;databaseName=DBname	com.microsoft.sqlserver.jdbc.SQLServerDriver

port是端口号。

4.6.3　"计数器"元件

"计数器"元件允许用户创建可在"线程组"元件中的任何位置引用的计数器。在"计数器"元件中允许用户配置起始值、最大值和增量。"计数器"元件将从起始值循环到最大值，然后从起始值重新开始循环，这样继续下去，直到测试结束。"计数器"元件使用长整型存储值，因此值的范围为$-2^{63} \sim 2^{63}-1$。

右击元件，在弹出菜单中选择"添加"→"配置元件"→"计数器"命令，打开"计数器"元件，如图4-60所示。

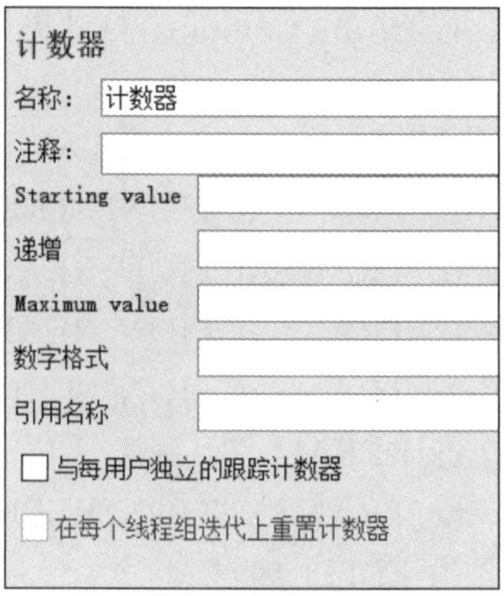

（1）Start value：计数器的起始值，即在第一次循环开始时计数器的值（默认值为0）。

（2）"递增"：每次迭代后计数器的增量（默认为0，表示无增量）。

（3）Maxium value：计数器的最大值。如果计数器的值超过最大值，则将其重置为起始值。默认值为Long.MAX_VALUE（长整型可表示的最大值）。

（4）"数字格式"：例如，000将格式化为001、002等。这将传递给DecimalFormat，因此可以使用任何有效格式。如果在解释格式时出现问题，则忽略它（默认

图4-60　"计数器"元件

格式是使用 Long.toString()生成的)。

（5）"引用名称"：计数器中的值可用变量名引用。

（6）"与每用户独立的跟踪计数器"：即为每个用户独立地建立跟踪计数器。换句话说，该项用于确定当前计数器是一个全局计数器还是每个用户独有的计数器。如果没有选中此选项，则计数器为全局计数器（即，用户 1 将获得值 1，用户 2 将获得值 2）；如果选中此选项，则每个用户都有一个独立的计数器。

（7）"在每个线程组迭代上重置计数器"：此选项仅在每个用户独立跟踪计数器时可用。如果选中此选项，计数器将重置为每个"线程组"元件迭代的起始值。

 ## 4.7　登录接口测试脚本中使用的取样器

本节介绍登录接口测试脚本中使用的取样器——JDBC Request 元件。

JDBC Request 元件配合 JDBC Connection Configuration 元件，使 JMeter 可以对数据库进行访问。右击元件，在弹出菜单中选择"添加"→"取样器"→JDBC Request 命令，即可打开 JDBC Request 元件，如图 4-61 所示。

```
JDBC Request
名称:  JDBC Request
注释:
Variable Name Bound to Pool
Variable Name of Pool declared in JDBC Connection Configuration: ebusiness
SQL Query
          Query Type: Select Statement

 1  select username,password from user;

   Parameter values:
   Parameter types:
    Variable names:
Result variable name: list
  Query timeout (s):
   Limit ResultSet:
  Handle ResultSet: Store as String
```

图 4-61　JDBC Request 元件

（1）Variable Name Bound to Pool：这里输入数据库连接池的名称，见上面。

（2）Variable Name of Pool declared in JDBC Connection Configuration：必须与 Connection Configuration 元件中的名称保持一致。

（3）Query Type：SQL 语句类型，包含以下 9 个类型。

① Select Statement：查询语句。如果 JDBC Request 元件中的 Query 内容为一条查询语句，则选择这种类型。如果多条查询语句（不使用参数的情况下）需要放在一起按顺序执行，设置 Query Type 为 Callable Statement。

② Update Statement：更新语句（包含 insert 和 update）。如果 JDBC Request 元件中的 Query 内容为一条更新语句，则选择这种类型。如果在该类型下写入多条更新语句，则只执行第一条更新语句。

③ Callable Statement：可调用语句，它为所有的 DBMS 提供了一种以标准形式调用已存储的过程的方法。

④ Prepared Select Statement：预查询语句，用于为一条 SQL 语句生成执行计划。对于多次执行的 SQL 语句，预处理语句（包括预查询语句和预更新语句）是最好的类型。然而生成执行计划是很消耗资源的。

⑤ Prepared Update Statement：预更新语句和预查询语句的用法是一样的。

⑥ Commit：提交，即将未存储的 SQL 语句结果写入数据库表。

⑦ Rollback：回滚，即撤销指定 SQL 语句的过程。

⑧ AutoCommit(false)：自动提交是 MySQL 的默认操作模式，表示除非显式地开始一个事务，否则每条 SQL 语句都被当作一个单独的事务自动执行。AutoCommit(false) 也就是使用户的操作一直处于某个事务中，直到执行一条 commit 或 rollback 语句，才会结束当前事务，开始一个新的事务。

⑨ AutoCommit(true)：这个选项的作用和上一个选项作用相反，即，无论何种情况，都自动提交，将结果写入，结束当前事务，开始下一个事务。

如果需要实现多个用户同时使用不同的 SQL，可以把整条 SQL 语句参数化（把 SQL 语句放在 CSV 文件中，然后在 JDBC Request 元件的 Query 文本框中使用参数代替 ${SQL 语句}）。

（4）Query Type：在该文本框中填入查询数据库的 SQL 语句。

（5）Parameter values：数据的参数值，与 Parameter types 中的类型要一一对应。

（6）Parameter types：数据的参数类型。对于 Javasql 数据类型，常用的有 INTEGER、FLOAT、DOUBLE、VARCHAR 等。

（7）Variable names：保存 SQL 语句返回结果的变量名。如果查询结果有多列，可以设置多个变量，以逗号分隔。

（8）Result variable name：创建一个对象变量，保存所有返回结果。

（9）Query timeout(s)：查询超时时间。

（10）Handle ResultSet：定义如何处理结果集。

第5章

建立其他接口测试脚本

本章介绍如何建立与注册、商品、购物车、订单相关的测试脚本,最后介绍本章使用的 9 个 JMeter 元件。

本章将在第 4 章的 ebusiness_interface.jmx 基础上进行更深入的扩展。

 ## 5.1 与注册相关的测试脚本

在建立注册功能的接口测试脚本时需要注意的是,根据以下产品需求:"注册信息要求用户名必须唯一,如果用户名在数据库中已经存在,显示相应的错误提示信息",所以注册完毕,为了在下一步仍然可以运行这个测试用例,需要将注册的用户删除,换句话说,不要让垃圾数据影响下一次测试用例的执行。

5.1.1 建立正常注册功能的接口测试脚本

正常功能的测试用例,在测试术语中称为 Happy Path(快乐路径)。它在注册功能上表现为一个能够正常登录的测试场景。

(1)右击"线程组"元件,在弹出菜单中选择"添加"→"逻辑控制器"→"仅一次控制器"命令,修改"名称"为"注册操作",如图 5-1 所示。

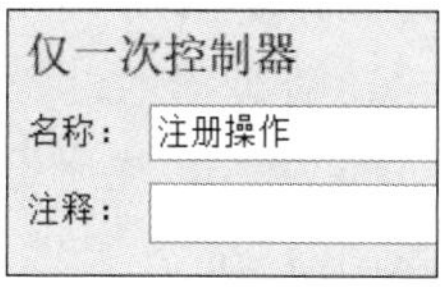

(2)右击"仅一次控制器"元件,在弹出菜单中选择"添加"→"取样器"→"HTTP 请求"命令,按照图 5-2 进行设置。

① "名称":为"注册界面"。

② "HTTP 请求":GET。

③ "路径":/register/。

④ 选择"自动重定向"复选框。

```
仅一次控制器
名称: 注册操作
注释:
```

图 5-1 "仅一次控制器"
元件

(3)将"登录"HTTP 请求下面的"注册界面"响应断言、"获取 csrftoken"边界提取器和"设置 csrftoken cookie 信息"HTTP Cookie 管理器这 3 个元件复制到"注册界面"

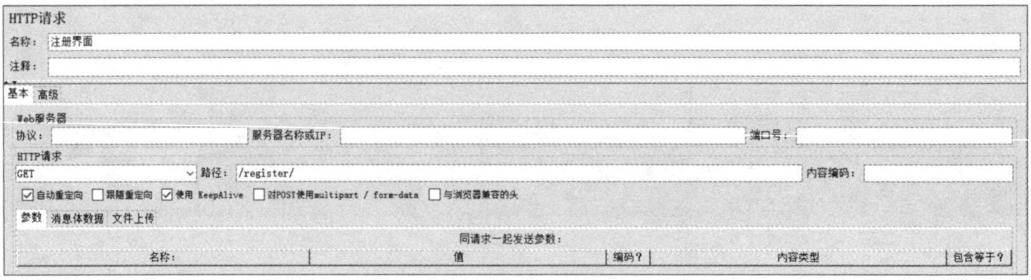

图 5-2 "注册界面"HTTP 请求

HTTP 请求下面，如图 5-3 所示。

图 5-3 将"登录"HTTP 请求下面的 3 个元件复制到"注册界面"HTTP 请求下面

（4）修改复制的"登录"响应断言，如图 5-4 所示。

① "名称"：为"注册界面"。

② "模式匹配规则"："字符串"。

③ "测试模式"：<title>电子商务系统-注册</title>。

图 5-4 "注册界面"响应断言

（5）复制的"获取 csrftoken"边界提取器和"设置 csrftoken cookie 信息"HTTP Cookie 管理器的设置保持不变。

（6）右击"注册操作"仅一次控制器，在弹出菜单中选择"添加"→"逻辑控制器"→"简单控制器"命令，修改"名称"为"正常注册"，如图 5-5 所示。

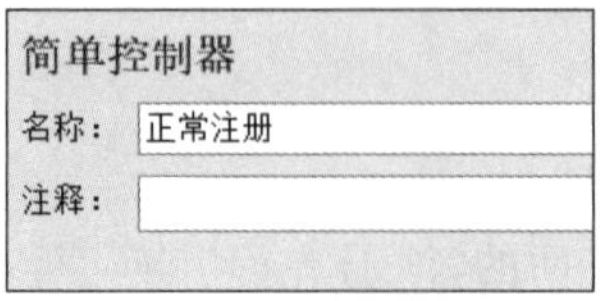

图 5-5 "正常注册"简单控制器

（7）在"正常注册"简单控制器下面建立名称为"定义 Email"的用户定义的变量，如图 5-6 所示。

图 5-6　"定义 Email"用户定义的变量

① "名称"：为"定义 Email"。

② 添加变量。其中，"名称"为 email，"值"为 xianggu625@126.com 或者一个有效的邮箱值。

（8）右击"正常注册"简单控制器，在弹出菜单中选择"添加"→"取样器"→"SMTP 取样器"命令，如图 5-7 所示。

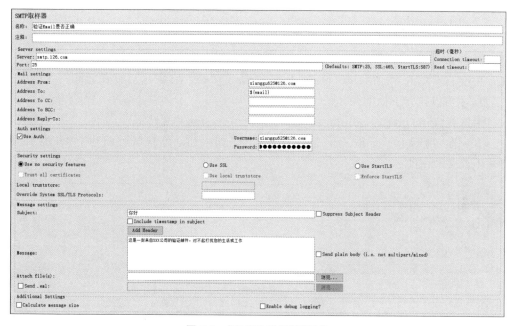

图 5-7　"SMTP 取样器"元件

① 修改"名称"为"验证 Email 是否正确"。

② Server：smtp.126.com。

③ Port：25。

④ Address From：xianggu625@126.com。

⑤ Address To：${email}。

⑥ 选择 Use Auth 复选框。

⑦ Username：126 邮箱系统的用户登录名。

⑧ Password：126 邮箱系统的用户登录密码。

⑨ Subject："你好"。

⑨ Message："这是一封来自 XXX 公司的验证邮件，对不起打扰您的生活或工作"。

⑩ 其他保留默认设置。

（9）右击"正常注册"简单控制器，在弹出菜单中选择"添加"→"逻辑控制器"→"如果（If）控制器"命令，如图 5-8 所示。

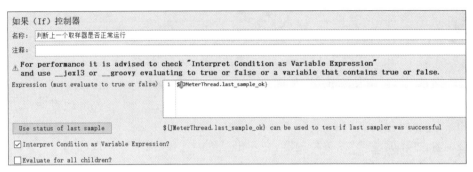

图 5-8 "判断上一个取样器是否正常运行"如果（If）控制器

① "名称"：为"判断上一个取样器是否正常运行"。

② 单击 Use status of last sample 按钮，在 Expression（must evaluate to true or false)中会自动填入 ${JMeterThread.last_sample_ok}。它表示：如果上面一个断言正常运行，才可以执行下面的操作。

③ 选择"Interpret Condition as Variable Expression？"复选框。

（10）在"判断上一个取样器是否正常运行"如果（If）控制器后面建立"正常注册"HTTP 请求，如图 5-9 所示。

图 5-9 "正常注册"HTTP 请求

① "名称"：正常注册。

② "HTTP 请求"：POST。

③ 选择"跟随重定向"复选框。提交的表单在/register/页面中进行验证。若验证通过，重定向到登录页面；否则仍旧返回/register/页面，提示错误信息。

④ 请求参数如下：

* "名称"：csrfmiddlewaretoken；"值"：${csrftoken}。
* "名称"：username；"值"：Jessica。
* "名称"：password；值：${__digest(SHA-256,123456,,,)}。
* "名称"：email；"值"：${email}。

（11）在"正常注册"HTTP 请求下面建立"验证注册成功"响应断言，如图 5-10 所示。

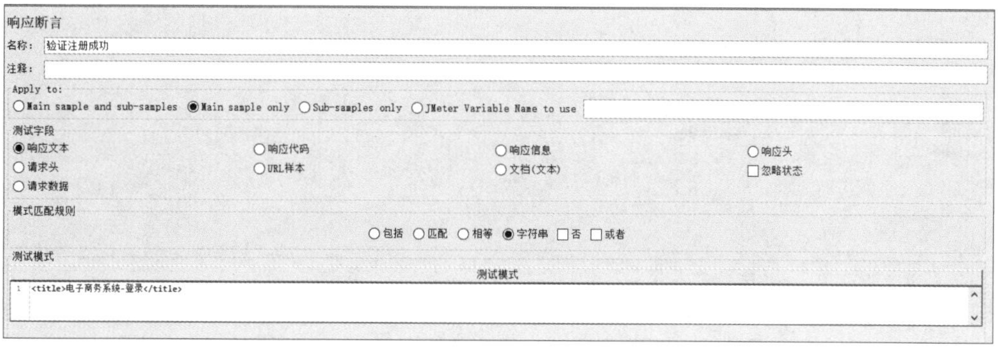

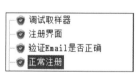

图 5-10 "验证注册成功"响应断言

① "名称"：验证注册成功。

② "模式匹配规则"："字符串"。

③ "测试模式"："<title>电子商务系统-登录</title>"。

（12）运行测试脚本，系统向 xianggu625@126.com 成功发送一封邮件，并且执行了"正常注册"HTTP 请求，如图 5-11 和图 5-12 所示。

图 5-11 执行了"正常注册"HTTP 请求　　图 5-12 系统发送给 xianggu625@126.com 的邮件

（13）修改"定义 Email"用户定义的变量中的 email 值为一个错误的邮件地址，例如 xianggu625。

（14）运行测试脚本，"验证 Email 是否正确"SMTP 取样器失败，没有执行"正常注册"HTTP 请求，如图 5-13 所示。

图 5-13 验证邮件地址失败，没有执行"正常注册"HTTP 请求

5.1.2 建立异常注册功能的接口测试脚本

异常注册功能的测试用例在测试术语中称为 Sad Path（悲惨路径），在注册功能上表现为一个不能正常登录的测试场景。例如用户名已经存在、密码长度不够等情况。

1. 用户名已经存在

已经存在的用户名是不允许注册的。如果注册同名的用户，系统应该出现"用户名已经存在"的错误提示信息。

（1）在"正常注册"HTTP 请求后面建立"异常注册——用户名已经存在"HTTP 请

求，如图 5-14 所示。

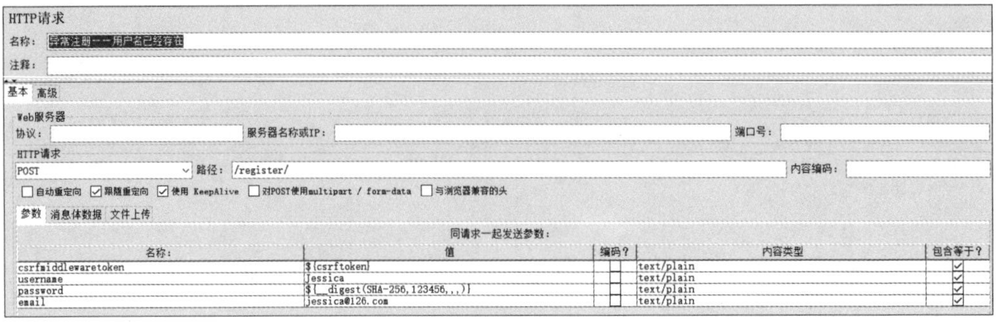

图 5-14　"异常注册——用户名已经存在"HTTP 请求

① "名称"：异常注册——用户名已经存在。

② "HTTP 请求"：POST。

③ 选择"跟随重定向"复选框。

④ 请求数据与"异常注册"HTTP 请求相同。

（2）由于 Jessica 这个用户名已经存在，所以这次注册结果应该是失败的。在"注册界面"HTTP 请求下建立"验证注册失败——用户名已经存在"响应断言，如图 5-15 所示。

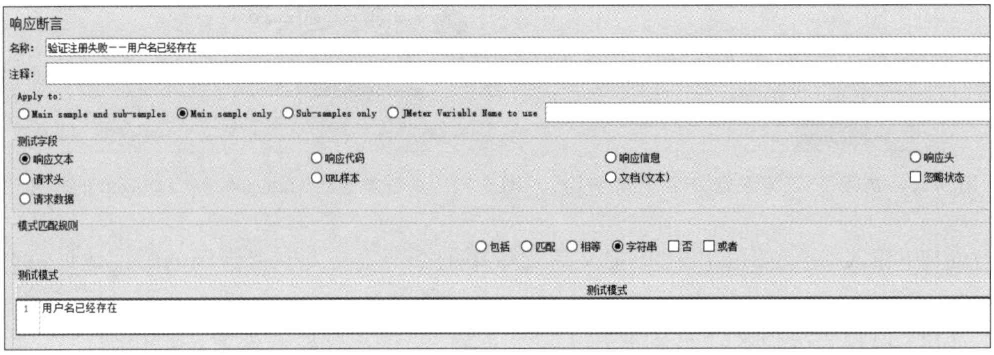

图 5-15　"验证注册失败——用户名已经存在"响应断言

① "名称"：验证注册失败——用户名已经存在。

② "模式匹配规则"："字符串"。

③ "测试模式"："用户名已经存在"。

（3）运行测试脚本，配置无误。

2. 密码长度不够

根据产品需求"密码的长度必须大于或等于 5 位"，如果注册时设置的密码长度小于 5 位，则系统注册失败。

（1）在"异常注册——用户名已经存在"HTTP 请求后面建立"异常注册——密码长度不够"HTTP 请求，如图 5-16 所示。

① "名称"：异常注册——密码长度不够。

② "HTTP 请求"：POST。

图 5-16　"异常注册——密码长度不够"HTTP 请求

③ 选择"跟随重定向"复选框。

④ 请求数据如下：

- "名称"：csrfmiddlewaretoken；值：$\{csrftoken\}$。
- "名称"：username；值：White。为了防止用户名已经存在的错误，在这里 username 必须更换新的名称。
- "名称"：password；"值"：$\{\_\_digest(SHA-256,1234,,,)\}$。密码长度仅为 4 位。
- "名称"：email；"值"：White@126.com。

（2）产品需求规定密码的长度必须大于或等于 5 位，而这里仅为 4 位，所以本次注册结果应该是失败的。在"注册界面"HTTP 请求下建立"验证注册失败——密码长度不够"响应断言，如图 5-17 所示。

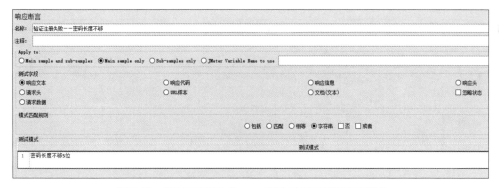

图 5-17　"验证注册失败——密码长度不够"响应断言

① "名称"：验证注册失败——密码长度不够。

② "模式匹配规则"："字符串"。

③ "测试模式"："密码长度不够 5 位"。

（3）运行测试脚本，运行后显示的结果是红色。在"察看结果树"元件中可以看到，"异常注册——密码长度不够"HTTP 请求的响应数据中的响应主体为系统直接进入登录页面，所以没有对密码的长度进行校验，如图 5-18 所示。

图 5-18 "验证注册失败——密码长度不够"测试失败

3. Email 格式不正确

虽然客户端采用 HTML 5 语句＜input type＝"email" name＝"email" required id＝"id_email"＞以保证 Email 的合法性，但是为了防止 CSRF 攻击（这里需要提醒读者的是，仅仅靠 CSRF token 是不够的），所以在服务器端也必须对 Email 的格式进行校验。

（1）在"异常注册——密码长度不够"HTTP 请求后面建立"异常注册——Email 格式不正确"HTTP 请求，如图 5-19 所示。

图 5-19 "异常注册——Email 格式不正确"HTTP 请求

① "名称"：异常注册——Email 格式不正确。

② "HTTP 请求"：POST。

③ 选择"跟随重定向"复选框。

④ 请求数据如下：

• "名称"：csrfmiddlewaretoken；"值"：＄{csrftoken}。

• "名称"：username；"值"：Tom。同样为了防止用户名已经存在的错误，在这里 username 必须再更换一个名称。

- "名称"：password；"值"：$\{\_\_digest(SHA-256,123456,,,)\}$。
- "名称"：email；"值"：Tom。这是一个不符合 Email 格式的字符串。

（2）由于 Email 格式不正确，所以本次注册结果应该是失败的。在"注册界面"
HTTP 请求下建立"验证注册失败——Email 格式不正确"响应断言，如图 5-20 所示。

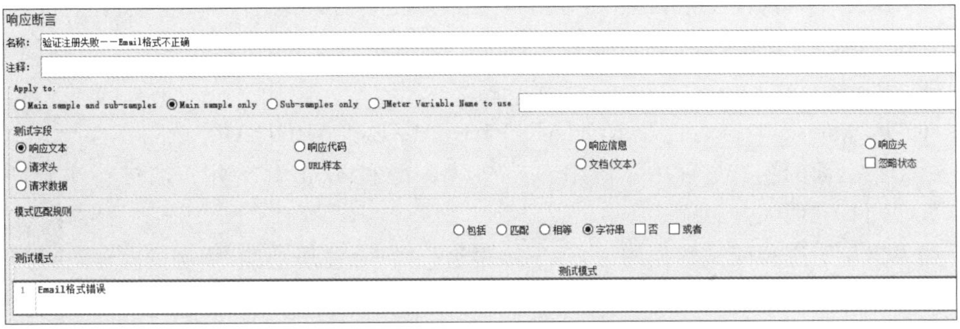

图 5-20　"验证注册失败——Email 格式不正确"响应断言

① "名称"：验证注册失败——Email 格式不正确。
② "模式匹配规则"："字符串"。
③ "测试模式"："Email 格式错误"。
（3）运行测试，保证配置无误。

5.1.3　清理注册功能测试产生的垃圾数据

测试完毕，为了消除垃圾数据的影响，必须清理上面的测试用户数据。

右击"注册操作"仅一次控制器，在弹出菜单中选择"添加"→"取样器"→JDBC
Request 命令，按照图 5-21 进行设置。

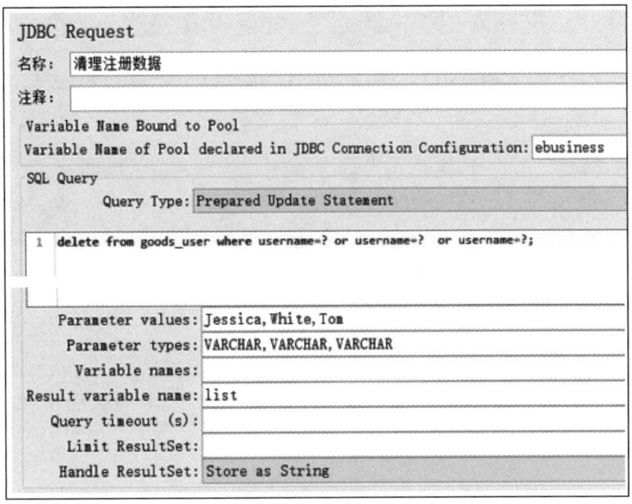

图 5-21　"清理注册数据"JDBC Request

（1）"名称"：清理注册数据。

（2）Variable Name of Pool declared in JDBC Connection Configuration：ebusiness。注意，这里是对产品数据库进行操作，而不是对数据库中的参数化数据进行操作，所以不能选择 ebusiness_data，而必须选择 ebusiness。

（3）Query Type：Prepared Update Statement。

（4）SQL Query："delete from goods_user where username＝? or username＝? or username＝?;"。

（5）Parameter values："Jessica，White，Tom"。

（6）Parameter types："VARCHAR，VARCHAR，VARCHAR"。

由于在上面的测试过程中试图用 Jessica、White 和 Tom 作为用户名进行注册，所以在这里必须将它们一并删除。

如果这里不进行测试数据的清理，下次再运行"正常注册功能"用例的时候，由于用户 Jessica 已经存在，所以注册一定会失败。运行"密码长度不够"用例的时候，由于用户 White 已经存在，所以注册也会失败，但是失败的原因不是密码长度不够，而是用户 White 已经存在。造成这些错误的原因既不是产品代码的问题，也不是测试脚本的问题，而是测试数据的问题。

与注册相关的操作产生的树状图如图 5-22 所示。

图 5-22　与注册相关的操作产生的树状图

5.1.4　处理与登录相关的元件

由于下面的关注点不是登录和商品列表，所以把与登录和商品列表相关的元件放在"登录操作"仅一次控制器下。

（1）在"循环控制器"元件下面建立"登录操作"仅一次控制器。

（2）把"登录"HTTP 请求和"商品列表"HTTP 请求拖曳到"登录操作"仅一次控制器下，如图 5-23 所示。

图 5-23　把"登录"HTTP 请求和"商品列表"HTTP 请求拖曳到"登录操作"仅一次控制器下

5.2　与商品相关的接口测试脚本

本节介绍查询商品以及查看商品详情接口测试脚本的建立。

5.2.1　查询商品接口测试脚本

下面是建立 Django 版本的查询商品接口测试脚本的步骤。

（1）右击"循环控制器"元件，在弹出菜单中选择"添加"→"逻辑控制器"→"简单控制器"命令。修改名称为"商品操作"。

（2）保证"商品操作"简单控制器在"登录操作"仅一次控制器后面。

（3）右击"商品操作"简单控制器，在弹出菜单中选择"添加"→"取样器"→"HTTP 请求"命令，按照图 5-24 进行设置。

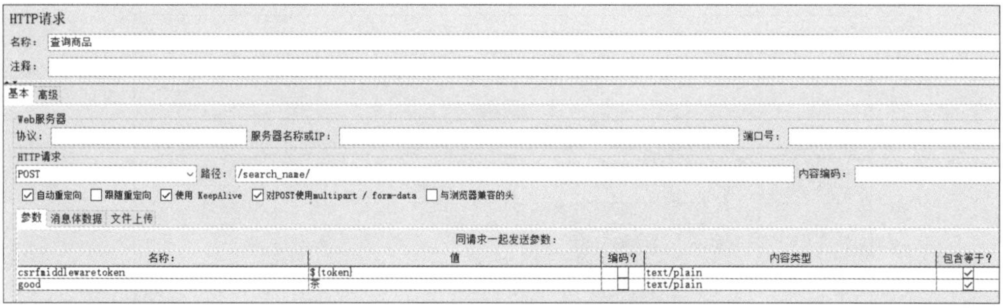

图 5-24　"查询商品"HTTP 请求

① "名称"：查询商品。

② "HTTP 请求"：POST。

③ "路径"：/search_name/。

④ 选择"自动重定向"复选框。

⑤ 选择"对 POST 使用 multipart/form-data"复选框。

⑥ 加入两个请求参数：

- "名称"：csrfmiddlewaretoken；"值"：＄｛token｝。
- "名称"：good；"值"：茶。

（4）右击"查询商品"HTTP 请求，在弹出菜单中选择"添加"→"断言"→"响应断言"命令，按照图 5-25 进行设置。

图 5-25　"查询商品"响应断言

下面对查询商品进行参数化，这次使用函数助手中的 Random 函数和 CSVRead

函数。

（5）在 ebusiness_interface.jmx 文件所在的目录下建立 data 目录，在这个目录下建立 search.csv 文件，输入以下内容：

> 茶,火腿肠,五香豆,花生,烤鸭,瓜子,大排,烤肉,羊肉串,辣子鸡丁,

注意，编码格式必须为 ANSI。最后必须以英文逗号结束，以保证这些内容均可以查到对应的商品记录。

（6）单击"函数助手"图标，选择 Random 函数，输入图 5-26 所示的内容。

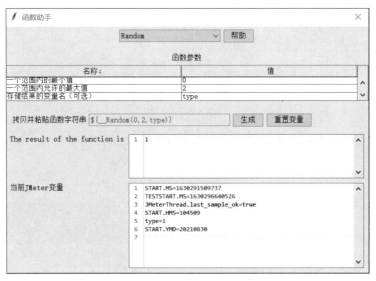

图 5-26　函数助手中的 Random 函数

① "一个范围内的最小值"：0。

② "一个范围内允许的最大值"：9。这两项表示产生一个 0～9 的随机数。

③ "存储结果的变量名(可选)"：type。

④ 单击"生成"按钮，验证函数是否正确。

（7）切换到函数助手，选择 CSVRead 函数，输入如图 5-27 所示的内容。

① "用于获取值的 CSV 文件|＊别名"：data/search.csv。

② "CSV 文件列号|next|＊alias"：${__Random(0,2,)}。

③ 单击"生成"按钮，验证函数是否正确。

（8）在"查询商品"HTTP 请求中，把 goods 的值设为 ${__CSVRead(data/search.csv, ${__Random(0,9,type)})}。

（9）在"查询商品"响应断言的响应匹配项中都输入 ${__CSVRead(data/search.csv, ${type})}。

运行测试脚本，程序运行无误。

5.2.2　Django 版本查看商品详情接口测试脚本

在讲解这个接口测试脚本之前，先讲解如何获得商品链接的 CSS 选择器表达式(关

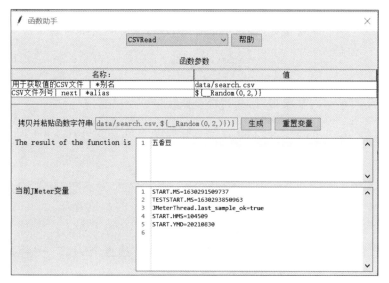

图 5-27　函数助手中的 CSVRead 函数

于 CSS 选择器的用法请到网上查看相关的资料)。

（1）打开浏览器，输入"<服务器的 IP 地址>:8000"，打开登录页面，登录成功后进入商品列表页面。

（2）在第一个"查看"链接处右击，在弹出菜单中选择"检查"命令（以 Chrome 浏览器为例），如图 5-28 所示。

（3）定位到 HTML 文件的相应位置。

（4）在这个位置右击，在弹出菜单中选择 Copy→Copy selector 命令，如图 5-29 所示。

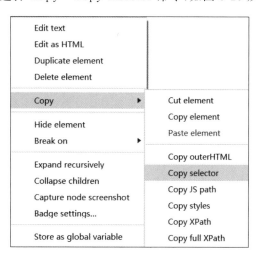

图 5-28　在弹出菜单中选择"检查"命令　　图 5-29　在弹出菜单中选择 Copy→Copy selector 命令

（5）把复制的内容粘贴到文本文件中，内容为

```
body > div > div.row > div > table > tbody > tr:nth-child(1) > td:nth-child(4)
> a
```

其中的"tr:nth-child(n)"代表第 n 条记录。

（6）在第二个"查看"链接处，重复第（2）～（5）步，获得的文本为

```
body > div > div.row > div > table > tbody > tr:nth-child(2) > td:nth-child(4)
> a
```

（7）由于每页最多有 5 条记录，通过随机函数把

```
body > div > div.row > div > table > tbody > tr:nth-child(2) > td:nth-child(4)
> a
```

改写为

```
body > div > div.row > div > table > tbody >tr:nth-child(${__Random(1,5,num)})
> td:nth-child(4) > a
```

（8）右击"商品列表"HTTP 请求，在弹出菜单中选择"添加"→"后置处理器"→"CSS/JQuery 提取器"命令，按照图 5-30 进行设置。

CSS/JQuery提取器

名称：	获取商品链接
注释：	

Apply to:
○ Main sample and sub-samples　● Main sample only　○ Sub-samples only　○ JMeter Variable Name to use [   ]

CSS 选择器提取器实现

CSS 选择器提取器实现

引用名称：	goods
CSS选择器表达式：	body > div > div.row > div > table > tbody > tr:nth-child(${__Random(1,5,num)}) > td:nth-child(4) > a
属性：	href
匹配数字（0代表随机）：	1
缺省值：	null　☐ 使用空默认值

图 5-30　"获取商品链接"CSS/JQuery 提取器

① "名称"：获取商品链接。

② Apply to：Main sample only。

③ "引用名称"：goods。

④ "CSS 选择器表达式"：

```
body > div > div.row > div > table > tbody > tr:nth-child(${__Random(1,5,num)})
> td:nth-child(4) > a
```

即第（8）步改写的记录。

⑤ "属性"：href。

⑥ "匹配数字（0 代表随机）"：1。

⑦ "缺省值"：null。

（9）在"查询商品"HTTP 请求后面建立"查看商品详情"HTTP 请求，按图 5-31 进行设置。

① "名称"：查看商品详情。

② "HTTP 请求"：GET。

③ "路径"：${goods}。

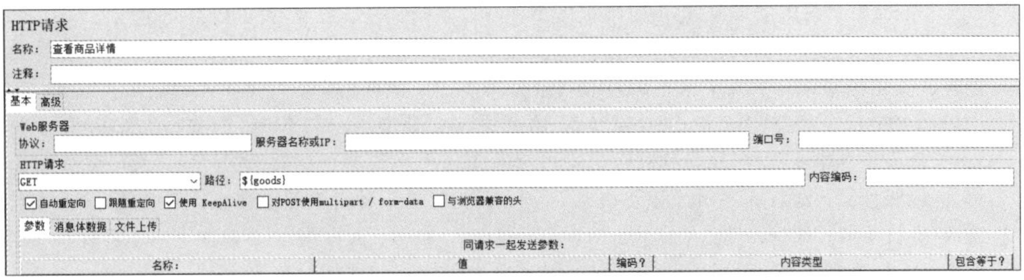

图 5-31　"查看商品详情"HTTP 请求

（10）在"查看商品详情"HTTP 请求下面添加响应断言，如图 5-32 所示。

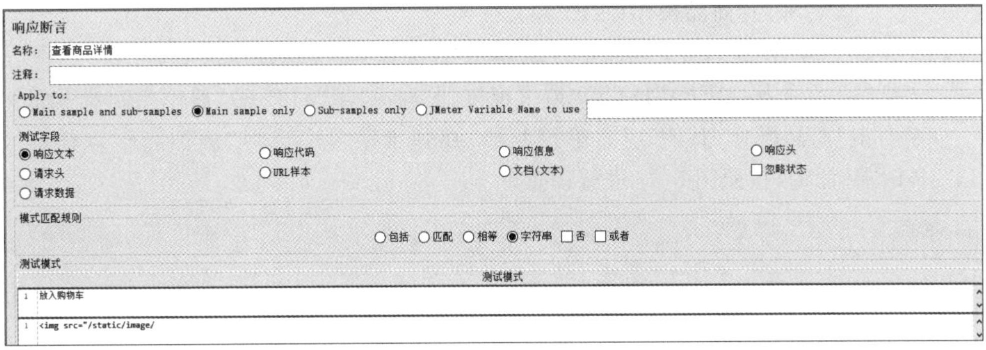

图 5-32　"查看商品详情"响应断言

① "名称"：查看商品详情。

② "模式匹配规则"：字符串。

③ "添加两个测试模式"："放入购物车"和"＜img src＝"/static/image/"。

Django 版本的与商品相关的操作产生的树状图如图 5-33 所示。

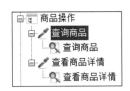

图 5-33　Django 版本的与商品相关的操作产生的树状图

5.2.3　J2EE 版本查看商品详情接口测试脚本

在 J2EE 版本的电子商务系统中，查看商品详情功能是用读入 JSON 文件实现的。
格式如下：

```
{
    "price": "¥238.0",
    "url": "/static/image/1.jpg",
    "page": "88",
```

```
      "name": "正山堂茶业 元正简雅正山小种红茶茶叶礼盒装礼品 武夷山茶叶送礼",
      "desc": "生产许可证编号：SC11435078200021 产品标准号：GB/T 13738.2—2008 厂名：
福建武夷山国家级自然保护区正山茶业有限公司 厂址：武夷山市星村镇桐木村庙湾 厂家联系方
式：4000599567 配料表：正山小种红茶 储藏方法：干燥、防潮、防晒、避光、防异味 保质期：
1095 食品添加剂：无 产品名称：元正正山堂元正简雅正山小种简雅礼盒 净含量：250g 包装方式：
包装 包装种类：盒装 品牌：元正正山堂 系列：元正正山小种简雅礼盒系 种类：正山小种 级别：
特级 生长季节：春季 产地：中国大陆 省份：福建省 城市：武夷山市 食品工艺：小种红茶 套餐
份量：1 人 套餐周期：1 周 配送频次：1 周 1 次 特产品类：正山小种 价格段：200~299 元"
}
```

（1）右击"循环控制器"元件，在弹出菜单中选择"添加"→"逻辑控制器"→"简单控制器"命令。修改名称为"商品操作（J2EE）"。

（2）保证"商品操作（J2EE）"简单控制器在"商品操作"简单控制器后面。

（3）把"商品列表（J2EE）"HTTP 请求拖拉到"商品操作（J2EE）"简单控制器下面。

（4）右击"商品操作（J2EE）"简单控制器，在弹出菜单中选择"添加"→"取样器"→"HTTP 请求"命令，按照图 5-34 进行设置。

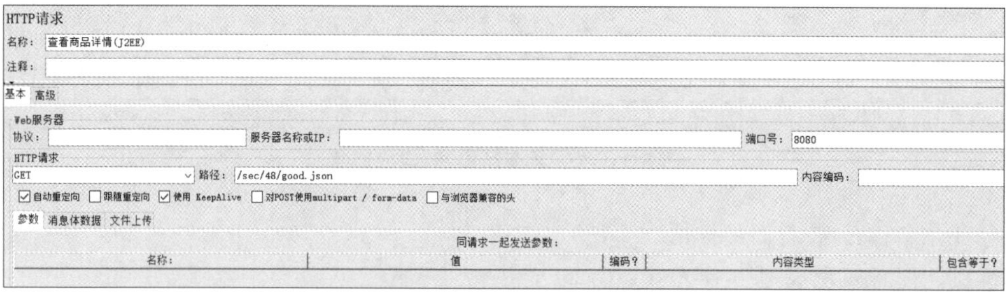

图 5-34 "查看商品详情（J2EE）"HTTP 请求

① "名称"：查看商品详情（J2EE）。

② "端口号"：8080。

③ "HTTP 请求"：GET。

④ "路径"：/sec/48/good.json。

⑤ 选择"自动重定向"复选框。

（5）右击"查看商品详情（J2EE）"HTTP 请求，在弹出菜单中选择"添加"→"断言"→"JSON 断言"命令，按照图 5-35 进行设置。

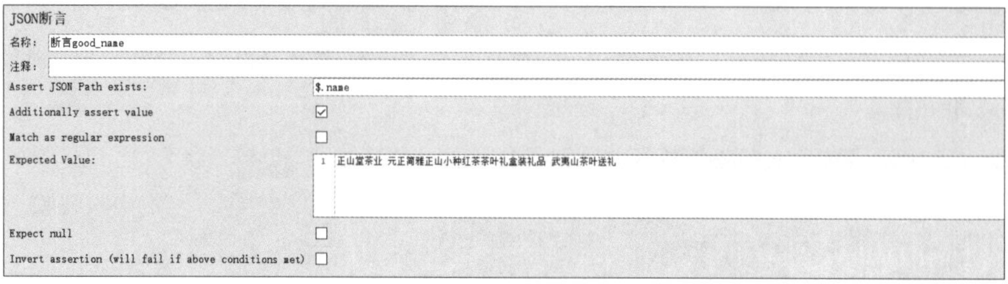

图 5-35 "断言 good_name"JSON 断言

① "名称"：断言 good_name。

② Assert JSON Path exists：＄.name。关于 JSON Path 的语法可以到网上查看相应的资料。

③ 选择 Additionally assert value(附加断言值)复选框。

④ Expected Value：正山堂茶业 元正简雅正山小种红茶茶叶礼盒装礼品 武夷山茶叶送礼。

（6）右击"查看商品详情(J2EE)"HTTP 请求,在弹出菜单中选择"添加"→"断言"→JSON JMESPath Assertion 命令,按照图 5-36 进行设置。

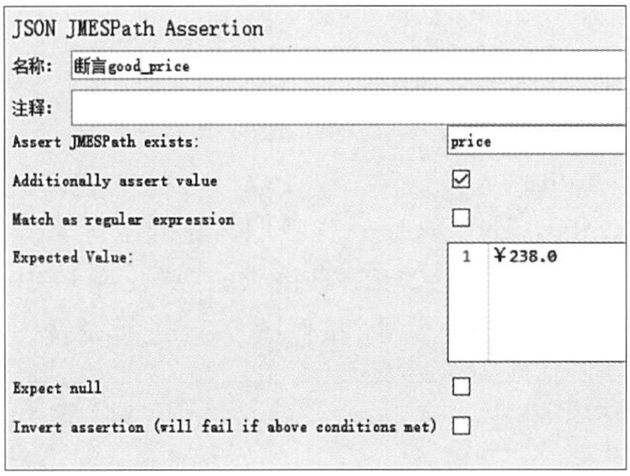

```
JSON JMESPath Assertion
名称:   断言good_price
注释:
Assert JMESPath exists:                    price
Additionally assert value                  ☑
Match as regular expression                ☐
Expected Value:                        1  ¥238.0


Expect null                                ☐
Invert assertion (will fail if above conditions met)  ☐
```

图 5-36　"断言 good_price"JSON JMESPath Assertion

① "名称"：断言 good_price。

② Assert JMESPath exists：price。关于 JSON JMESPath 的语法可以到网上查看相应的资料。

③ 选择 Additionally assert value(附加断言值)复选框。

④ Expected Value："¥238.0"。

（7）运行测试脚本,程序运行无误。

对于 JSON 格式可以使用"JSON 断言"元件或 JSON JMESPath Assertion 元件验证。有的时候需要把 JSON 中的数据提取出来,这时就要使用"JSON 提取器"元件和 JSON JMESPath Extractor 元件。

"JSON 断言"元件和 JSON JMESPath Assertion 元件的功能是相同的。"JSON 提取器"元件和 JSON JMESPath Extractor 元件的功能是相同的。"JSON 断言"和"JSON 提取器"使用 JSON Path 语法进行断言并且从 JSON 格式的响应中提取数据。JSON JMESPath Assertion 元件和 JSON JMESPath Extractor 元件使用 JMESPath 语法进行断言并且从 JSON 格式的响应中提取数据。

（8）右击"查看商品详情(J2EE)"HTTP 请求,在弹出菜单中选择"添加"→"后置处理器"→"JSON 提取器"命令,按照图 5-37 进行设置。

① "名称"：获取图片路径。

② Apply to：Main sample only。

③ Names of created variable：good_url。

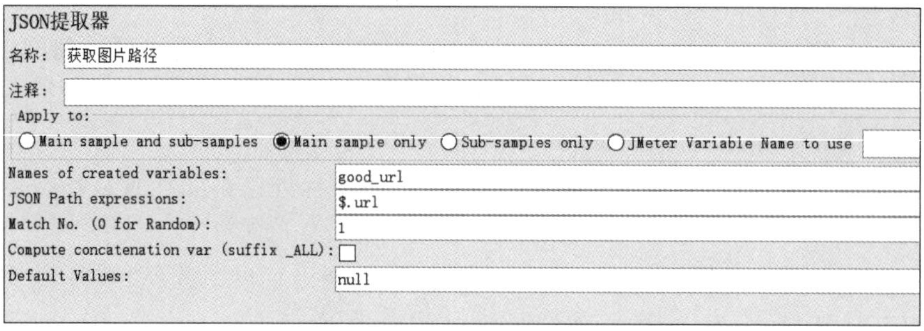

图 5-37　"获取图片路径"JSON 提取器

④ JSON Path expressions：$.url。

⑤ Match No.(0 for Random)：1,表示匹配第一个。

⑥ Default Values：null。

下面用 JSON JMESPath Extractor 元件获取商品的单价。

(9) 右击"查看商品详情(J2EE)"HTTP 请求,在弹出菜单中选择"添加"→"后置处理器"→JSON JMESPath Extractor 命令,按照图 5-38 进行设置。

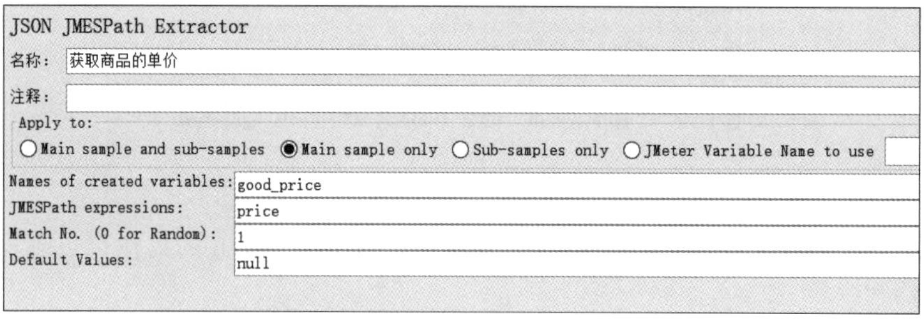

图 5-38　"获取商品的单价"JSON JMESPath Extractor

① "名称"：获取商品的单价。

② Apply to：Main sample only。

③ Names of created variable：good_price。

④ JMESPath expressions：price。

⑤ Match No.(0 for Random)：1,表示匹配第一个。

⑥ Default Values：null。

最后用"BeanShell 断言"元件进行验证,获取商品的 URL 和单价。

(10) 在"查看商品详情(J2EE)"HTTP 请求下建立"BeanShell 断言"元件,如图 5-39 所示。

建立的测试脚本如下：

```
//获取系统变量
String good_url = vars.get("good_url");
String good_price = vars.get("good_price");
```

```
//判断返回值是否和预期一致
Failure = false;
if (! good_url.equals("/static/image/1.jpg")){
    Failure = true;
    FailureMessage = "good_name 信息与预期不符合";
}if(! good_price.equals("￥238.0")){
    Failure = true;
    FailureMessage = "good_price 信息与预期不符合";
}
```

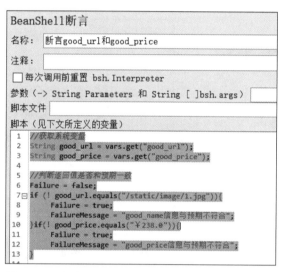

图 5-39　"断言 good_url 和 good_price"BeanShell 断言

（11）运行测试脚本,查看结果是否正确。

可以看出,先利用"获取图片路径"和"获取商品的单价"获取变量,再通过 BeanShell 建立断言,这些操作完全可以用"JSON 断言"元件取代。本节主要是为了帮助读者了解 "JSON 提取器"元件和 JSON JMESPath Extractor 元件的使用方法。

J2EE 版本的与商品相关的操作产生的树状图如图 5-40 所示。

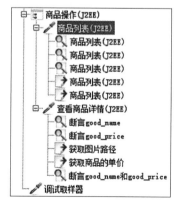

图 5-40　J2EE 版本的与商品相关的操作产生的树状图

5.2.4 通过后台添加商品测试脚本

Django 版本的电子商务系统的商品信息是通过后台维护的。在介绍如何通过后台添加商品测试脚本之前，先来看看这些操作如何通过手工方式实现。

（1）启动被测产品。

（2）在浏览器的地址栏中输入 http://127.0.0.1：8000/admin/。

（3）使用用户名 xiang 和密码 123456 登录系统，进入后台维护页面，如图 5-41 所示。

（4）在 Goods 后面单击 Add 链接。

（5）按照图 5-42 所示，输入商品信息。

图 5-41　后台维护页面

图 5-42　通过后台添加商品

（6）单击 Save and add another 按钮保存添加的商品信息。

（7）单击 Log out 按钮退出系统。

（8）进入系统，在商品列表和商品详情中可以看到刚才建立的商品。

下面介绍如何通过后台添加商品的测试脚本。

（1）在"线程组"元件后面建立"后台"线程组，使用默认配置。

（2）在"后台"线程组下面建立"后台登录"HTTP 请求，如图 5-43 所示。

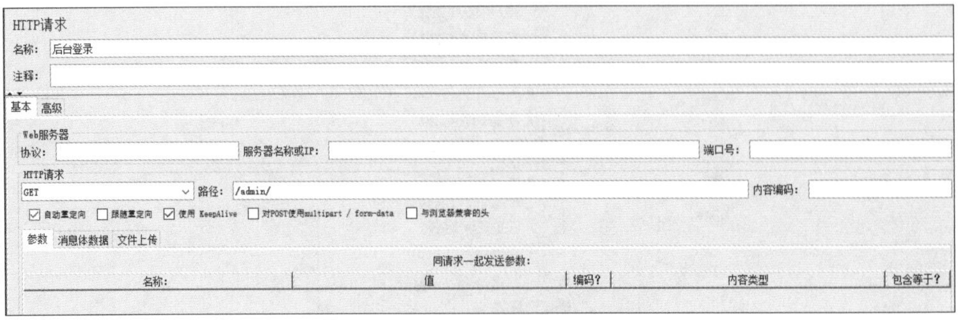

图 5-43　"后台登录"HTTP 请求

① "名称"：后台登录。

② "HTTP 请求"：GET。

③ "路径"：/admin/。

④ 选择"自动重定向"复选框。

（3）把"登录"HTTP 请求下面的"获取 csrftoken"边界提取器和"设置 csrftoken cookie 信息"HTTP Cookies 管理器复制到"后台登录"HTTP 请求下面。

（4）在"后台登录"HTTP 请求后面建立"进入后台"HTTP 请求，如图 5-44 所示。

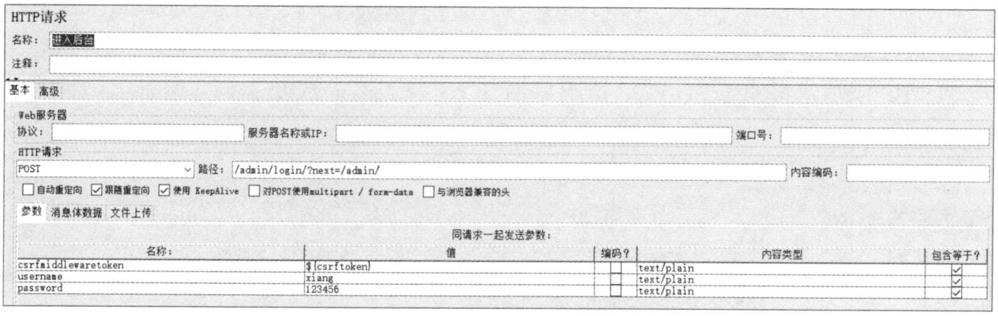

图 5-44　"进入后台"HTTP 请求

① "名称"："进入后台"。

② "HTTP 请求"：POST。

③ "路径"：/admin/login/? next=/admin/。

④ 选择"跟随重定向"复选框。

⑤ 加入请求参数。

- "名称"：csrfmiddlewaretoken；"值"：$\{csrftoken\}$。
- "名称"：username；"值"：xiang。
- "名称"：password；"值"：123456。

（5）在"进入后台"HTTP 请求下面加入"进入后台"响应断言，断言内容为 ＜a href="/admin/goods/goods/"＞Goods＜/a＞。

（6）在"进入后台"HTTP 请求后面加入"添加商品页面"HTTP 请求，如图 5-45 所示。

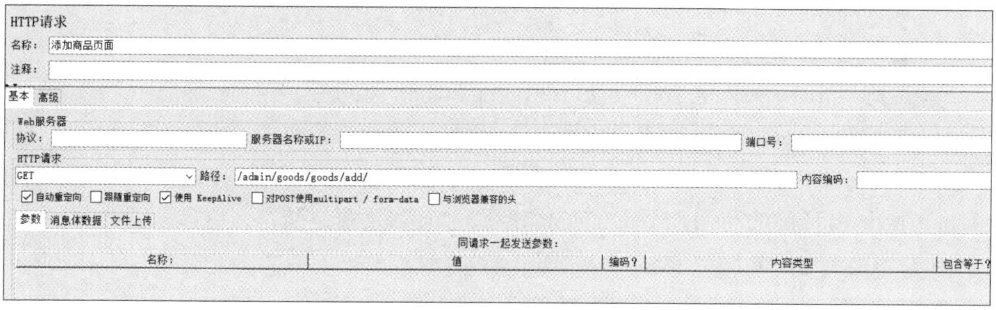

图 5-45　"添加商品页面"HTTP 请求

① "名称"：添加商品页面。

② "HTTP 请求"：GET。

③ "路径"：/admin/goods/goods/add/。

④ 选择"自动重定向"复选框。

（7）在"添加商品页面"HTTP 请求下面加入"添加商品页面"响应断言，断言内容为"＜form enctype＝"multipart/form-data" action＝"" method＝"post" id＝"goods_form""。

（8）将"后台登录"下面的"获取 csrftoken"边界提取器和"设置 csrftoken cookie 信息"HTTP Cookies 管理器复制到"添加商品页面"响应断言后面。

（9）在"添加商品页面"HTTP 请求后面加入"添加商品成功"HTTP 请求，如图 5-46 所示。

图 5-46   "添加商品成功"HTTP 请求

① "名称"：添加商品成功。

② "HTTP 请求"：POST。

③ "路径"：/admin/goods/goods/add/。

④ 选择"跟随重定向"复选框。

⑤ 选择"对 POST 使用 multipart/form-data"复选框。

⑥ 加入请求参数。

• "名称"：csrfmiddlewaretoken；"值"：＄{csrftoken}。

• "名称"：name；"值"：德芙(Dove)丝滑牛奶巧克力。

• "名称"：price；"值"：28.80。

• "名称"：picture；"值"：Chocolate.png。

• "名称"：desc；"值"：生产商(制造商)地址：北京市怀柔区雁栖经济开发区 执行标准：GB/T 19343 品牌：德芙(DOVE)类别：牛奶巧克力 净含量：14 克 形状：排块 制作工艺：非手工 巧克力可可脂含量：40％以下 包装：独立包装。

（10）切换到"文件上传"选项卡，如图 5-47 所示。

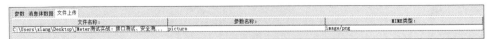

图 5-47   "文件上传"选项卡

①"文件名称"：C:\Users\xiang\...\code\Chocolate.png。注意：这里必须为绝对路径。

②"参数名称"：picture。在 HTML 文档中用 type＝"file"的 name 指定。例如，这里为 picture，在 HTML 文档中应该存在＜input type＝"file" name＝"picture"…＞。

③"MIME 类型"：image/png。

（11）在"添加商品成功"HTTP 请求下面加入"删除商品信息"JDBC Requests，如图 5-48 所示。

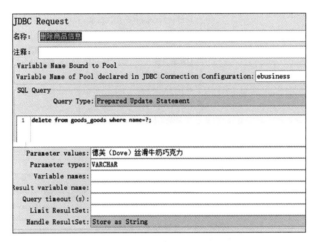

图 5-48　"删除商品信息"JDBC Requests

①"名称"："删除商品信息"。

② Variable Name of Pool declared in JDBC Connection Configuration：ebusiness。

③ Query Type：Prepared Update Statement。

④ SQL Query：delete from goods_goods where name＝?；。

⑤ Parameter values：德芙(Dove)丝滑牛奶巧克力。

⑥ Parameter types：VARCHAR。

（12）在"删除商品信息"JDBC Requests 后面加入"登出后台"HTTP 请求，如图 5-49 所示。

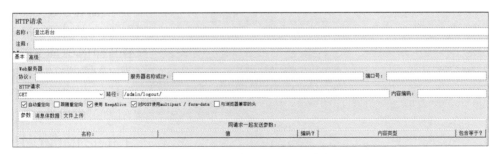

图 5-49　"登出后台"HTTP 请求

①"名称"：登出后台。

②"HTTP 请求"：GET。

③ "路径"：/admin/logout/。

④ 选择"自动重定向"复选框。

（13）在"登出后台"HTTP请求下面加入"登出后台"响应断言，断言内容为"Thanks for spending some quality time with the Web site today."。

后台处理商品相关操作产生的树状图如图 5-50 所示。

图 5-50　后台处理商品相关操作产生的树状图

5.3　与购物车相关的接口测试脚本

本节介绍添加购物车和查看购物车两个功能接口测试脚本的建立。

5.3.1　添加购物车的接口测试脚本

下面介绍建立添加购物车的接口测试脚本的操作步骤。

（1）右击"循环控制器"，在弹出菜单中选择"添加"→"逻辑控制器"→"简单控制器"命令，修改名称为"购物车操作"。

（2）保证"购物车操作"简单控制器在"商品操作"简单控制器后面。

（3）在"商品列表"HTTP请求下面增加 CSS/JQuery 提取器，如图 5-51 所示。

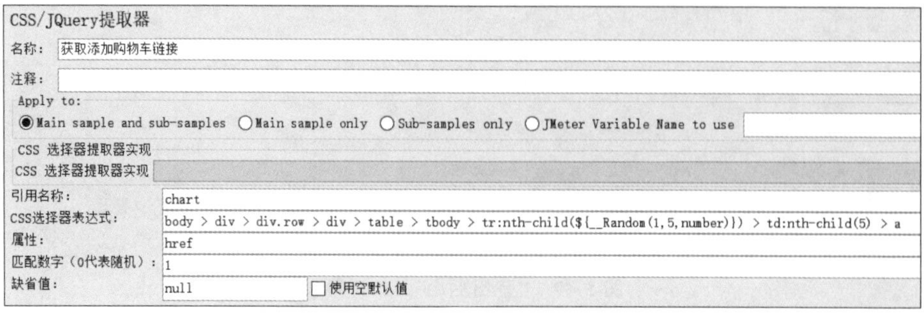

图 5-51　"获取添加购物车链接"CSS/JQuery 提取器

除了"CSS 选择器表达式"以外,其他配置与"获取商品链接"CSS/JQuery 提取器一样。"CSS 选择器表达式"为

```
body > div > div.row > div > table > tbody >
tr:nth-child(${__Random(1,5,number)}) > td:nth-child(5) > a
```

其中,${__Random(1,5,num)}改为${__Random(1,5,number)},即随机变量名更改;td:nth-child(4)改为 td:nth-child(5),因为商品链接在第 4 列中,而添加购物车的链接在第 5 列中。

(4) 在"购物车操作"简单控制器后面添加"添加购物车"HTTP 请求,如图 5-52 所示。

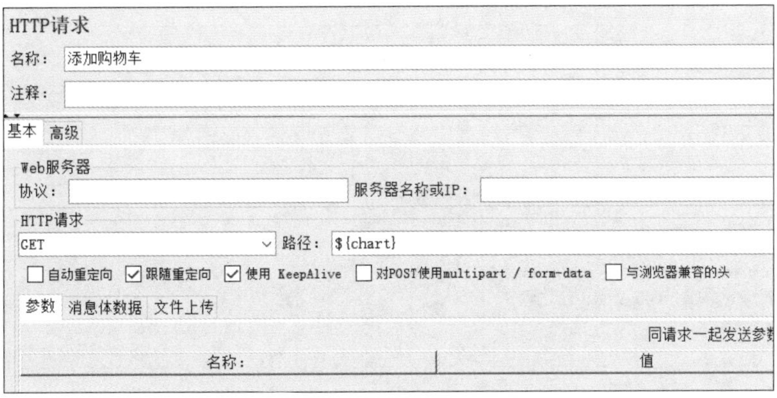

图 5-52 "添加购物车"HTTP 请求

① "名称":添加购物车。

② "HTTP 请求":GET。

③ "路径":${chart},即第(1)步产生的参数。

④ 选择"跟随重定向"复选框。在${chart}路径后把选择的商品加入购物车内,重定向到商品列表页面。

(5) 在"添加购物车"HTTP 请求下面添加"添加购物车"响应断言,图 5-53 所示。

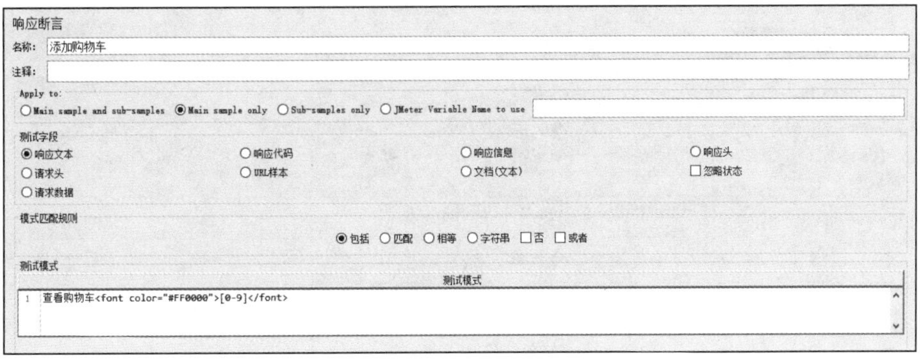

图 5-53 "添加购物车"响应断言

① "名称":添加购物车。

②"测试字段"："响应文本"。

③"模式匹配规则"："包括"。

④ 测试模式："<a href="/view_chart/">查看购物车<font color="♯FF0000">[0-9]</font></a>"，即购物车中已经有商品了。

（6）运行测试脚本，查看变量 number 和 chart 的内容。运行结果正常。

5.3.2 查看购物车的接口测试脚本

下面介绍建立查看购物车的接口测试脚本的操作步骤。

（1）在"添加购物车"HTTP 请求后面建立"查看购物车"HTTP 请求，如图 5-54 所示。

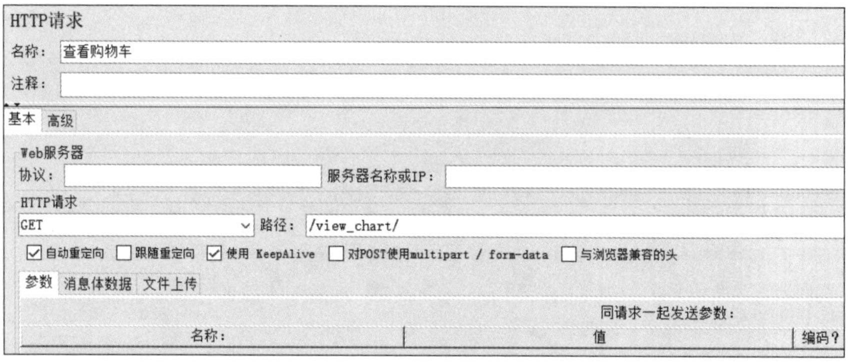

图 5-54 "查看购物车"HTTP 请求

①"名称"：查看购物车。

②"HTTP 请求"：GET。

③"路径"：/view_chart/。

④ 选择"自动重定向"复选框。

（2）在"查看购物车"HTTP 请求下面添加"获取放入购物车内的商品编号"边界提取器，如图 5-55 所示。

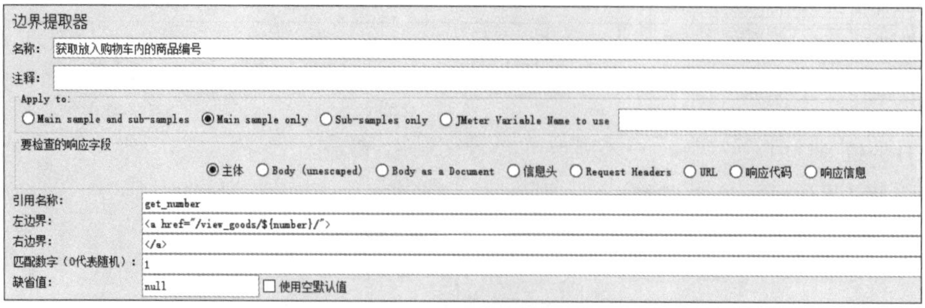

图 5-55 "获取放入购物车内的商品编号"边界提取器

①"名称"：获取放入购物车内的产品编号。

②"引用名称"：get_number。

③ "左边界"：＜a href＝"/view_goods/＄{number}/"＞。

④ "右边界"：＜/a＞。

⑤ "匹配数字（0 代表随机）"：1。

⑥ "缺省值"：null。

如果商品放入购物车成功，应该在查看购物车页面中产生一行内容为＜a href＝"/view_ goods/＄{number}/"＞＄{number}＜/a＞的语句，通过这个提取器获得＄{number}数据。

（3）在"获取放入购物车内的商品编号"后面添加"获得购物车内商品编号"响应断言，如图 5-56 所示。

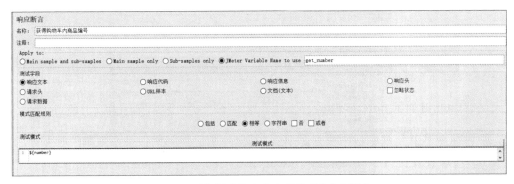

图 5-56　"获得购物车内商品编号"响应断言

① "名称"：获得购物车内商品编号。

② Apply to：JMeter Variable Name to use get_number（即上一步获取的变量）。

③ "测试字段"：响应文本。

④ "模式匹配规则"：相等。

⑤ "测试模式"：＄{number}。

购物车测试接口脚本产生的树状图如图 5-57 所示。

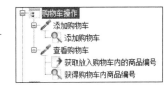

图 5-57　购物车测试接口脚本
产生的树状图

 ## 5.4　与订单相关的接口测试脚本

订单模块是这几个模块中最复杂的，订单涉及的两张表（goods_order 和 goods_orders）与用户表（goods_user）、收货地址表（goods_address）和商品表（goods_ goods）都存在关联关系。

5.4.1　与订单相关的接口测试脚本初始化

与订单相关的接口测试脚本的初始化工作包括以下 3 个步骤：

（1）获得登录用户的用户编号。

（2）为这个用户添加订单中的收货地址信息。

（3）把商品添加进购物车。

具体操作如下：

（1）右击"循环控制器"，在弹出菜单中选择"添加"→"逻辑控制器"→"简单控制器"命令，修改名称为"订单操作"。

（2）在"订单操作"简单控制器下面建立"获得当前用户的编号"JDBC Request。如图 5-58 所示。

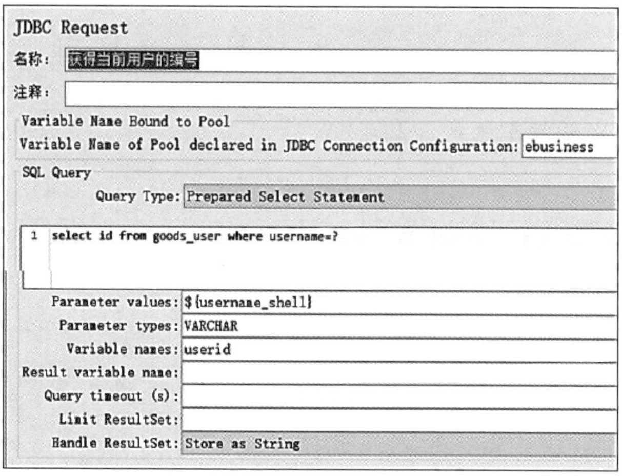

图 5-58　"获得当前用户的编号"JDBC Request

① "名称"：获得当前用户的编号。

② Variable Name of Pool declared in JDBC Connection Configuration：ebusiness。

③ Query Type：Prepared Select Statement。

④ SQL Query："select id from goods_user where username＝?"，获取当前用户的用户编号。

⑤ Parameter values：＄{username_shell}。

⑥ Parameter types：VARCHAR。

⑦ Variable names：userid。该变量中存储的是当前登录用户在数据库中的编号。

（3）在"获得当前用户的编号"JDBC Request 下面建立"添加订单中的收货地址信息"JDBC Request，如图 5-59 所示。

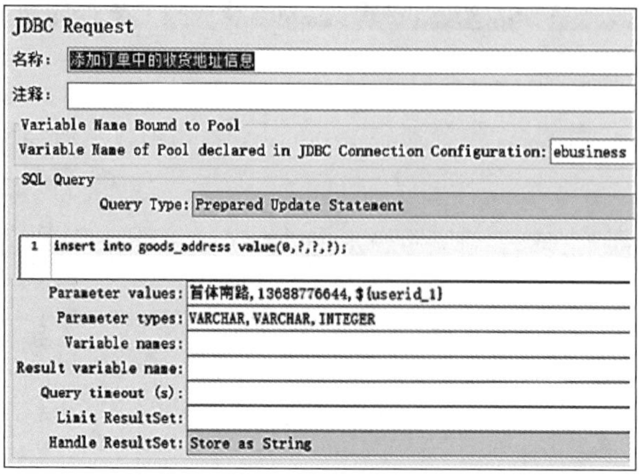

图 5-59　"添加订单中的收货地址信息"JDBC Request

① "名称"：添加订单中的收货地址信息。

② Variable Name of Pool declared in JDBC Connection Configuration：ebusiness。

③ Query Type：Prepared Update Statement。

④ SQL Query："insert into goods_address value(0,?,?,?);"。注意，主键标号为 0，它会自动加 1，所以在下面需要找到这条收货地址记录的编号。

⑤ Parameter values："首体南路,13688776644,${userid_1}"。

⑥ Parameter types："VARCHAR,VARCHAR,INTEGER"。

（4）在"添加订单中的收货地址信息"JDBC Request 下面建立"获得上一步添加的收货地址的编号"JDBC Request，如图 5-60 所示。

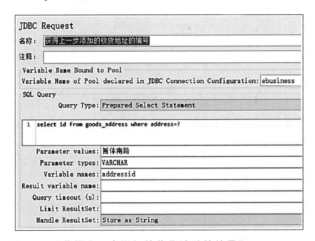

图 5-60　"获得上一步添加的收货地址的编号"JDBC Request

① "名称"：获得上一步添加的收货地址的编号。

② Variable Name of Pool declared in JDBC Connection Configuration：ebusiness。

③ Query Type：Prepared Select Statement。

④ SQL Query："select id from goods_address where address＝?"。

⑤ Parameter values："首体南路"。

⑥ Parameter types：VARCHAR。

⑦ Variable Names：addressid。该变量为第(3)步添加的收货地址的编号。

5.4.2　创建与订单相关的接口测试脚本

下面介绍创建订单添加、删除及处理测试产生的垃圾数据的接口测试脚本的操作步骤。

（1）把"购物车操作"简单控制器下面的"添加购物车"HTTP 请求及其下面的子元件复制到"获得上一步添加的收货地址的编号"JDBC Request 后面。

（2）在"添加购物车"HTTP 请求后面建立"准备添加订单"HTTP 请求，如图 5-61 所示。

① "名称"：准备添加订单。

② "HTTP 请求"：GET。

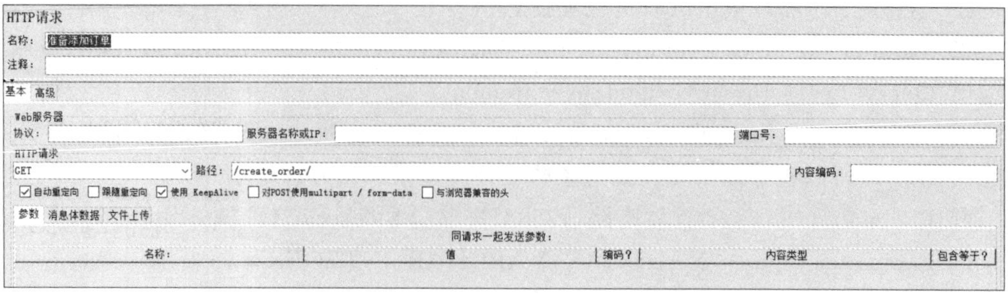

图 5-61 "准备添加订单"HTTP 请求

③"路径"：/create_order/。

④ 选择"自动重定向"复选框。

（3）在"准备添加订单"HTTP 请求下面建立"边界提取器"和"设置 csrftoken cookie 信息"HTTP cookie 管理器。

（4）在"准备添加订单"HTTP 请求后面添加"添加订单"HTTP 请求，如图 5-62 所示。

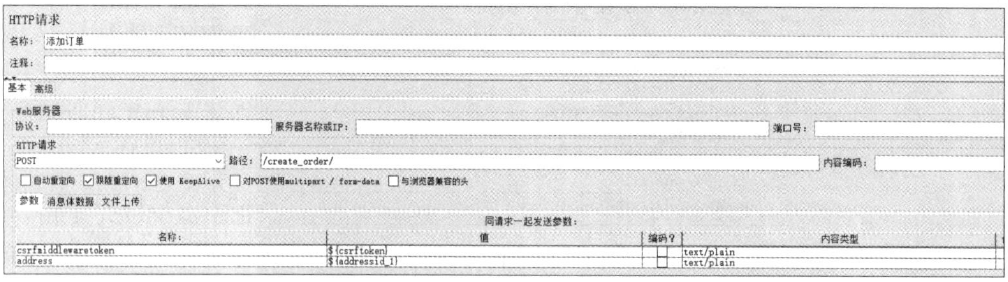

图 5-62 "添加订单"HTTP 请求

①"名称"：添加订单。

②"HTTP 请求"：POST。

③"路径"：/create_order/。

④ 选择"跟随重定向"复选框。

⑤ 添加两个请求参数：

- "名称"：csrfmiddlewaretoken；"值"：＄{csrftoken}，为 CSRFtokenform 表单中的值。

- "名称"：address；"值"：＄{addressid_1}，为 5.4.1 节的第（4）步获得的收货地址的编号。

（5）在"添加订单"HTTP 请求添加"添加订单"响应断言，"测试模式"为"生成时间："。

（6）下面建立订单相关的测试脚本。在"添加订单"HTTP 请求后面添加"查看所有订单"HTTP 请求，如图 5-63 所示。

①"名称"：查看所有订单。

②"HTTP 请求"：GET。

③"路径"：/view_all_order/。

④ 选择"自动重定向"复选框。

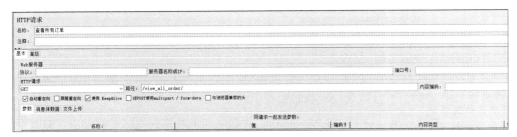

图 5-63　"查看所有订单"HTTP 请求

（7）在"查看所有订单"HTTP 请求后面添加"查看所有订单"响应断言，"测试模式"为"订单编号："。

（8）在"查看所有订单"响应断言后面添加"获得订单编号"边界提取器，如图 5-64 所示。

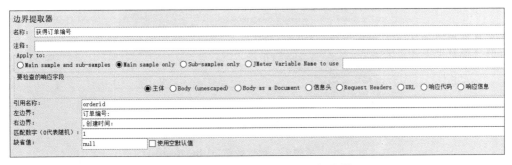

图 5-64　"获得订单编号"边界提取器

① "名称"：获得订单编号。

② Apply to：Main sample only。

③ "要检查的响应字段"："主体"（默认值）。

④ "引用名称"：orderid。

⑤ "左边界"："订单编号："。

⑥ "右边界"："，创建时间："。

⑦ "匹配数字（0 代表随机）"：1。

⑧ "缺省值"：null。

（9）在"查看所有订单"HTTP 请求后面添加"删除订单"HTTP 请求，如图 5-65 所示。

图 5-65　"删除订单"HTTP 请求

① "名称"：删除订单。

② "HTTP 请求"：GET。

③ "路径"：delete_orders/ $ \{orderid\}/2/。

④ 选择"自动重定向"复选框。

（10）在"删除订单"HTTP 请求下面添加"删除订单"响应断言，"测试模式匹配"选择"'字符串'和'否'"，"测试模式"为"订单编号："。

（11）在"删除订单"HTTP 请求后面添加"清理添加地址数据"JDBC Request，如图 5-66所示。

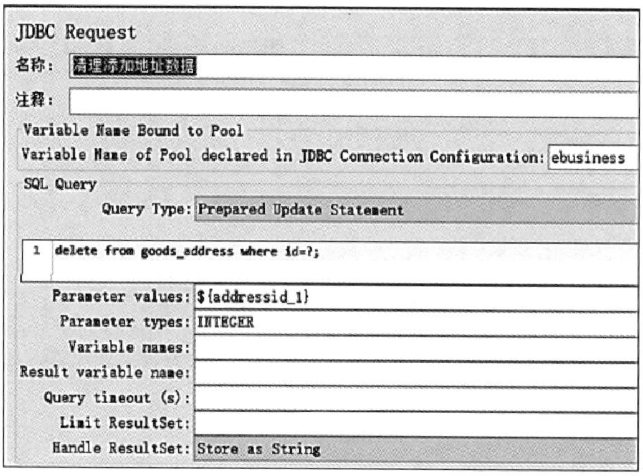

```
JDBC Request
名称: 清理添加地址数据
注释:
Variable Name Bound to Pool
Variable Name of Pool declared in JDBC Connection Configuration: ebusiness
SQL Query
                Query Type: Prepared Update Statement
  1 delete from goods_address where id=?;

        Parameter values: ${addressid_1}
        Parameter types: INTEGER
         Variable names:
    Result variable name:
        Query timeout (s):
        Limit ResultSet:
       Handle ResultSet: Store as String
```

图 5-66　"清理添加地址数据"JDBC Request

① "名称"：清理添加地址数据。

② Variable Name of Pool declared in JDBC Connection Configuration：ebusiness。

③ Query Type：Prepared Update Statement。

④ SQL Query："delete from goods_address where id＝?;"。

⑤ Parameter values：$ \{addressid_1\}。

⑥ Parameter types：INTEGER。

与订单相关的操作产生的树状图如图 5-67 所示。

图 5-67　与订单相关的操作产生的树状图

查看用户信息、重置密码、添加/修改/删除送货地址信息等功能比较简单,读者可以自行练习,本书不进行介绍。

5.5　与注册、商品、购物车、订单相关的接口测试脚本中使用的逻辑控制器

本节介绍与注册、商品、购物车、订单相关的接口测试脚本提及的逻辑控制器:"仅一次控制器"元件和"简单控制器"元件。

5.5.1　"仅一次控制器"元件

"仅一次控制器"元件告诉 JMeter 在每个线程中只处理它内部的控制器一次,并在"测试计划"元件的进一步迭代中传递它下面的任何请求。

"仅一次控制器"元件将在任何父"循环控制器"元件的第一次迭代期间始终执行。因此,如果"仅一次控制器"元件置于指定循环 5 次的"循环控制器"元件下,则"仅一次控制器"元件将仅在"循环控制器"的第一次迭代中执行。

右击元件,在弹出菜单中选择"添加"→"逻辑控制器"→"仅一次控制器"命令,即可打开"仅一次控制器"元件,如图 5-68 所示。

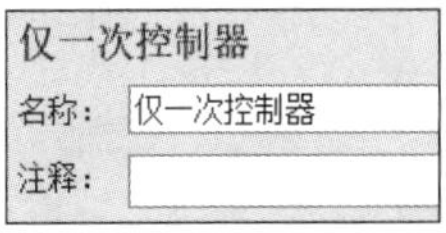

打开本书的配套代码 onlyonce.jmx。禁用"简单控制器"元件,如图 5-69 所示。

设置"循环控制器"元件的循环次数为 5 次。运行测试脚本,得到图 5-70 所示结果。

图 5-68　"仅一次控制器"元件

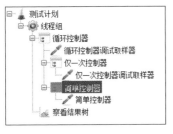

图 5-69　禁用"简单控制器"元件

图 5-70　禁用"简单控制器"元件的运行结果

可见,"循环控制器"元件下面的"循环控制器调试取样器"元件运行了 5 次,"仅一次控制器"元件下面的"仅一次控制器调试取样器"元件运行了 1 次。

5.5.2　"简单控制器"元件

"简单控制器"元件用于控制调试取样器和其他逻辑控制器。与其他逻辑控制器不同,该控制器提供的功能仅限于存储设备。右击元件,在弹出菜单中选择"添加"→"逻辑控制器"→"简单控制器"命令,即可打开"简单控制器"元件,如图 5-71 所示。

打开本书的配套代码 onlyonce.jmx。启用"简单控制器"元件,如图 5-72 所示。

图 5-71　"简单控制器"元件

设置"循环控制器"元件的循环次数为 5 次。运行测试脚本，得到图 5-73 所示的结果。

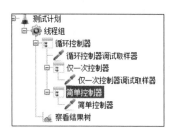

图 5-72　启用"简单控制器"元件

图 5-73　启用"简单控制器"元件的运行结果

可见，"循环控制器"元件下面的"循环控制器调试取样器"元件运行了 5 次，"仅一次控制器"元件下面的"仅一次控制器调试取样器"元件运行了 1 次，"简单控制器"元件下面的"循环控制器调试取样器"元件运行了 5 次。

5.5.3　"如果(If)控制器"元件

"如果(If)控制器"元件根据条件判断是否执行其下的元件，通过右击元件，在弹出菜单中选择"添加"→"逻辑控制器"→"如果(If)控制器"命令，即可打开"如果(If)控制器"元件，如图 5-74 所示。

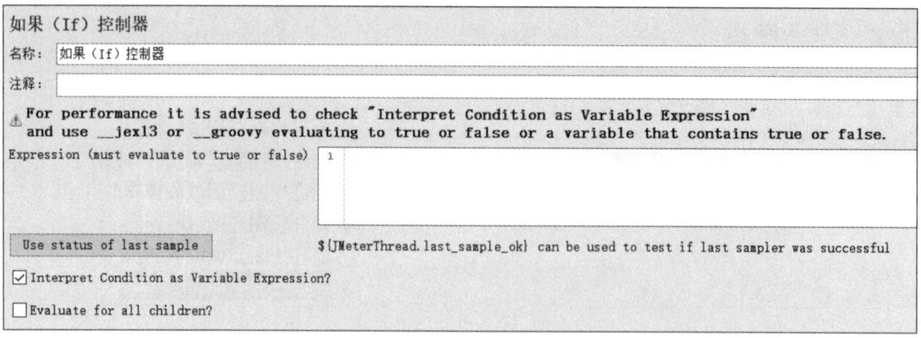

图 5-74　"如果(If)控制器"元件

（1）Expression（must evaluate to true or false）：条件被解释为返回 True 或 False 的 JavaScript 代码。

（2）Use status of last sample：单击这个按钮，可以生成 $\{JMeterThread.last\_sample\_ok\}$脚本，这个脚本也是"如果(If)控制器"元件最常用的功能，用于判断上一个取样器是否正常执行。

（3）"Interpret Condition as Variable Expression?"：如果选中此复选框，则条件必须是计算结果为 True 的表达式（忽略大小写），例如{FOUND}或 $\{\_\_jexl3(\$\{VAR\}>100)\}$。注意，检查此项并在条件下使用_jexl3 或_groovy 函数可以提高性能。

（4）"Evaluate for all children?"：指定是否应对所有子项的情况进行评估。如果未选中此复选框,则仅在输入时评估条件。

 ## 5.6 与注册、商品、购物车、订单相关的接口测试脚本中使用的函数助手

本节介绍与注册、商品、购物车、订单相关的接口测试脚本提及的函数助手,包括随机函数和 CSVRead 函数。

5.6.1 随机函数

本节介绍与注册、商品、购物车、订单相关的接口测试脚本中使用的随机函数——Random 函数以及 JMeter 涉及的其他随机函数,分别是 RandomDate 函数、RandomString 函数和 RandomFromMultipleVars 函数。

1. Random 函数

函数助手中的 Random 函数可以随机产生指定区域内的整数。单击函数助手图标,打开函数助手,选择 Random,就可以得到 Random 函数,如图 5-75 所示。

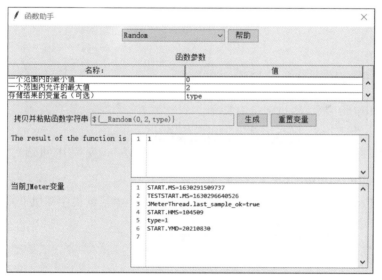

图 5-75　Random 函数

(1)"一个范围内的最小值":随机整数的最小值。

(2)"一个范围内允许的最大值":随机整数的最大值。

(3)"存储结果的变量名":将结果存储在指定变量中。

(4)单击"生成"按钮,可以得到函数的表达式,并且进行复制。

(5)单击"重置变量"按钮,可以重新输入函数的表达式。

(6) The result of function is:显示当前生成的随机数的值。

(7)"当前 JMeter 变量":显示当前 JMeter 变量的值。

Random 函数语法如下:

```
${__Random(min,max,var )}
```

（1）min：为整数，产生的随机整数的最小值。

（2）max：为整数，产生的随机整数的最大值。

（3）var：为字符串，产生的随机数放在此 JMeter 变量中（为可选参数）。

2. RandomDate 函数

RandomDate 函数是按照指定的格式，在指定的开始日期到结束日期确定的范围内随机产生日期格式的字符串。该函数语法如下：

```
${__RandomDate(format, begin, end)}
```

（1）format：为字符串，日期格式，可选。默认为 yyyy-MM-dd，其中，yyyy 表示年、MM 表示月、dd 表示日。

（2）begin：为字符串，开始日期，可选。默认是当前日期。

（3）end：为字符串，结束日期。

3. RandomString 函数

RandomString 函数生成指定长度、指定组成字符串的字符的随机字符串。该函数语法如下：

```
${__RandomString(length,char,value)}
```

（1）length：为整数，随机字符串长度。

（2）char：为字符串，随机字符串中包含的字符。

（3）value：为字符串，产生的随机字符串放在此 JMeter 变量中（可选）。

4. RandomFromMultipleVars 函数

RandomFromMultipleVars 函数从指定的原始字符串变量集中随机获取某一变量的值。该函数语法如下：

```
${__RandomFromMultipleVars(source,var)}
```

（1）source：为字符串，原始字符串变量集，用"|"分隔，其格式为 $var_1|var_2|\cdots|var_n$，$var_i(i=1,2,\cdots,n)$ 为一个变量。

（2）var：为字符串，获取的变量值放在此 JMeter 变量中（可选）。

5.6.2 CSVRead 函数

函数助手中的 CSVRead 函数可以随机产生指定区域内的整数。单击函数助手图标，打开函数助手，选择 CSVRead，就可以得到 CSVRead 函数，如图 5-76 所示。

（1）"用于获取值的 CSV 文件|＊别名"：输入 CSV 路径和文件名。这里既可以是绝对路径，也可以是相对路径（如果需要支持中文，文件的编码必须是 UTF-8 格式）。

（2）"CSV 文件列号|next|＊alias"：CSV 文件的列序号（以英文逗号分隔）。注意，

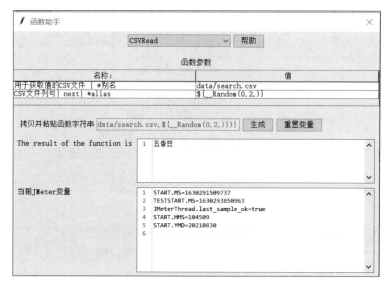

图 5-76　CSVRead 函数

使用这个函数的 CSV 文件仅仅支持一行，最后以英文逗号结束，例如 5.2.1 节中第（5）步所示。

（3）单击"生成"按钮，可以得到函数的表达式，并且进行复制。

（4）单击"重置变量"按钮，可以重新输入函数的表达式。

（5）The result of function is：显示当前读取的文件中的内容。

（6）"当前 JMeter 变量"：显示当前 JMeter 变量的值。

CSVRead 函数语法如下：

```
${__CSVRead(filename,columnNo)}
```

（1）filename：为字符串，CSV 文件名。

（2）columnNo：为整数，表示列号，以英文逗号分隔。

5.7　与注册、商品、购物车、订单相关的接口测试脚本中使用的提取器

本节介绍与注册、商品、购物车、订单相关的接口测试脚本提及的提取器，包括"CSS/JQuery 提取器"元件、"JSON 提取器"元件和 JSON JMESPath Extractor 元件。最后对"JSON 提取器"元件和 JSON JMESPath Extractor 元件进行比较。

5.7.1　"CSS/JQuery 提取器"元件

"CSS/JQuery 提取器"元件是 JMeter 支持的 CSS 和 JQuery 两种语法的提取器。CSS 提取器的用法如表 5-1 所示。JQuery 提取器的用法如表 5-2 所示。

表 5-1　CSS 提取器的用法

选　　项	示　　例	说　　明
.class	.intro	所有包含class＝"intro"的元素
♯id	♯ wd	所有包含 id＝"wd"的元素
*	*	所有元素
element	p	所有包含＜p＞的元素
element，element	div，p	所有包含＜div＞和＜p＞的元素
element element	div p	所有在＜div＞下包含的＜p＞的元素

表 5-2　JQuery 提取器的用法

选　　项	示　　例	说　　明
*	$("*")	所有元素
♯id	$("♯wd")	所有包含id＝"wd"的元素
.class	$(".name")	所有包含class＝"name"的元素
.class，.class	$(".username，name")	所有包含class＝"username"和class＝"name"的元素
element	$("p")	所有包含＜p＞的元素
element1，element2，element3	$("h1,div,p")	所有包含＜h1＞、＜div＞和＜p＞的元素

　　右击元件，在弹出菜单中选择"添加"→"后置处理器"→"CSS/JQuery 提取器"命令，即可打开"CSS/JQuery 提取器"文件，如图 5-77 所示。

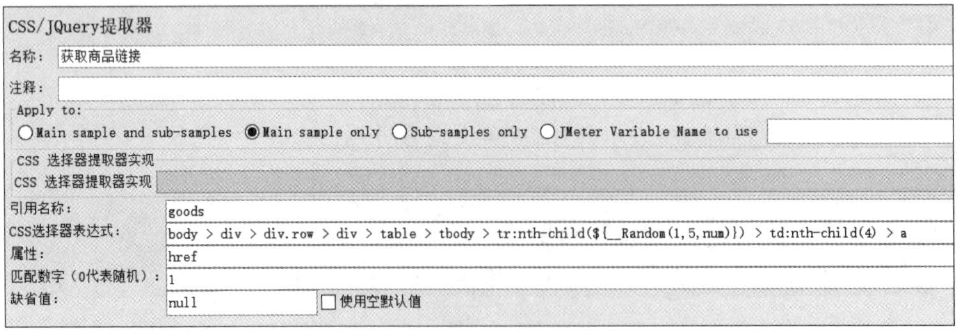

CSS/JQuery提取器
名称：获取商品链接
注释：
Apply to:
○Main sample and sub-samples ●Main sample only ○Sub-samples only ○JMeter Variable Name to use
CSS 选择器提取器实现
CSS 选择器提取器实现
引用名称：goods
CSS选择器表达式：body ＞ div ＞ div.row ＞ div ＞ table ＞ tbody ＞ tr:nth-child($\{__Random(1,5,num)\}) ＞ td:nth-child(4) ＞ a
属性：href
匹配数字（0代表随机）：1
缺省值：null　　□使用空默认值

图 5-77　"CSS/JQuery 提取器"元件

　　（1）Apply to：同"响应断言"元件的同名选项。

　　（2）"CSS 选择器提取器实现"：可以选择"默认"、JSOUP 和 JODD。其中，JSOUP 即 Java HTML Parser(Java HTML 语法分析程序)，JODD 是一个适用于 Web 开发的开源、轻量级工具集合。一般选择"默认"即可。

　　（3）"引用名称"：获取的变量名称。

　　（4）"CSS 选择器表达式"：CSS/JQuery 选择器表达式。

（5）"属性"：要提取的元素属性。例如，选择 href 时，从＜a href＝"https：∥www.
baidu.com"＞百度＜/a＞获取的是链接地址，即 href 后的内容 https：∥www.baidu.com。

（6）"匹配数字（0 代表随机）"：同"正则表达式提取器"元件的同名选项。

（7）"缺省值"：在无法提取内容的情况下放入变量的值，一般为 null。

5.7.2　与 JSON 相关的提取器

本节介绍与 JSON 相关的提取器，包括"JSON 提取器"元件和 JSON JMESPath
Extractor 元件，并对它们进行比较。

1. "JSON 提取器"元件

"JSON 提取器"元件用于从 JSON 中获取需要的内容。右击元件，在弹出菜单中选择
"添加"→"后置处理器"→"JSON 提取器"命令，即可打开"JSON 提取器"元件，如图 5-78
所示。

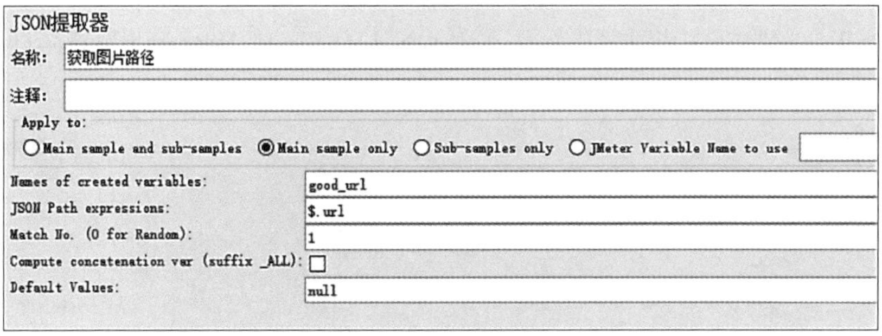

图 5-78　"JSON 提取器"元件

（1）Apply to：同"响应断言"元件的同名选项。

（2）Names of created variables：根据需要匹配 JSON Path 的数量列出以英文分号
分隔的变量名称。如果只匹配一个 JSON Path，则没有英文分号。

（3）JSON Path expressions：根据需要匹配 JSON Path 表达式的数量列出以英文分
号分隔的 JSON Path 表达式。如果只匹配一个 JSON Path 表达式，则没有英文分号。

（4）Match No. (0 for Random)：同"正则表达式提取器"元件的同名选项。多个编
号用英文分号分隔。

（5）Compute concatenation var：如果找到许多结果，将使用英文逗号作为分隔符将
它们连接起来，并将其存储在后缀为_ALL 的变量中。

（6）Default Values：以英文分号分隔的默认值。若表达式没有匹配结果，则使用默
认值。

2. JSON JMESPath Extractor 元件

JSON JMESPath Extractor 元件也可以从 JSON 中获取需要的内容。右击元件，在
弹出菜单中选择"添加"→"后置处理器"→JSON JMESPath Extractor 命令，即可打开
JSON JMESPath Extractor 元件，如图 5-79 所示。

（1）Apply to：同"响应断言"元件的同名选项。

（2）Names of created variables：变量名称。

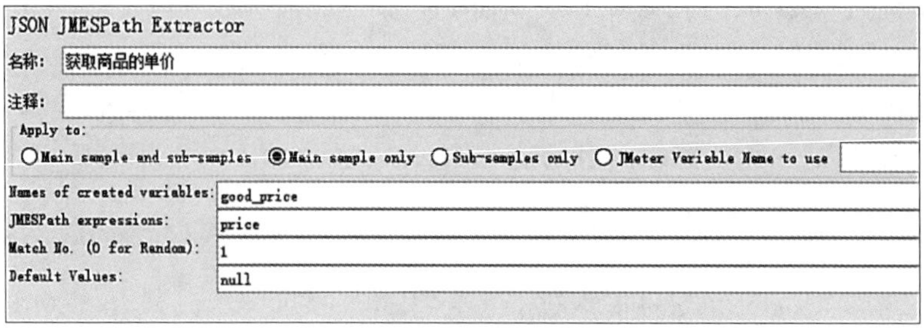

图 5-79　JSON JMESPath Extractor 元件

（3）JMESPath Expressions：JMESPath 表达式。

（4）Default Values：若表达式没有匹配结果，则使用默认值。

（5）Match No.（0 for Random）：同"正则表达式提取器"元件的同名选项。

3. "JSON 提取器"元件和 JSON JMESPath Extractor 元件的比较

为了便于比较"JSON 提取器"元件和 JSON JMESPath Extractor 元件，建立一个名为 food.json 的 JSON 文件，内容如下：

```
{
"store": {
"food": [
{
"category": "零食",
"name": "黄飞鸿花生",
"desc": "黄飞红麻辣花生 210g＊2 袋每日坚果炒货休闲网红囤货零食小吃下酒菜花生米",
"price":28.8
},
{
"category": "零食",
"name": "良品铺子",
"desc": "良品铺子经典坚果礼盒 8 袋装/1310g 食有爱每日坚果干果休闲零食坚果炒货零食大
礼包节日送礼夏威夷果核桃",
"date":"2022-2-4",
"price":108.00
},
{
"category": "零食",
"name": "三只松鼠每日坚果",
"desc": "三只松鼠每日坚果 750g/30 袋中秋送礼坚果礼盒零食大礼包儿童孕妇节日混合干果
腰果夏威夷果核桃仁开心果",
"price":149.00
},
{
"category": "零食",
```

```
"name": "百草味",
"desc": "百草味休闲零食小吃整箱蛋糕办公室早餐手撕面包点心传统糕点原味肉松饼 1000g/
箱",
"price":34.9
},
],
"book": {
"name": "全栈软件测试工程师宝典",
"author": "顾翔",
"price": 168.00
}
},
"expensive": 70
}
```

（1）把这个文件放到 Tomcat 服务器上。

（2）建立 food.json HTTP 请求，如图 5-80 所示(本节的内容见本书配套代码 json.jmx)。

图 5-80　food.json HTTP 请求

（3）建立 food.json JSON 提取器，如图 5-81 所示。

图 5-81　food.json JSON 提取器

① Names of created variables："var1；var2；var3；var4；var5；var6；var7；var8；var9；var10；var11；var12"。

② JSON Path expressions："$.store.food[*].name；$..name；$.store. * ；$.store..price；$..food[3]；$..food[−3]；$..food[1,2]；$..food[1：3]；$..food[−3：]；$..food[?（@.date）]；$..food[?（@.price＜100）]；$..food[?（@.price＜=$['expensive']）)]"。

③ Match No.（0 for Random）："−1；−1；−1；−1；−1；−1；−1；−1；−1；−1；−1；−1"。

④ Default Values："null；null；null；null；null；null；null；null；null；null；null；null"。

（4）运行测试脚本，得到如下结果：

```
var10_1={"name":"良品铺子","date":"2022-2-4","category":"零食","price":108.
0,"desc":"良品铺子经典坚果礼盒 8 袋装 \/1310g 食食有爱每日坚果干果休闲零食坚果炒货
零食大礼包节日送礼夏威夷果核桃"}
var10_matchNr=1
var11_1={"name":"黄飞鸿花生","category":"零食","price":28.8,"desc":"黄飞红麻
辣花生 210g * 2 袋每日坚果炒货休闲网红囤货零食小吃下酒菜花生米"}
var11_2={"name":"百草味","category":"零食","price":34.9,"desc":"百草味休闲零
食小吃整箱蛋糕办公室早餐手撕面包点心传统糕点原味肉松饼 1000g\/箱"}
var11_matchNr=2
var12_1={"name":"黄飞鸿花生","category":"零食","price":28.8,"desc":"黄飞红麻
辣花生 210g * 2 袋每日坚果炒货休闲网红囤货零食小吃下酒菜花生米"}
var12_2={"name":"百草味","category":"零食","price":34.9,"desc":"百草味休闲零
食小吃整箱蛋糕办公室早餐手撕面包点心传统糕点原味肉松饼 1000g\/箱"}
var12_matchNr=2
var1_1=黄飞鸿花生
var1_2=良品铺子
var1_3=三只松鼠每日坚果
var1_4=百草味
var1_matchNr=4
var2_1=黄飞鸿花生
var2_2=良品铺子
var2_3=三只松鼠每日坚果
var2_4=百草味
var2_5=全栈软件测试工程师宝典
var2_matchNr=5
var3_1=[{"category":"零食","name":"黄飞鸿花生","desc":"黄飞红麻辣花生 210g * 2
袋每日坚果炒货休闲网红囤货零食小吃下酒菜花生米","price":28.8},{"category":"零
食","name":"良品铺子","desc":"良品铺子经典坚果礼盒 8 袋装 \/1310g 食食有爱每日坚果
干果休闲零食坚果炒货零食大礼包节日送礼夏威夷果核桃","date":"2022-2-4","price":
108.0},{"category":"零食","name":"三只松鼠每日坚果","desc":"三只松鼠每日坚果
750g\/30 袋中秋送礼坚果礼盒零食大礼包儿童孕妇节日混合干果腰果夏威夷果核桃仁开心
果","price":149.0},{"category":"零食","name":"百草味","desc":"百草味休闲零食小
吃整箱蛋糕办公室早餐手撕面包点心传统糕点原味肉松饼 1000g\/箱","price":34.9}]
var3_2={"name":"全栈软件测试工程师宝典","author":"顾翔","price":168.0}
var3_matchNr=2
var4_1=28.8
var4_2=108.0
var4_3=149.0
```

```
var4_4=34.9
var4_5=168.0
var4_matchNr=5
var5_1={"name":"百草味","category":"零食","price":34.9,"desc":"百草味休闲零食
小吃整箱蛋糕办公室早餐手撕面包点心传统糕点原味肉松饼 1000g\/箱"}
var5_matchNr=1
var6_1={"name":"良品铺子","date":"2022-2-4","category":"零食","price":108.
0,"desc":"良品铺子经典坚果礼盒 8 袋装\/1310g 食食有爱每日坚果干果休闲零食坚果炒货
零食大礼包节日送礼夏威夷果核桃"}
var6_matchNr=1
var7_1={"name":"良品铺子","date":"2022-2-4","category":"零食","price":108.
0,"desc":"良品铺子经典坚果礼盒 8 袋装\/1310g 食食有爱每日坚果干果休闲零食坚果炒货
零食大礼包节日送礼夏威夷果核桃"}
var7_2={"name":"三只松鼠每日坚果","category":"零食","price":149.0,"desc":"三
只松鼠每日坚果 750g\/30 袋中秋送礼坚果礼盒零食大礼包儿童孕妇节日混合干果腰果夏威夷
果核桃仁开心果"}
var7_matchNr=2
var8_1={"name":"良品铺子","date":"2022-2-4","category":"零食","price":108.
0,"desc":"良品铺子经典坚果礼盒 8 袋装\/1310g 食食有爱每日坚果干果休闲零食坚果炒货
零食大礼包节日送礼夏威夷果核桃"}
var8_2={"name":"三只松鼠每日坚果","category":"零食","price":149.0,"desc":"三
只松鼠每日坚果 750g\/30 袋中秋送礼坚果礼盒零食大礼包儿童孕妇节日混合干果腰果夏威夷
果核桃仁开心果"}
var8_matchNr=2
var9_1={"name":"良品铺子","date":"2022-2-4","category":"零食","price":108.
0,"desc":"良品铺子经典坚果礼盒 8 袋装\/1310g 食食有爱每日坚果干果休闲零食坚果炒货
零食大礼包节日送礼夏威夷果核桃"}
var9_2={"name":"三只松鼠每日坚果","category":"零食","price":149.0,"desc":"三
只松鼠每日坚果 750g\/30 袋中秋送礼坚果礼盒零食大礼包儿童孕妇节日混合干果腰果夏威夷
果核桃仁开心果"}
var9_3={"name":"百草味","category":"零食","price":34.9,"desc":"百草味休闲零食
小吃整箱蛋糕办公室早餐手撕面包点心传统糕点原味肉松饼 1000g\/箱"}
var9_matchNr=3
```

food.json JSON 提取器语法示例如表 5-3 所示。

表 5-3　food.json JSON 提取器语法示例

JSON Path	值	说　明
$.store.food[*].name	var1_1＝黄飞鸿花生 var1_2＝良品铺子 var1_3＝三只松鼠每日坚果 var1_4＝百草味 var1_matchNr＝4	所有 food 的 name 值

续表

JSON Path	值	说　明
$..name	var2_1＝黄飞鸿花生 var2_2＝良品铺子 var2_3＝三只松鼠每日坚果 var2_4＝百草味 var2_5＝全栈软件测试工程师宝典 var2_matchNr＝5	所有的 name 值
$.store.*	var3_1＝[{"category":"零食","name":"黄飞鸿花生","desc":"黄飞红麻辣花生 210g＊2 袋每日坚果炒货休闲网红囤货零食小吃下酒菜花生米","price":28.8},{"category":"零食","name":"良品铺子","desc":"良品铺子经典坚果礼盒 8 袋装\/1310g 食食有爱每日坚果干果休闲零食坚果炒货零食大礼包节日送礼夏威夷果核桃","date":"2022-2-4","price":108.0},{"category":"零食","name":"三只松鼠每日坚果","desc":"三只松鼠每日坚果 750g\/30 袋中秋送礼坚果礼盒零食大礼包儿童孕妇节日混合干果腰果夏威夷果核桃仁开心果","price":149.0},{"category":"零食","name":"百草味","desc":"百草味休闲零食小吃整箱蛋糕办公室早餐手撕面包点心传统糕点原味肉松饼 1000g\/箱","price":34.9}] var3_2＝{"name":"全栈软件测试工程师宝典","author":"顾翔","price":168.0} var3_matchNr＝2	store 包含的所有分类数据
$.store..price	var4_1＝28.8 var4_2＝108.0 var4_3＝149.0 var4_4＝34.9 var4_5＝168.0 var4_matchNr＝5	所有的 price 值
$..food[3]	var5_1＝{"name":"百草味","category":"零食","price":34.9,"desc":"百草味休闲零食小吃整箱蛋糕办公室早餐手撕面包点心传统糕点原味肉松饼 1000g\/箱"} var5_matchNr＝1	编号为 3 的 food 的数据（第一个 food 的编号为 0）
$..food[－3]	var6_1＝{"name":"良品铺子","date":"2022-2-4","category":"零食","price":108.0,"desc":"良品铺子经典坚果礼盒 8 袋装\/1310g 食食有爱每日坚果干果休闲零食坚果炒货零食大礼包节日送礼夏威夷果核桃"} var6_matchNr＝1	倒数第 3 个 food 的数据

续表

JSON Path	值	说　明
$..food[1,2]	var7_1＝{"name"："良品铺子","date"："2022-2-4"，"category"："零食","price"：108.0,"desc"："良品铺子经典坚果礼盒 8 袋装\/1310g 食食有爱每日坚果干果休闲零食坚果炒货零食大礼包节日送礼夏威夷果核桃"} var7_2＝{"name"："三只松鼠每日坚果","category"："零食","price"：149.0,"desc"："三只松鼠每日坚果 750g\/30 袋中秋送礼坚果礼盒零食大礼包儿童孕妇节日混合干果腰果夏威夷果核桃仁开心果"} var7_matchNr＝2	编号为 1 和 2 的 food 的数据
$..food[1:3]	var8_1＝{"name"："良品铺子","date"："2022-2-4"，"category"："零食","price"：108.0,"desc"："良品铺子经典坚果礼盒 8 袋装\/1310g 食食有爱每日坚果干果休闲零食坚果炒货零食大礼包节日送礼夏威夷果核桃"} var8_2＝{"name"："三只松鼠每日坚果","category"："零食","price"：149.0,"desc"："三只松鼠每日坚果 750g\/30 袋中秋送礼坚果礼盒零食大礼包儿童孕妇节日混合干果腰果夏威夷果核桃仁开心果"} var8_matchNr＝2	编号为 1 到 3 的 food 的数据（不包含 3，因此相当于编号 1 和 2）
$..food[-3：]	var9_1＝{"name"："良品铺子","date"："2022-2-4"，"category"："零食","price"：108.0,"desc"："良品铺子经典坚果礼盒 8 袋装\/1310g 食食有爱每日坚果干果休闲零食坚果炒货零食大礼包节日送礼夏威夷果核桃"} var9_2＝{"name"："三只松鼠每日坚果","category"："零食","price"：149.0,"desc"："三只松鼠每日坚果 750g\/30 袋中秋送礼坚果礼盒零食大礼包儿童孕妇节日混合干果腰果夏威夷果核桃仁开心果"} var9_3＝{"name"："百草味","category"："零食","price"：34.9,"desc"："百草味休闲零食小吃整箱蛋糕办公室早餐手撕面包点心传统糕点原味肉松饼 1000g\/箱"} var9_matchNr＝3	从倒数第 3 个 food 到最后一个 food 的数据
$..food[?(@.date)]	var10_1＝{"name"："良品铺子","date"："2022-2-4"，"category"："零食","price"：108.0,"desc"："良品铺子经典坚果礼盒 8 袋装\/1310g 食食有爱每日坚果干果休闲零食坚果炒货零食大礼包节日送礼夏威夷果核桃"} var10_matchNr＝1	包含 date 属性的 food 的数据
$..food[?(@.price<100)]	var11_1＝{"name"："黄飞鸿花生","category"："零食","price"：28.8,"desc"："黄飞红麻辣花生 210g＊2 袋每日坚果炒货休闲网红囤货零食小吃下酒菜花生米"} var11_2＝{"name"："百草味","category"："零食","price"：34.9,"desc"："百草味休闲零食小吃整箱蛋糕办公室早餐手撕面包点心传统糕点原味肉松饼 1000g\/箱"} var11_matchNr＝2	price 值小于 100 的 food 的数据

续表

JSON Path	值	说　明
$..food[?(@.price<= $['expensive'])]	var12_1＝{"name":"黄飞鸿花生","category":"零食","price":28.8,"desc":"黄飞红麻辣花生210g＊2袋每日坚果炒货休闲网红囤货零食小吃下酒菜花生米"} var12_2＝{"name":"百草味","category":"零食","price":34.9,"desc":"百草味休闲零食小吃整箱蛋糕办公室早餐手撕面包点心传统糕点原味肉松饼1000g\/箱"} var12_matchNr＝2	price值小于expensive的值的food的数据

（5）建立 JSON JMESPath Extractor 元件，如图 5-82 所示。

JSON JMESPath Extractor
名称：JSON JMESPath Extractor1
注释：
Apply to:
○Main sample and sub-samples ●Main sample only ○Sub-samples only ○JMeter Variable Name to use
Names of created variables: v1
JMESPath expressions: store.food[*].name
Match No. (0 for Random): -1
Default Values: null

图 5-82　JSON JMESPath Extractor 元件

由于 JSON JMESPath Extractor 元件一次只能输入一个 JSON JMESPath 表达式，所以只能建立多个提取器。右击树状图中的 JSON JMESPath Extractor1，在弹出菜单中选择"复写"命令，使用相同的方法添加 11 个 JSON JMESPath Extractor 元件，名称分别为 JSON JMESPath Extractor2 到 JSON JMESPath Extractor12。这 12 个元件对应的变量变量分别为 v1 到 v12，表达式分别为 store.food[＊].name、store.＊、store.[book.price, food[＊].price]、store.food[2]、store.food[-2]、store.food[:2]、store.food[1:2]、store.food[-2:]、store.food[?（@.date）]、length（store.food[＊]）、max_by(store.food, &price).name 和 min_by(store.food，&price)。

（6）运行测试脚本，得到如下结果：

```
v10_1=4
v10_matchNr=1
v11_1=三只松鼠每日坚果
v11_matchNr=1
v12_1={"category":"零食","name":"黄飞鸿花生","desc":"黄飞红麻辣花生210g＊2袋
每日坚果炒货休闲网红囤货零食小吃下酒菜花生米","price":28.8}
v12_matchNr=1
v1_1=黄飞鸿花生
v1_2=良品铺子
v1_3=三只松鼠每日坚果
v1_4=百草味
```

```
v1_matchNr=4
v2_1=[{"category":"零食","name":"黄飞鸿花生","desc":"黄飞红麻辣花生 210g * 2 袋
每日坚果炒货休闲网红囤货零食小吃下酒菜花生米","price":28.8},{"category":"零
食","name":"良品铺子","desc":"良品铺子经典坚果礼盒 8 袋装/1310g 食有爱每日坚果干
果休闲零食坚果炒货零食大礼包节日送礼夏威夷果核桃","date":"2022-2-4","price":
108.0},{"category":"零食","name":"三只松鼠每日坚果","desc":"三只松鼠每日坚果
750g/30 袋中秋送礼坚果礼盒零食大礼包儿童孕妇节日混合干果腰果夏威夷果核桃仁开心
果","price":149.0},{"category":"零食","name":"百草味","desc":"百草味休闲零食小
吃整箱蛋糕办公室早餐手撕面包点心传统糕点原味肉松饼 1000g/箱","price":34.9}]
v2_2={"name":"全栈软件测试工程师宝典","author":"顾翔","price":168.0}
v2_matchNr=2
v3_1=168.0
v3_2=[28.8,108.0,149.0,34.9]
v3_matchNr=2
v4_1={"category":"零食","name":"三只松鼠每日坚果","desc":"三只松鼠每日坚果
750g/30 袋中秋送礼坚果礼盒零食大礼包儿童孕妇节日混合干果腰果夏威夷果核桃仁开心
果","price":149.0}
v4_matchNr=1
v5_1={"category":"零食","name":"三只松鼠每日坚果","desc":"三只松鼠每日坚果
750g/30 袋中秋送礼坚果礼盒零食大礼包儿童孕妇节日混合干果腰果夏威夷果核桃仁开心
果","price":149.0}
v5_matchNr=1
v6_1={"category":"零食","name":"黄飞鸿花生","desc":"黄飞红麻辣花生 210g * 2 袋每
日坚果炒货休闲网红囤货零食小吃下酒菜花生米","price":28.8}
v6_2={"category":"零食","name":"良品铺子","desc":"良品铺子经典坚果礼盒 8 袋装/
1310g 食有爱每日坚果干果休闲零食坚果炒货零食大礼包节日送礼夏威夷果核桃","date":"
2022-2-4","price":108.0}
v6_matchNr=2
v7_1={"category":"零食","name":"良品铺子","desc":"良品铺子经典坚果礼盒 8 袋装/
1310g 食有爱每日坚果干果休闲零食坚果炒货零食大礼包节日送礼夏威夷果核桃","date":"
2022-2-4","price":108.0}
v7_matchNr=1
v8_1={"category":"零食","name":"三只松鼠每日坚果","desc":"三只松鼠每日坚果
750g/30 袋中秋送礼坚果礼盒零食大礼包儿童孕妇节日混合干果腰果夏威夷果核桃仁开心
果","price":149.0}
v8_2={"category":"零食","name":"百草味","desc":"百草味休闲零食小吃整箱蛋糕办公
室早餐手撕面包点心传统糕点原味肉松饼 1000g/箱","price":34.9}
v8_matchNr=2
v9_1={"category":"零食","name":"良品铺子","desc":"良品铺子经典坚果礼盒 8 袋装/
1310g 食有爱每日坚果干果休闲零食坚果炒货零食大礼包节日送礼夏威夷果核桃","date":"
2022-2-4","price":108.0}
v9_matchNr=1
```

food.json JSON JMESPath Extractor 语法示例如表 5-4 所示。

表 5-4　food.json JSON JMESPath Extractor 语法示例

JSON JMESPath	值	说　明
store.food[＊].name	var_1＝黄飞鸿花生 var_2＝良品铺子 var_3＝三只松鼠每日坚果 var_4＝百草味 var_matchNr＝4	所有 food 的 name 值
store.＊	var_1＝[{"category":"零食","name":"黄飞鸿花生","desc":"黄飞红麻辣花生 210g＊2 袋每日坚果炒货休闲网红囤货零食小吃下酒菜花生米","price":28.8},{"category":"零食","name":"良品铺子","desc":"良品铺子经典坚果礼盒 8 袋装/1310g 食有爱每日坚果干果休闲零食坚果炒货零食大礼包节日送礼威夷果核桃","date":"2022-2-4","price":108.0},{"category":"零食","name":"三只松鼠每日坚果","desc":"三只松鼠每日坚果 750g/30 袋中秋送礼坚果礼盒零食大礼包儿童孕妇节日混合干果腰果夏威夷果核桃仁开心果","price":149.0},{"category":"零食","name":"百草味","desc":"百草味休闲零食小吃整箱蛋糕办公室早餐手撕面包点心传统糕点原味肉松饼 1000g/箱","price":34.9}] var_2＝{"name":"全栈软件测试工程师宝典","author":"顾翔","price":168.0} var_matchNr＝2	store 包含的所有分类数据
store.[book.price,food[＊].price]	var_1＝168.0 var_2＝[28.8,108.0,149.0,34.9] var_matchNr＝2	所有商品的 price 值
store.food[2]	var_1＝{"category":"零食","name":"三只松鼠每日坚果","desc":"三只松鼠每日坚果 750g/30 袋中秋送礼坚果礼盒零食大礼包儿童孕妇节日混合干果腰果夏威夷果核桃仁开心果","price":149.0} var_matchNr＝1	编号为 2 的 food 的数据（编号从 0 开始）
store.food[－2]	var_1＝{"category":"零食","name":"三只松鼠每日坚果","desc":"三只松鼠每日坚果 750g/30 袋中秋送礼坚果礼盒零食大礼包儿童孕妇节日混合干果腰果夏威夷果核桃仁开心果","price":149.0} var_matchNr＝1	倒数第 2 个 food 的数据
store.food[:2]	var_1＝{"category":"零食","name":"黄飞鸿花生","desc":"黄飞红麻辣花生 210g＊2 袋每日坚果炒货休闲网红囤货零食小吃下酒菜花生米","price":28.8} var_2＝{"category":"零食","name":"良品铺子","desc":"良品铺子经典坚果礼盒 8 袋装/1310g 食有爱每日坚果干果休闲零食坚果炒货零食大礼包节日送礼夏威夷果核桃","date":"2022-2-4","price":108.0} var_matchNr＝2	编号从 0 到 2（前两个）food 的数据

续表

JSON JMESPath	值	说　　明
store.food[1:2]	var_1＝{"category"："零食","name"："良品铺子", "desc"："良品铺子经典坚果礼盒 8 袋装/1310g 食有爱每 日坚果干果休闲零食坚果炒货零食大礼包节日送礼夏威 夷果核桃","date"："2022-2-4","price"：108.0} var_matchNr＝1	编号从 1 到 2 的 food 的数据
store.food[－2：]	var_1＝{"category"："零食","name"："三只松鼠每日坚 果","desc"："三只松鼠每日坚果 750g/30 袋中秋送礼坚 果礼盒零食大礼包儿童孕妇节日混合干果腰果夏威夷果 核桃仁开心果","price"：149.0} var_2＝{"category"："零食","name"："百草味","desc"： "百草味休闲零食小吃整箱蛋糕办公室早餐手撕面包点 心传统糕点原味肉松饼 1000g/箱","price"：34.9} var_matchNr＝2	最后两个 food 的数据
store.food[?(@.date)]	var_1＝{"category"："零食","name"："良品铺子", "desc"："良品铺子经典坚果礼盒 8 袋装/1310g 食有爱每 日坚果干果休闲零食坚果炒货零食大礼包节日送礼夏威 夷果核桃","date"："2022-2-4","price"：108.0} var_matchNr＝1	包含 date 属性 的 food 的数据
length(store.food[＊])	var_1＝4 var_matchNr＝1	food 种类的数量
max_by(store.food，& price).name	var_1＝三只松鼠每日坚果 var_matchNr＝1	价格最高的 food 的 name 值
min_by(store.food，& price)	var_1＝{"category"："零食","name"："黄飞鸿花生", "desc"："黄飞红麻辣花生 210g＊2 袋每日坚果炒货休闲 网红囤货零食小吃下酒菜花生米","price"：28.8} var_matchNr＝1	价格最低的 food 的数据

最后对比"JSON 提取器"元件与 JSON JMESPath Extractor 元件。

（1）"JSON 提取器"元件可以通过英文分号分隔的方式提取多个变量表达式。JSON JMESPath Extractor 元件一次只可以提取一个变量；如果要提取多个变量，那么就需要添加多个 JSON JMESPath Extractor 元件。

（2）"JSON 提取器"元件不支持函数。JSON JMESPath Extractor 元件支持函数 length()、max_by()和 min_by()等。

5.8　与注册、商品、购物车、订单相关的接口测试脚本中使用的断言

本节介绍与注册、商品、购物车、订单相关的接口测试脚本中使用的断言，包括"JSON 断言"元件和 JSON JMESPath Assertion 元件。

5.8.1 "JSON 断言"元件

如果返回的结果是 JSON 格式，可以使用"JSON 断言"元件进行断言。右击元件，在弹出菜单中选择"添加"→"断言"→"JSON 断言"命令，即可打开"JSON 断言"元件，如图 5-83 所示。

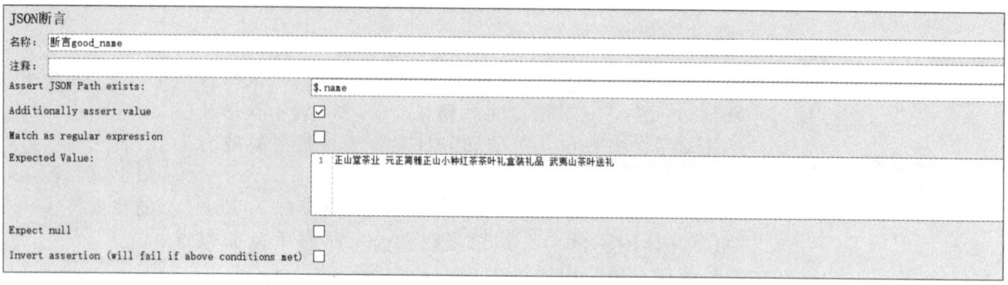

JSON断言	
名称：	断言good_name
注释：	
Assert JSON Path exists:	$. name
Additionally assert value	☑
Match as regular expression	☐
Expected Value:	1 正山堂茶业 元正简辅正山小种红茶茶叶礼盒装礼品 武夷山茶叶送礼
Expect null	☐
Invert assertion (will fail if above conditions met)	☐

图 5-83 "JSON 断言"元件

（1）Assert JSON Path exists：需要断言的 JSON Path 表达式。

（2）Additionally assert value：是否需要根据值断言。

（3）Match as regular expression：是否需要根据正则表达式断言。

（4）Expected Value：期望匹配的断言内容。

（5）Expect null：是否期望是null。

（6）Invert assertion（will fail if above condition met）：结果取反（当上面的条件满足时将失败）。

判断方法如下：

（1）如果响应结果不是 JSON 格式的，断言失败。

（2）如果 JSON Path 找不到元素，断言失败。

（3）如果 JSON Path 找到元素，没有设置条件，断言成功。

（4）如果 JSON Path 找到元素，但不符合条件，断言失败。

（5）如果 JSON Path 找到元素，且符合条件，断言成功。

（6）如果 JSON Path 返回的是一个数组，会迭代判断是否有元素符合条件。若有，则断言成功；否则断言失败。

5.8.2 JSON JMESPath Assertion 元件

对于 JSON 格式的响应结果，除了可以使用"JSON 断言"元件进行断言以外，还可以使用 JSON JMESPath Assertion 元件进行断言。右击元件，在弹出菜单中选择"添加"→"断言"→JSON JMESPath Assertion 命令，即可打开 JSON JMESPath Assertion 元件，如图 5-84 所示。

（1）Assert JMESPath exists：需要断言的 JSON JMESPath 表达式。

（2）Additionally assert value：是否需要根据值断言。

（3）Match as regular expression：是否需要根据正则表达式断言。

（4）Expected Value：期望匹配的断言内容。

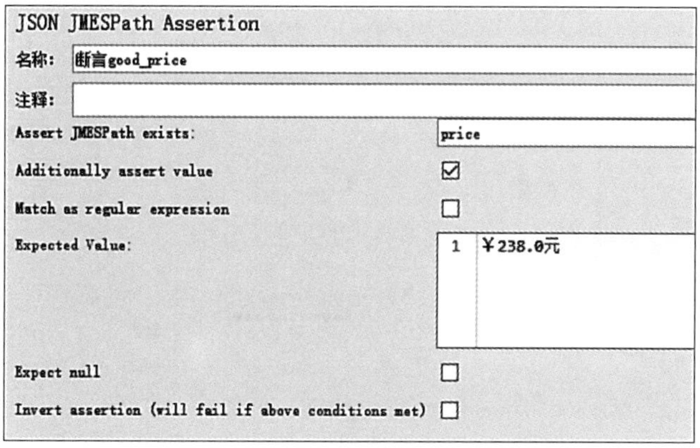

JSON JMESPath Assertion

名称: 断言good_price

注释:

Assert JMESPath exists:	price
Additionally assert value	☑
Match as regular expression	☐
Expected Value:	1　¥238.0元

| Expect null | ☐ |
| Invert assertion (will fail if above conditions met) | ☐ |

图 5-84　JSON JMESPath Assertion 元件

（5）Expect null：是否期望是null。

（6）Invert assertion（will fail if above condition met）：结果取反（当上面的条件满足时将失败）。

5.9　与注册、商品、购物车、订单相关的接口测试脚本中使用的取样器

本章使用的取样品是"SMTP 取样器"元件可以使用 SMTP/SMTPS 协议发送邮件消息。可以为连接（SSL 和 TLS）以及用户身份验证设置安全协议。如果使用安全协议，将对服务器证书进行验证。

有两种方法可用于处理该验证：

（1）Trust all certificates（信任所有证书）：使用此选项，将忽略证书链验证。

（2）Use local truststore（使用本地信任库）：使用此选项，将根据本地信任库文件验证证书链。

右击元件，在弹出菜单中选择"添加"→"取样器"→"SMTP 取样器"命令，即可打开"SMTP 取样器"元件，如图 5-85 所示。

（1）Server：服务器的主机名或 IP 地址。

（2）Port：用于连接到服务器的端口。SMTP、SSL 和 StartTLS 的默认端口分别为25、465 和 587。

（3）Connection timeout：以毫秒为单位的连接超时值。默认无限制。

（4）Read timeout：以毫秒为单位的读取超时值。默认无限制。

（5）Address From：发件人的电子邮件地址。

（6）Address To：收件人的电子邮件地址（多个值以英文分号分隔）。

（7）Address To CC：抄送的电子邮件地址（多个值以英文分号分隔）。

（8）Address To BCC：加密抄送的电子邮件地址（多个值以英文分号分隔）。

（9）Address Reply-To：备用回复地址（多个值以英文分号分隔）。

（10）Use Auth：指示 SMTP 服务器是否需要用户身份验证。

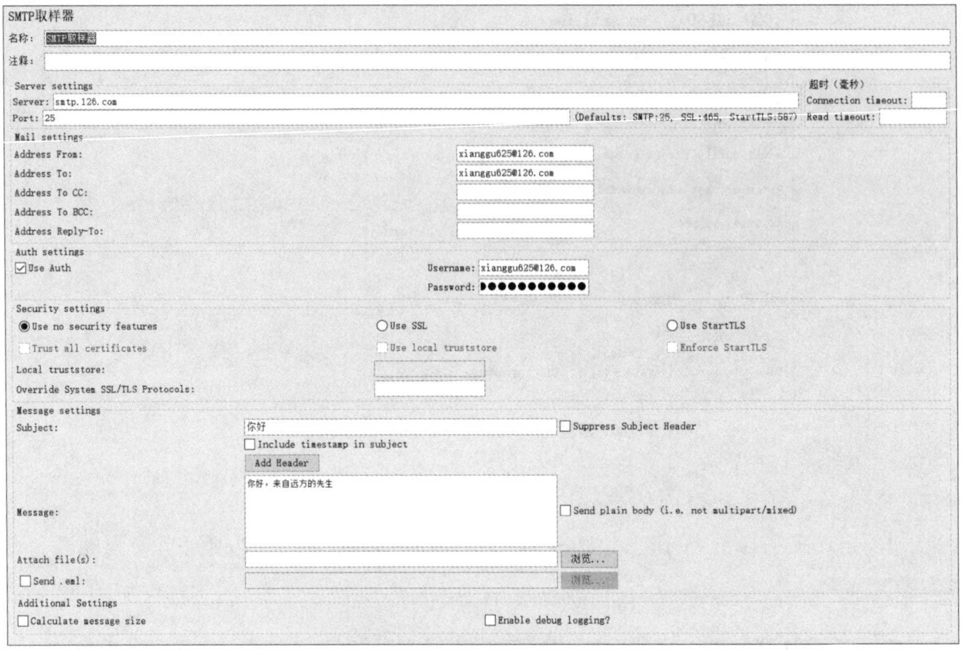

图 5-85　"SMTP 取样器"元件

（11）Username：用户登录名。

（12）Password：用户登录密码（在 JMX 文件中明文存储）。

（13）Use no security features：表示到 SMTP 服务器的连接不使用任何安全协议。

（14）Use SSL：表示到 SMTP 服务器的连接必须使用 SSL 协议。

（15）Use StartTLS：表示到 SMTP 服务器的连接应尝试启动 TLS 协议。

（16）Enforce StartTLS：如果服务器未启动 TLS 协议，则连接将终止。

（17）Trust all certificates：选中时，接受独立于 CA 的所有证书。

（18）Use local truststore：选中时，仅接受本地受信任的证书。

（19）Local truststore：包含受信任证书的本地信任库文件的路径。根据当前目录解析相对路径。如果失败，则针对包含测试脚本的目录（JMX 文件）解析相对路径。

（20）Override System SSL/TLS Protocols：将自定义 SSL/TLS 协议指定为以空格分隔的列表，例如"TLSv1 TLSv1.1 TLSv1.2"。默认支持所有协议。

（21）Subject：电子邮件主题。

（22）Suppress Subject Header：如果选中，则发送的电子邮件中会忽略主题。这与发送空的主题不同，尽管有些电子邮件客户端可能会以相同的方式显示这两种情况。

（23）Include timestamp in subject：在主题行中包含 System.currentTimemillis（）（即时间戳）。

（24）Add Header：可以使用此按钮定义其他标题。

（25）Message：消息体。

（26）Send plain body（i.e. not multipart/mixed）：如果选中该项，则仅将正文作为普通消息发送，即非多部分/混合。如果消息正文为空且存在单个文件，则将文件内容作为消息正文发送。注意，如果消息正文不是空的，并且至少有一个附加文件，则正文将作为多部分/混合文件发送。

（27）Attach file(s)：要附加到电子邮件中的文件。

（28）Send .eml：如果设置，将发送 EML 格式的文件，而不是主题、消息和附加文件字段中的条目。

（29）Calculate message size：计算消息大小并将其存储在实例的结果中。

（30）Enable debug logging?：如果选择该项，则 mail.debug 属性设置为 true。

第6章

JMeter 二次开发

在接口测试中,对于比较复杂的逻辑往往需要特殊的方法处理。本章介绍应对复杂场景的 3 种方法:

(1) 编写类文件,在 BeanShell 中调用。

(2) 编写类文件,在函数助手中调用。

(3) 编写类文件,在 Java 请求中调用。

最后介绍本章中使用的 3 个 JMeter 元件。

 6.1　JMeter 二次开发的 3 种方法

JMeter 二次开发是通过自定义方法对 JMeter 的功能进行扩展。本节详细介绍以开发 BeanShell 调用外部 JAR 文件、开发函数助手和利用 Java 请求实现 J2EE 版本中对密码的 SHA-256 散列处理 3 个示例。假设 JMeter 没有提供 SHA-256 散列函数,这里自己开发这个功能以实现电子商务系统登录中对密码进行的 SHA-256 散列。

6.1.1　开发 BeanShell 调用外部 JAR 文件实现 SHA-256 散列处理

本节介绍如何开发 BeanShell 调用外部 JAR 文件。

(1) 在 Eclipse 中建立项目,在包 com.jerry 下面建立 Java 文件 myDigest.java。

```java
package com.jerry;

import java.io.UnsupportedEncodingException;
import java.security.MessageDigest;
import java.security.NoSuchAlgorithmException;

public class myDigest {
```

```
//BeanShell 调用外部 JAR 文件的主函数。注意,这个函数必须使用 static 修饰符
public static String getSHA256StrJava(String str){
    MessageDigest messageDigest;
    String encodeStr = "";
    try {
        messageDigest = MessageDigest.getInstance("SHA-256");
        messageDigest.update(str.getBytes("UTF-8"));
        encodeStr = byte2Hex(messageDigest.digest());
    } catch (NoSuchAlgorithmException e) {
        e.printStackTrace();
    } catch (UnsupportedEncodingException e) {
        e.printStackTrace();
    }
    return encodeStr;
}
//主函数调用的子函数
public static String byte2Hex(byte[] bytes){
    StringBuffer stringBuffer = new StringBuffer();
    String temp = null;
    for (int i=0;i<bytes.length;i++){
        temp = Integer.toHexString(bytes[i] & 0xFF);
        if (temp.length()==1){
            //得到一位的进行补 0 操作
            stringBuffer.append("0");
        }
        stringBuffer.append(temp);
    }
    return stringBuffer.toString();
}
}
```

（2）在 Eclipse 主界面中选择菜单 File→Export 命令。

（3）选择 JAR file,如图 6-1 所示。

（4）单击 Next 按钮。

（5）在 JAR Export 对话框中,选择刚才建立的 Java 文件所在的项目,如图 6-2 所示。

（6）单击 Finish 按钮。

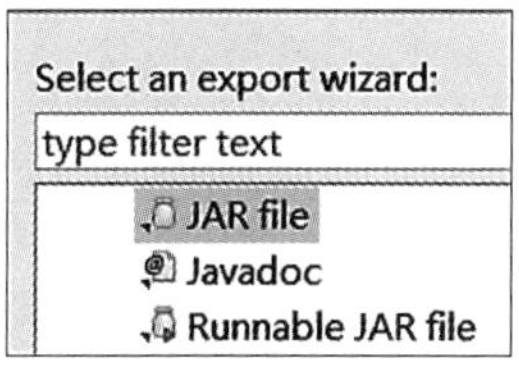

（7）将创建好的 JAR 文件保存到％JMETER_HOME％\lib\ext 目录下。

Select an export wizard:

type filter text

　　JAR file
　　Javadoc
　　Runnable JAR file

图 6-1　选择 JAR file

（8）打开 JMeter,右击"登录"HTTP 请求,在弹出菜单中选择"添加"→"前置处理器"→"BeanShell 预处理程序"命令,打开"BeanShell 预处理程序"元件。

（9）修改名称为"获取加密后的 password",然后将下面的代码写入 Script 文本框中。

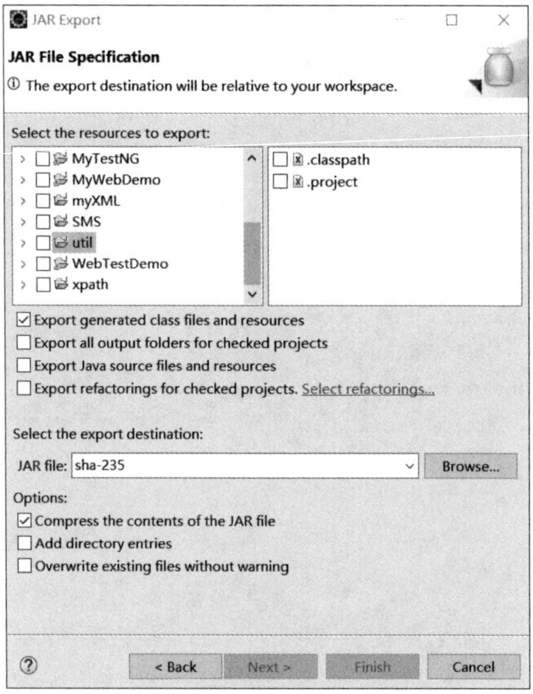

图 6-2　选择 Java 文件所在的项目

```
import com.jerry.myDigest;

String password = vars.get("pram_g1");
String username = vars.get("pram_g2");
String newpassword = myDigest.getSHA256StrJava(password);
vars.put("password_shell",newpassword);
vars.put("username_shell",username);
```

"获取加密后的 password"BeanShell 预处理程序如图 6-3 所示。

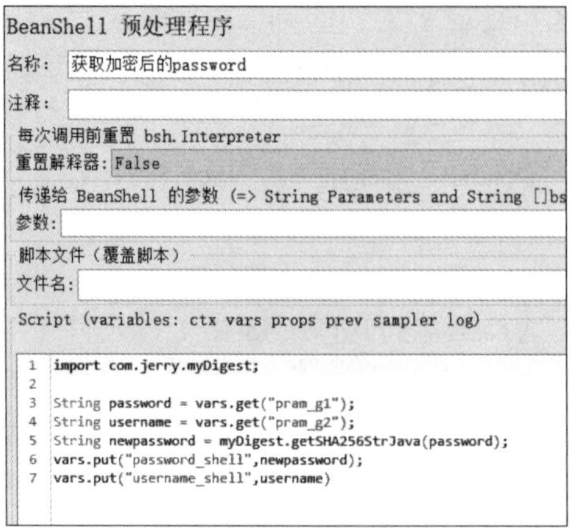

图 6-3　"获取加密后的 password"BeanShell 预处理程序

（10）在"商品列表"HTTP 请求中，将 username 的值改为 username_shell，将 password 的值改为 password_shell。

（11）运行测试脚本，观察参数 username_shell 和 password_shell，并且保证运行结果正确。

本节的 Java 代码在本书配套代码的 java\util 目录下。

6.1.2　开发函数助手实现 SHA-256 散列处理

本节介绍如何开发 JMeter 的函数助手。

（1）下载 JMeter 源代码，并且将它导入 Eclipse。然后导入 JMeter 产品代码中 lib 目录下的所有 JAR 包（ext 目录下的 JAR 包不导入）和 JUnit 5。（虽然项目中有许多红叉，但是只要保证 src/functions/src/main/java 和 src/functions/src/test/java 下没有红叉即可）。载入的 JMeter 源代码如图 6-4 所示。

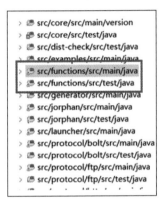

图 6-4　载入的 JMeter 源代码

（2）建立 SHA256.java 文件，代码如下：

```java
package org.apache.jmeter.functions;

import org.apache.jmeter.engine.util.CompoundVariable;
import org.apache.jmeter.samplers.SampleResult;
import org.apache.jmeter.samplers.Sampler;
import org.apache.jmeter.threads.JMeterVariables;
import org.apache.jmeter.util.JMeterUtils;
import org.slf4j.Logger;
import org.slf4j.LoggerFactory;

import java.io.UnsupportedEncodingException;
import java.security.MessageDigest;
import java.security.NoSuchAlgorithmException;
import java.util.Collection;
import java.util.LinkedList;
```

```java
import java.util.List;

public class SHA256 extends AbstractFunction{
    private static final Logger log = LoggerFactory.getLogger(SHA256.class);
    private static final List<String> desc = new LinkedList<>();      //描述
    private static final String KEY = "__SHA256";    //方法描述,必须是双下画线
    static {
        desc.add(JMeterUtils.getResString("SHA256_Str_param"));
    }
    private Object[] values;
    public SHA256() {
    }
    private static String byte2Hex(byte[] bytes){
        StringBuffer stringBuffer = new StringBuffer();
        String temp = null;
        for (int i=0;i<bytes.length;i++){
            temp = Integer.toHexString(bytes[i] & 0xFF);
            if (temp.length()==1){
                //得到一位的进行补0操作
                stringBuffer.append("0");
            }
            stringBuffer.append(temp);
        }
        return stringBuffer.toString();
    }


    @Override
    //①
    public String execute(SampleResult previousResult, Sampler
currentSampler) throws InvalidVariableException {
        JMeterVariables vars = getVariables();
        String varName = ((CompoundVariable) values[values.length - 1]).
execute().trim();
        MessageDigest messageDigest=null;
        String encodeStr = "";
        try {
            messageDigest = MessageDigest.getInstance("SHA-256");
            messageDigest.update(varName.getBytes("UTF-8"));
        } catch (NoSuchAlgorithmException e) {
            e.printStackTrace();
        } catch (UnsupportedEncodingException e) {
            e.printStackTrace();
        }
        encodeStr = byte2Hex(messageDigest.digest());
```

```
        if (vars != null && varName != null) {
            vars.put(varName.trim(), encodeStr);
            log.info("varName:", vars.get(varName.trim()));
        }
        return encodeStr;
    }
    @Override
    //②
    public void setParameters(Collection<CompoundVariable> parameters)
throws InvalidVariableException {
        //对入参进行检查,最少有一个参数
        checkMinParameterCount(parameters,1);
        values = parameters.toArray();
    }
    @Override
    //③
    public String getReferenceKey() {
        return KEY;
    }
    @Override
    //④
    public List<String> getArgumentDesc() {
        return desc;
    }
}
```

在上面的代码中,①～④注释行下面的 4 个函数是必须有的,具体如下:

① public String execute(SampleResult previousResult,Sampler currentSampler)throws InvalidVariableException:真正要执行的算法。

② public void setParameters(Collection<CompoundVariable> parameters) throws InvalidVariableException:设置参数。

③ public String getReferenceKey():获得参考关键字。

④ public List<String> getArgumentDesc():获取参数描述,它会在输入 JMeter 参数时出现。

(3) 建立 JUnit 5 文件进行测试。建立 SHA256Test.java 文件,代码如下:

```
package org.apache.jmeter.functions;

import static org.apache.jmeter.functions.FunctionTestHelper.makeParams;
import static org.junit.Assert.assertEquals;
import static org.junit.jupiter.api.Assertions.*;


import java.util.Collection;
```

```
import org.apache.jmeter.engine.util.CompoundVariable;
import org.apache.jmeter.threads.JMeterContextService;
import org.apache.jmeter.threads.JMeterVariables;
import org.junit.jupiter.api.AfterEach;
import org.junit.jupiter.api.BeforeEach;
import org.junit.jupiter.api.Test;

class SHA256Test {
    @BeforeEach
    void setUp() throws Exception {
        JMeterContextService.getContext().setVariables(new JMeterVariables());
    }
    @AfterEach
    void tearDown() throws Exception {
        JMeterContextService.getContext().clear();
    }
    @Test
    void test() throws InvalidVariableException {
        SHA256 sha256 = new SHA256();
        Collection<CompoundVariable> params = makeParams("123456");
        sha256.setParameters(params);
        String totalString = sha256.execute();
        assertEquals("8d969eef6ecad3c29a3a629280e686cf0c3f5d5a86aff3ca12020c923adc6c92",
totalString);
    }
}
```

（4）测试通过后把它打包成 JAR 文件（参见 6.1.1 节第（2）～（6）步），放在 %JMETER_HOME%\lib\ext 目录下。

（5）打开 JMeter，在函数助手中就可以看到 SHA-256 这个函数了，如图 6-5 所示。

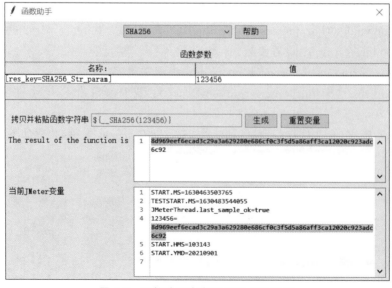

图 6-5　函数助手中有了 SHA-256 函数

（6）把"商品列表"HTTP 请求中的 password 参数值改为 $\{\_\_SHA256(\$\{pram\_g1\})\}$。

（7）运行测试脚本，保证运行结果正确。

本节的 Java 代码在本书配套代码的 java\function 目录下。

6.1.3　利用 Java 请求实现 SHA-256 散列处理

由于 Django 版本是用 Python 实现的，所以不适合利用 Java 请求实现。本节介绍如何利用 Java 请求实现 J2EE 版本中对 password 的 SHA-256 散列处理。

（1）在 Eclipse 中建立项目，在这个项目中建立 api 和 utils 两个包。

（2）在 api 包下建立 IHRMLogin.java 文件，代码如下：

```java
package api;

import utils.HTTPRequestUtils;

import java.io.UnsupportedEncodingException;
import java.security.MessageDigest;
import java.security.NoSuchAlgorithmException;

import com.alibaba.fastjson.JSONObject;

public class IHRMLogin {
    public JSONObject headers = new JSONObject();
    public JSONObject login_data = new JSONObject();
    public String url;

    public IHRMLogin(){
    //url 为请求的目标地址
        url = "http://192.168.1.3:8080/sec/46/jsp/index.jsp";
    }

    public String loginIHRM(String username, String password, String time) {
        String Params = "username="+username+"&password="+getSHA256StrJava
(password)+"&time="+time;
        return HTTPRequestUtils.sendPost(this.url, Params);
    }
    //SHA-256 散列函数的 Java 实现
    public String getSHA256StrJava(String str){
    MessageDigest messageDigest;
    String encodeStr = "";
    try {
        messageDigest = MessageDigest.getInstance("SHA-256");
        messageDigest.update(str.getBytes("UTF-8"));
```

```
        encodeStr = byte2Hex(messageDigest.digest());
    } catch (NoSuchAlgorithmException e) {
        e.printStackTrace();
    } catch (UnsupportedEncodingException e) {
        e.printStackTrace();
    }
    return encodeStr;
    }

    private static String byte2Hex(byte[] bytes) {
        StringBuffer stringBuffer = new StringBuffer();
        String temp = null;
        for (int i=0;i<bytes.length;i++) {
            temp = Integer.toHexString(bytes[i] & 0xFF);
            if (temp.length()==1) {
                //得到一位的进行补 0 操作
                stringBuffer.append("0");
            }
            stringBuffer.append(temp);
        }
        return stringBuffer.toString();
    }

    public static void main(String[] args) {
        IHRMLogin ihrmLogin = new IHRMLogin();
        String response = ihrmLogin.loginIHRM("cindy","123456","360");
        System.out.println(response);
    }
}
```

在 IHRMLogin 构造函数中定义请求的目标地址。在 loginIHRM 函数中定义参数，然后用
HTTPRequestUtils.sendPost 函数向服务器发送 POST HTTP 请求。getSHA256StrJava 函数实
现 SHA-256 散列算法。

（3）在 utils 包下建立 HTTPRequestUtils.java 文件，代码如下：

```
package utils;

import java.io.*;
import java.net.URL;
import java.net.URLConnection;
import java.util.List;
import java.util.Map;
import api.IHRMLogin;
```

```
public class HTTPRequestUtils {
    /**
     * 向指定 URL 发送 GET 方法的请求
     */
    public static String sendGet(String url, String param) {
        String result = "";
        BufferedReader in = null;
        try {
            String urlNameString = url + "?" + param;
            URL realUrl = new URL(urlNameString);
            //打开和 URL 之间的连接
            URLConnection connection = realUrl.openConnection();
            //设置通用的请求属性
            connection.setRequestProperty("accept", "*/*");
            connection.setRequestProperty("connection", "Keep-Alive");
            connection.setRequestProperty("user-agent", "Mozilla/4.0 (compatible;
MSIE 6.0; Windows NT 5.1;SV1)");
            //建立实际的连接
            connection.connect();
            //获取所有的响应头字段
            Map<String, List<String>> map = connection.getHeaderFields();
            //遍历所有的响应头字段
            for (String key : map.keySet()) {
                System.out.println(key + "--->" + map.get(key));
            }
            //定义 BufferedReader 输入流,读取 URL 的响应
            in = new BufferedReader(new InputStreamReader(connection.
getInputStream()));
            String line;
            while ((line = in.readLine()) != null) {
                result += line;
            }
        } catch (Exception e) {
            System.out.println("发送 GET 请求出现异常!" + e);
            e.printStackTrace();
        }
        //使用 finally 块关闭输入流
        finally {
            try {
                if (in != null) {
                    in.close();
                }
            } catch (Exception e2) {
                e2.printStackTrace();
```

```
            }
        }
        return result;
    }


    /**
     * 向指定 URL 发送 POST 方法的请求
     */
    public static String sendPost(String url, String param) {
        PrintWriter out = null;
        BufferedReader in = null;
        String result = "";
        try {
            URL realUrl = new URL(url);
            //打开和 URL 之间的连接
            URLConnection conn = realUrl.openConnection();
            //设置通用的请求属性
            conn.setRequestProperty("accept", "*/*");
            conn.setRequestProperty("connection", "Keep-Alive");
            conn.setRequestProperty("user-agent", "Mozilla/4.0 (compatible;
MSIE 6.0; Windows NT 5.1;SV1)");
            //发送 POST 请求必须设置如下两行
            conn.setDoOutput(true);
            conn.setDoInput(true);
            //获取 URLConnection 对象对应的输出流
            out = new PrintWriter(conn.getOutputStream());
            //发送请求参数
            out.print(param);
            //flush 输出流的缓冲
            out.flush();
            //获取所有的响应头字段
            Map<String, List<String>> map = conn.getHeaderFields();
            //遍历所有的响应头字段
            for (String key : map.keySet()) {
                System.out.println(key + "--->" + map.get(key));
            }
            //定义 BufferedReader 输入流,读取 URL 的响应
            in = new BufferedReader(new InputStreamReader(conn.getInputStream()));
            String line;
            while ((line = in.readLine()) != null) {
                result += line;
            }
        } catch (Exception e) {
            System.out.println("发送 POST 请求出现异常!" + e);
```

```
            e.printStackTrace();
        }
        //使用 finally 块关闭输出流和输入流
        finally {
            try {
                if (out != null) {
                    out.close();
                }
                if (in != null) {
                    in.close();
                }
            } catch (IOException ex) {
                ex.printStackTrace();
            }
        }
        return result;
    }

    public static void main(String[] args) {
        IHRMLogin loginApi = new IHRMLogin();
        String url = "http://192.168.1.3:8080/sec/46/jsp/index.jsp";
        String username = "cindy";
        String password = "123456";
        String time = "360";
        String Params = "username="+username+"&password="+loginApi.
getSHA256StrJava(password)+"&time="+time;
        String result = HTTPRequestUtils.sendPost(url, Params);
        System.out.println(result);
    }
}
```

这里采用 java.net.URLConnection 实现 HTTP 请求。sendGet 是发送 GET 请求的方法，sendPost 是发送 POST 请求的方法。如果要在请求中加入 Cookies 信息，可使用以下语句：

```
conn.setRequestProperty("Cookie", "Key=value");
```

但是该语句在 GET 请求中是有效的，而在 POST 请求中是无效的。

（4）打开 Web 服务器，运行 HTTPRequestUtils.java 和 IHRMLogin.java，可以看到运行结果正确，如图 6-6 所示。

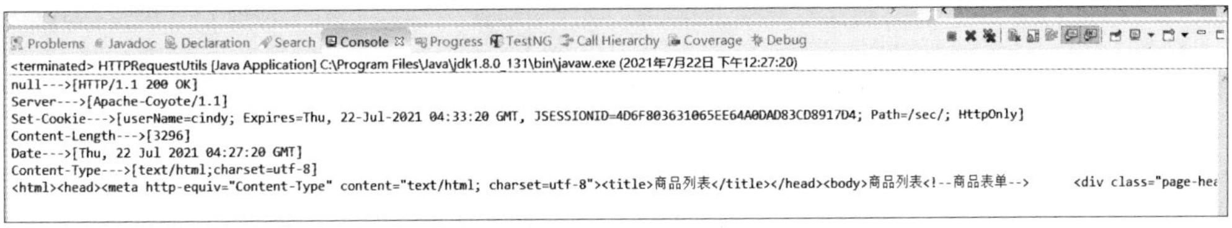

图 6-6　测试 HTTPRequestUtils.java 和 IHRMLogin.java

（5）在 utils 包中建立 JMeter 的接口 Java 文件 TestIHRMLogin.java：

```java
package utils;

import org.apache.jmeter.config.Arguments;
import org.apache.jmeter.protocol.java.sampler.JavaSamplerClient;
import org.apache.jmeter.protocol.java.sampler.JavaSamplerContext;
import org.apache.jmeter.samplers.SampleResult;
import api.IHRMLogin;

//①
public class TestIHRMLogin implements JavaSamplerClient {
    private String username;
    private String password;
    private String time;

//③
public void setupTest(JavaSamplerContext javaSamplerContext) {
        this.username = javaSamplerContext.getParameter("username");
        this.password = javaSamplerContext.getParameter("password");
        this.time = javaSamplerContext.getParameter("time");
    }

//④
public SampleResult runTest(JavaSamplerContext javaSamplerContext) {
        SampleResult result = new SampleResult();
        IHRMLogin loginApi = new IHRMLogin();
        //获取当前线程编号
        String threadName = Thread.currentThread().getName();
        System.out.println(threadName);
        //设置返回结果标签的名称
        result.setSampleLabel("ihrm-" + threadName);
        //在 JMeter 的 GUI 中展示请求数据
         result.setSamplerData ( "username = " + this. username + " &password = " +
loginApi.getSHA256StrJava(this.password)+"&time="+this.time);

        //开始事务并开始计算时间
        result.sampleStart();
        try {
            String response = loginApi.loginIHRM(this.username, this.
password,this.time);
            //把返回结果设置到 SampleResult 中
            result.setResponseData(response, null);
            //设置返回结果为 Text 类型
            result.setDataType(SampleResult.TEXT);
```

```
        result.setSuccessful(true);
        //输出结果到控制台
    } catch (Throwable e) {
        result.setSuccessful(false);
        e.printStackTrace();
    } finally {
        //结束事务,计算请求时间
        result.sampleEnd();
    }
    return result;
}


//⑤
public void teardownTest(JavaSamplerContext javaSamplerContext) {
}

//②
public Arguments getDefaultParameters() {
    Arguments arguments = new Arguments();
    arguments.addArgument("username", "");
    arguments.addArgument("password", "");
    arguments.addArgument("time", "");
    return arguments;
}
}
```

在这个 Java 文件中包括以下 5 个步骤(见上面的代码中的①~⑤注释行),建立 4 个方法。

① 请求类继承 JavaSamplerClient。

② 为请求创建需要的参数,实现 public Arguments getDefaultParameters()方法。

③ 编写请求初始化方法,只执行一次,实现 public void setupTest(JavaSamplerContext context)方法。

④ 编写请求循环执行方法,执行多次,实现 public SampleResult runTest (JavaSamplerContext context)方法。

⑤ 编写请求结束方法,实现 public void teardownTest(JavaSamplerContext context)方法。

(6) 将上面 3 个 Java 文件打包成 JAR 文件。将这个 jar 文件放在％JMETER_HOME％/lib/ext/目录下。

(7) 启动 JMeter,建立一个项目,首先建立"线程组"元件。右击"线程组"元件,在弹出菜单中选择"添加"→"取样器"→"Java 请求"命令,打开"Java 请求"元件。

(8) 从下拉列表中找到 utils.TestIHRMLogin,然后输入用户名,密码和 Cookies 保持时间,如图 6-7 所示。

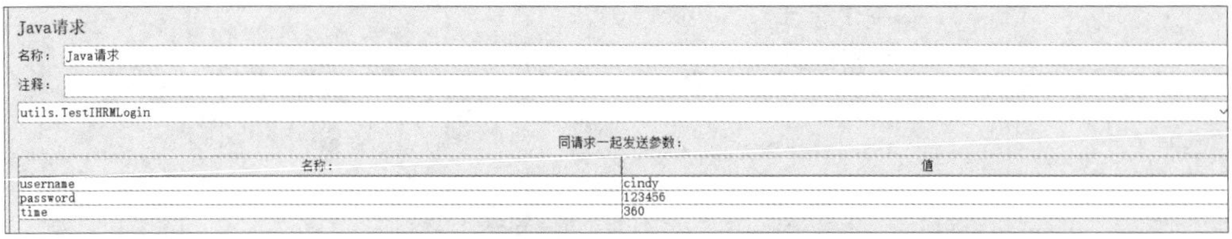

Java请求	
名称：	Java请求
注释：	
utils.TestIHRMLogin	
同请求一起发送参数：	
名称：	值
username	cindy
password	123456
time	360

图 6-7　"Java请求"元件

（9）添加"察看结果树"元件。

（10）运行测试脚本，就可以在"察看结果树"元件中看到结果了。

（11）由于 JMeter 的默认编码格式是 GBK，因此结果中展示的内容会出现乱码。下面进行编码格式的处理。右击"线程组"元件，在弹出菜单中选择"添加"→"后置处理器"→"BeanShell 后置处理程序"命令，打开"BeanShell 后置处理程序"元件。

（12）在 Script 文本框中加入"prev.setDataEncoding("UTF-8")；"即可，如图 6-8 所示。

图 6-8　在"BeanShell 后置处理程序"元件中设置响应结果编码为 UTF-8

（13）再次运行测试脚本，在"察看结果树"元件中显示如图 6-9 所示的运行结果。

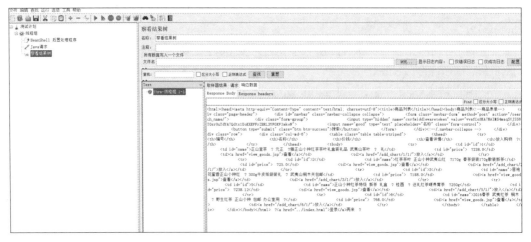

图 6-9　Java 请求的运行结果

本节的 Java 代码在本书配套代码的 java\JMeter 目录下,jmx 文件为 Java_Request.jmx。

到此,接口测试的内容全部结束。最后进行以下处理:

(1) 保存目前所有的代码为 ebusiness_interface.jmx。

(2) 复制 ebusiness_interface.jmx,改名为 ebusiness_Django.jmx。

(3) 打开 ebusiness_Django.jmx,作如下修改。

① 删除"注册操作"仅一次控制器。

② 删除"循环控制器"元件下面的 JDBC Connection Configuration、JDBC Request 和"通过 MySQL 获取用户名和密码"正则表达式提取器 3 个元件。

③ 删除"登录"HTTP 请求下面的"登录"BeanShell 断言、"获取加密后的 password BeanShell"预处理程序两个元件。

④ 确定或者修改"商品列表"HTTP 请求中的 username 值为 ${username},password 值为 ${__digest(SHA-256,${password},,,)}。然后删除"商品列表"HTTP 请求下面的"商品列表信息"响应断言一个元件。

⑤ 删除"商品列表(J2EE)"HTTP 请求下面的"商品列表(J2EE)"XML 断言、"商品列表(J2EE)"XPath2 Assertion 两个元件。

⑥ 删除"订单操作"简单控制器及其下面的所有元件。

⑦ 删除"后台"线程组及其下面的所有元件。

ebusiness_Django.jmx 与 4.2 节中保存的 ebusiness_login.jmx 将在后面的性能测试中使用。

6.2　JMeter 二次开发中使用的元件

本节介绍 JMeter 二次开发中使用的元件,包括"BeanShell 预处理程序"元件、"BeanShell 后置处理程序"元件和"Java 请求"元件。

6.2.1　前置/后置处理器

本节介绍前置处理器"BeanShell 预处理程序"元件和后置处理器"BeanShell 后置处理程序"元件。

1. 前置处理器: "BeanShell 预处理程序"元件

"BeanShell 预处理程序"元件是在取样器运行前设置初始化脚本的元件。右击元件,在弹出菜单中选择"添加"→"前置处理器"→"BeanShell 预处理程序"命令,即可打开"BeanShell 预处理程序"元件,如图 6-10 所示。

(1) "重置解释器":是否为每个取样器重新创建解释器,默认为 False。

(2) "传递给 BeanShell 的参数":参数保存在下面的变量中。

① Parameters:整个参数字符串作为变量 Parameters。

② bsh.args:用空格分隔的字符串被保存到变量数组 bsh.args 中。

(3) "文件名":待运行的测试脚本文件名。

BeanShell 预处理程序

名称：获取加密后的password

注释：

每次调用前重置 bsh. Interpreter

重置解释器：False

传递给 BeanShell 的参数（=> String Parameters and String []bs

参数：

脚本文件（覆盖脚本）

文件名：

Script (variables: ctx vars props prev sampler log)

```
1  import com.jerry.myDigest;
2
3  String password = vars.get("pram_g1");
4  String username = vars.get("pram_g2");
5  String newpassword = myDigest.getSHA256StrJava(password);
6  vars.put("password_shell",newpassword);
7  vars.put("username_shell",username)
```

图 6-10　"BeanShell 预处理程序"元件

（4）Script：编写的脚本。

在"BeanShell 预处理程序"元件可用的变量有 ctx、vars、props、prev、sampler 和 log。除了 prev 和 sampler，其他参数均在 4.4.2 节介绍过。

① sampler：访问当前 sampler 对象，常用方法如下。

- sampler.setName("beanshell1")：设置 Sampler 的名称。
- sampler.getName()：获得 Sampler 的名称。

② prev：提供对当前取样器结果的访问能力。它映射 org.apache.jmeter.samplers 的 SampleResult 类。例如：

- prev.getResponseCode()：获得响应码。
- prev.getResponseDataAsString()：获得响应内容。
- prev.isResponseCodeOK()：判断响应状态码是否为 OK 对应的状态码（200），返回结果是布尔类型的值。
- prev.getThreadName()：获取线程名。
- prev.getAssertionResults()：获取取样器断言结果。
- prev.getContentType()：获取取样器响应 Content-Type 首部字段的值域（包含参数）。
- prev.getMediaType()：获取取样器响应 Media-Type 首部字段的值域（不包含参数）。
- prev. getSentBytes()：获取取样器请求报文的大小（字节数）。
- prev. getBytesAsLong()：获取取样器响应报文的大小（字节数）。
- prev. getLatency()：获取延迟时间。
- prev. getConnectTime()：获取连接时间。
- prev. getURL()：获取取样器请求 URL。
- prev. getUrlAsString ()：获取取样器请求 URL 字符串。
- prev. getGroupThreads ()：获取"线程组"元件下正在运行的线程数。
- prev. getHeadersSize()：获取取样器响应头大小。
- prev. getBodySizeAsLong()：获取取样器响应体大小。

由此可见 Prev 在 BeanShell 断言中也是非常有用的，但是官方文档在介绍 BeanShell

断言时没有过多地提及。

2. 后置处理器: "BeanShell 后置处理程序"元件

"BeanShell 后置处理程序"元件是在取样器取样完毕后进行处理的脚本文件。右击元件,在弹出菜单中选择"添加"→"后置处理器"→"BeanShell 后置处理程序"命令,即可打开"BeanShell 后置处理程序"元件,如图 6-11 所示。

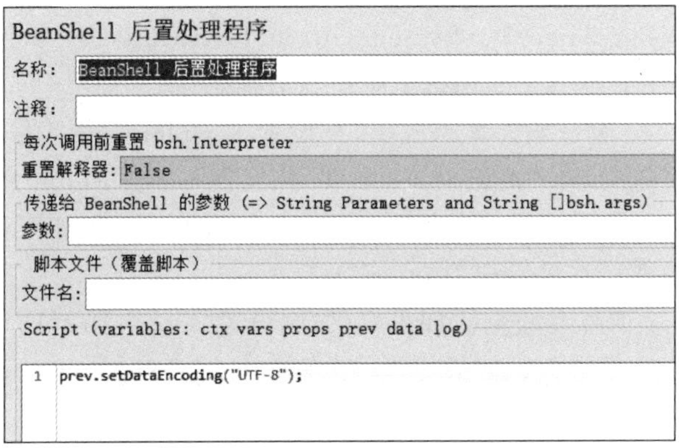

图 6-11　"BeanShell 后置处理程序"元件

"BeanShell 后置处理程序"元件中的"重置解释器""传递给 BeanShell 脚本的参数""文件名"和 Script 均与"BeanShell 预处理程序"元件一致。

在"BeanShell 后置处理程序"元件中可用的变量有 ctx、vars、props、prev、data 和 log。除了 data 以外,其他变量均在 4.4.2 节和前面介绍过。data 变量允许访问当前样本数据。

6.2.2　取样器: "Java 请求"元件

有些请求逻辑比较复杂,JMeter 自带的取样器很难实现,需要用户自己编写 Java 程序实现请求。例如 Socket 请求、复杂的 HTTP 请求、RocketMQ 请求等,都可以编写,然后放在 JMeter 中执行。右击元件,在弹出菜单中选择"添加"→"取样器"→"Java 请求"命令,即可打开"Java 请求"元件,如图 6-12 所示。

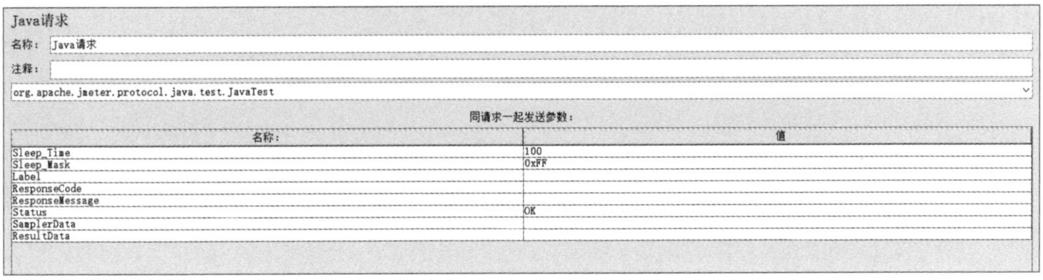

图 6-12　"Java 请求"元件

将编写好的程序(必须包括一个 implements JavaSamplerClient 的类)打包成 JAR 文件,放在 %JMETER_HOME%\lib\ext\目录下,即可在 Java 请求中找到。下面介绍如何设置函数的参数。JMeter 自带两个 Java 请求:org.apache.jmeter.protocol.java.test.

JavaTest 和 org.apache.jmeter.protocol.java.test.SleepTest。

（1）JavaTest 对于检查"测试计划"元件非常有用，因为它允许在绝大多数字段中设置值，然后在断言中使用这些变量。字段允许使用变量，因此可以很容易地看到这些变量的值。

① Sleep_Time：睡眠时间（毫秒）。

② Sleep_Mask：要添加的"随机性"，Sleep 时间的计算如下：

总睡眠时间＝Sleep_Time ＋（System.currentTimeMillis() % Sleep_Mask）。

③ Label：要使用的标签。如果提供则覆盖名称。

④ ResponseCode：响应码。如果提供，则设置 SampleResult ResponseCode。

⑤ ResponseMessage：响应消息。如果提供，则设置 SampleResult ResponseMessage。

⑥ Status：状态。如果提供，则设置 SampleResult Status。如果该值等于 OK，则状态设置为 success；否则样本将标记为 failed。

⑦ SamplerData：取样器数据。如果提供，则设置 SampleResult SampleData。

⑧ ResultData：结果数据。如果提供，则设置 SampleResult ResultData。

（2）SleepTest 设置"测试计划"元件的睡眠时间。Sleep_Time 和 Sleep_Mask 同 JavaTest 的 Sleep_Time 和 Sleep_Mask。

第 7 章

建立安全测试脚本及运行

安全测试方法中很重要的一种手段就是利用 BurpSuite 等发包工具截获 HTTP 请求包,进行信息篡改,最后发送给服务器,观察服务器作出什么反应。JMeter 其实也是一个发送 HTTP 请求的工具,可以自定义 HTTP 请求的内容,所以理论上 BurpSuite 可以实现的功能都可以用 JMeter 实现。

本章介绍的网络安全知识仅限于对本书介绍的被测产品的网络安全的测试。读者在利用这些知识时一定要严格遵守相关法律法规。

本章将介绍如何通过 JMeter 进行安全测试,主要介绍暴力破解、篡改找回密码的邮件地址和手机号码、横向越权与纵向越权,最后介绍本章中使用的 3 个 JMeter 元件。

本章要完成电子商务系统的以下安全测试工作:

(1) 对 Django 版本的登录功能进行暴力破解测试。

(2) 分别对 J2EE 版本的通过邮件和手机号码找回密码功能,进行邮件地址和手机号码篡改测试。

(3) 分别对 Django 版本进行横向越权和纵向越权测试。

 ## 7.1 暴力破解测试方法及预防措施

本节介绍暴力破解的原理、预防措施和测试方法。

7.1.1 暴力破解的原理和预防措施

本节介绍暴力破解的原理和预防措施。

1. 暴力破解的原理

暴力破解主要针对系统的登录功能。黑客往往会使用一个文件(这个文件的专业术语是暴力破解字典),这个文件内存储成千上万个用户名/密码对,然后编写 HTTP 请求脚本,该脚本依次对暴力破解字典中的用户名/密码对进行读取,然后用用户名和密码进行登录。如果登录成功,暴力破解成功;否则,暴力破解失败。

暴力破解的要点如下:

(1) 选取暴力破解字典是需要一定技巧的。

(2) 可以使用 Top100 账号密码进行破解。

(3) 通过社会工程学方法获取目标信息,再使用字典生成器生成暴力破解字典,进行破解。

(4) 如果破解目标有验证码,可以使用 PKAV(全称为 PKAV HTTP Fuzzer,是一款专门处理简单验证码的工具)或者其他识别验证码的接口进行破解。

2. 暴力破解的预防措施

对暴力破解可以采取以下措施进行预防。

(1) 从用户层面而言,需要避免使用弱口令。弱口令不仅包括为 root、admin 等,还包括姓名的拼音、键盘连续字符等[1]。

(2) 从服务器层面而言,需要对多次登录失败的账户进行封锁,强制其数小时或者隔天才可以再次登录。

(3) 使用短信验证码、语音验证码等验证方式。为了提升用户体验,可以设置登录次数阈值,当登录次数超过这个阈值时再进行验证。例如,前 3 次登录不用提供验证码;连续 3 次输入无效密码后,再次登录时需要提供验证码。

(4) 使用复杂的验证码,以增加攻击者攻击成本。例如,可以采用拼图、找出图片上的文字或图案等方法。

(5) 增加密码的复杂度,将数字、大小写字母、符号混合在一起使用。最好不要在密码中出现 3 个连续的相同字符,例如 abrtttuyt。

(6) 经常更换密码。

7.1.2 暴力破解的测试方法

为了方便起见,以接口测试中的 MySQL 数据作为暴力破解字典。

(1) 建立一个新的 jmx 文件,命名为 ebusiness_sec.jmx。

(2) 在"测试计划"元件下建立"线程组"元件。

(3) 右击"线程组"元件,在弹出菜单中选择"添加"→"逻辑控制器"→"模块控制器"命令,按照图 7-1 进行设置。

(4) 右击"线程组"元件,在弹出菜单中选择"添加"→"测试片段"→"测试片段"命令,打开"测试片段"元件,修改名称为"暴力破解",如图 7-2 所示。在"模块控制

图 7-1 "模块控制器"元件的设置

器"元件中,单击"线程组"元件左边的＋号,出现"暴力破解"测试片段,如图 7-3 所示。以后再添加新的测试片段,就可以在这里选择需要测试的对应测试片段了。

---

[1] 根据相关部门统计,世界上最弱的密码为 123456。

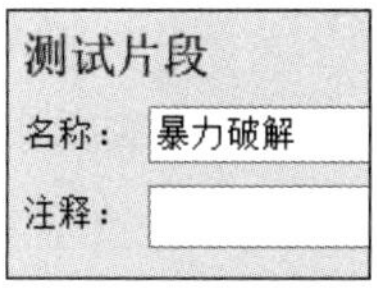

测试片段

名称：暴力破解

注释：

图 7-2　"暴力破解"测试片段

图 7-3　"线程组"元件下出现
"暴力破解"测试片段

（5）在"模块控制器"元件后面建立"HTTP 请求默认值"元件，按照图 3-40 进行设置。

（6）在"模块控制器"元件后面建立"HTTP Cookie 管理器"元件。

（7）按照 4.1.4 节的步骤建立 JDBC Connection Configuration 元件和 JDBC Request 元件。在 JDBC Request 元件的 Variable names 文本框中输入"username,password"，如图 7-4 所示。

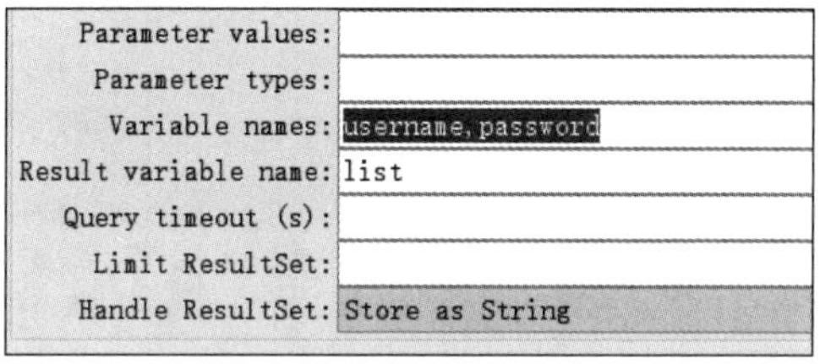

```
Parameter values:
Parameter types:
Variable names: username,password
Result variable name: list
Query timeout (s):
Limit ResultSet:
Handle ResultSet: Store as String
```

图 7-4　在 JDBC Request 元件中设置 Variable names

（8）右击"暴力破解"测试片段，在弹出菜单中选择"添加"→"逻辑控制器"→"ForEach 控制器"命令，按照图 7-5 进行设置。

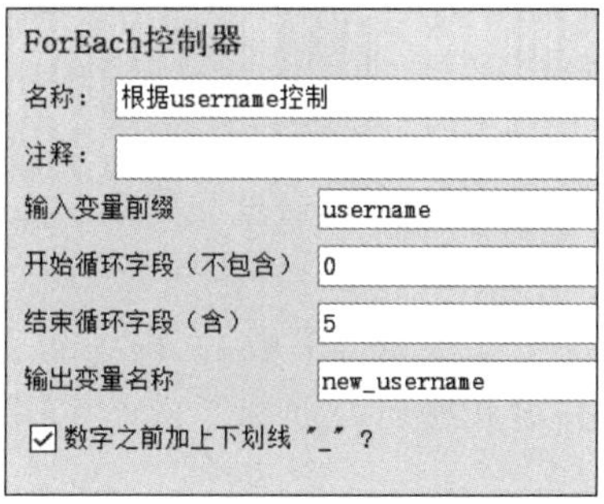

ForEach控制器

名称：根据username控制

注释：

输入变量前缀　　　　　username

开始循环字段（不包含）　0

结束循环字段（含）　　　5

输出变量名称　　　　　new_username

☑ 数字之前加上下划线 "_" ？

图 7-5　"根据 username 控制"ForEach 控制器的设置

① "名称"："根据 username 控制"。

② "输入变量前缀"：username。

③ "开始循环字段（不包含）"：0。

④ "结束循环"字段(含)": 5。

⑤ "输出变量名称"：new_username。

⑥ 选择"数字之前加上下划线"_"?"复选框。

（9）右击"根据 username 控制"ForEach 控制器，在弹出菜单中选择"新建"→"逻辑控制器"→"ForEach 控制器"命令，按照图 7-6 进行设置。

① "名称"："根据 password 控制"。

② "输入变量前缀"：password。

③ "开始循环字段(不包含)"：0。

④ "结束循环字段(含)"：5。

⑤ "输出变量名称"：new_password。

⑥ 选择"数字之前加上下划线"_"?"复选框。

在这里采用两个"ForEach 控制器"元件，相当于 BurpSuite 测试器中的"集束炸弹"的作用。

（10）按照图 7-7 在"根据 password 控制"元件下面添加元件。

图 7-6　"根据 password 控制"ForEach
　　　　控制器的设置

图 7-7　在"根据 password 控制"
　　　　元件下面添加元件

（11）在"商品列表"HTTP 请求中，username 的值设置为 ${new_username}，password 的值设置为 ${__digest(SHA-256,${new_password},,,)}。

（12）为了方便寻找，在"商品列表"HTTP 请求下的响应断言设置为"用户名或者密码错误"。

（13）在"暴力破解"测试片段下添加"察看结果树"元件。

（14）运行测试脚本。

（15）在"察看结果树"元件中寻找断言失败的，即为暴力破解成功的。然后在"调试取样器"元件中查看取得的用户名和密码。如图 7-8 所示，用户名 linda 和密码 knyzh158 是可以登录该系统的账户。

作为白帽子黑客，暴力破解的目的是检查用户设置的用户名和密码是否容易被攻陷。如果被暴力破解查出弱点，可以通知用户修改用户名和密码，这样就给产品增加了一项增值业务，站在安全的角度为用户着想。

图 7-8　暴力破解成功的数据

 7.2　篡改找回密码的邮件地址和手机号码的测试方法

本节介绍篡改找回密码的邮件地址和手机号码的测试方法。

7.2.1　篡改找回密码的邮件地址的测试方法

在 J2EE 版本的电子商务系统中加入了通过电子邮件和手机找回密码的功能,如果程序设置不当,也会形成安全漏洞。通过电子邮件找回密码时,如果黑客截获了请求包,把里面的邮件地址改为自己的邮件地址,这样系统产生的随机码就会发送给黑客;同样,通过手机找回密码时,如果黑客截获了请求包,把里面的手机号码改为自己的手机号码,这样系统产生的随机码也会发送给黑客。

篡改找回密码的邮件地址的测试脚本创建步骤如下:

(1) 查看数据库 goods_user 表中用户名为 cindy 的 Email 地址(为 cindy@126.com)。

(2) 在"暴力破解"测试片段后面建立"截获 Email"测试片段。

(3) 在"截获 Email"测试片段下面建立"截获 Email"HTTP 请求,如图 7-9 所示。

① "名称":"截获 Email"。

② "端口号":8080。

③ "HTTP 请求":POST。

④ "路径":sec/46/jsp/email.jsp。

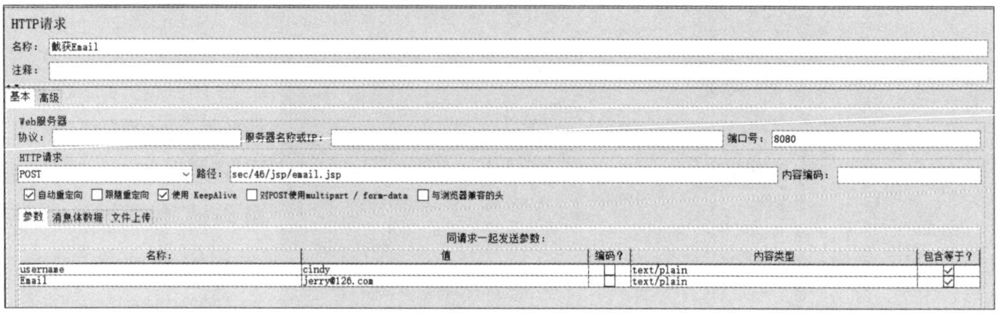

图 7-9　"截获 Email"HTTP 请求

⑤ 选择"自动重定向"复选框。

⑥ 添加两个请求参数：

- "名称"：username；"值"：cindy。

- "名称"：email；"值"：jerry@126.com（一个不同于 cindy@126.com 并且可以收到邮件的 Email 地址）。

（4）在"截获 Email"HTTP 请求下面添加"响应断言"元件，"测试模式"为"注册的用户名的 Email 和收到邮件的 Email 不匹配"。

（5）在"模块控制器"元件中选择"截获 Email"测试片段，如图 7-10 所示。

（6）确认"察看结果树"元件已被添加。

（7）运行测试脚本，观察断言结果。

① 如果断言成功，说明系统不存在这个安全隐患。

② 如果断言不成功，查看在"截获 Email"HTTP请求中输入的邮箱，如果在这个邮箱中收到了验证码，说明系统存在这个安全隐患。

图 7-10　在"模块控制器"元件中选择
"截获 Email"测试片段

7.2.2　篡改找回密码的手机号码的测试方法

篡改找回密码的手机号码的测试脚本的创建步骤如下：

（1）查看数据库 goods_user 表中用户名为 cindy 的 phone（为 13685246381）。

（2）右击"截获 Email"测试片段，在弹出菜单中选择"复写"命令。

（3）把复制后的测试片段名称与 HTTP 请求名称均改为"截获手机号码"。

（4）"截获手机号码"HTTP 请求如图 7-11 所示。

① "名称"："截获手机号码"。

② "端口号"：8080。

③ "HTTP 请求"：POST。

④ "路径"：sec/46/jsp/sms.jsp。

⑤ 选择"自动重定向"复选框。

HTTP请求						
名称：截获手机号码						
注释：						

基本　高级

Web服务器
协议：　　　服务器名称或IP：　　　　　　　　　　　　　　　　端口号：8080

HTTP请求
POST　　　　　　　　　　路径：sec/46/jsp/sms.jsp　　　　　　　　　　　　　　　内容编码：

☑自动重定向　□跟随重定向　☑使用 KeepAlive　□对POST使用multipart / form-data　□与浏览器兼容的头

参数　消息体数据　文件上传

同请求一起发送参数：

名称：	值	编码？	内容类型	包含等于？
username	cindy		text/plain	☑
number	18939939279		text/plain	☑

图 7-11　"截获手机号码"HTTP 请求

⑥ 添加两个请求参数：

- "名称"：username；"值"：cindy。
- "名称"：number；"值"：18939939279(一个不同于 13685246381 并且可以收到短信的手机号)。

（5）在"截获手机号码"HTTP 请求下面添加"响应断言"元件，"测试模式"为"注册的用户名的手机号和收到的手机号不匹配"。

（6）在"模块控制器"元件中选择"截获手机号码"测试片段，如图 7-12 所示。

（7）确认"察看结果树"元件已被添加。

（8）运行测试脚本，观察断言结果。

① 如果断言成功，说明系统不存在这个安全隐患。

② 如果断言不成功，查看在"截获手机号码"HTTP 请求中输入的手机号，如果在这个手机收到了验证码，那么说明系统存在这个安全隐患。

模块控制器
名称：模块控制器
注释：
找到目标元素
Module To Run
▲ Test Plan
└ ⊙ 线程组
└ ▦ 暴力破解
● 截获Email
● 截获手机号码

图 7-12　在"模块控制器"元件中选择
"截获手机号码"测试片段

7.3　横向越权和纵向越权的测试方法

横向越权是指具有相同权限等级的用户的越权操作行为，在电子商务系统中表现为试图查看、修改和删除别人的信息。纵向越权是指具有不同权限等级的用户的越权操作行为，在电子商务系统中表现为普通用户登录后试图查看管理员的后台信息以及管理员试图查看普通用户的信息。

7.3.1　横向越权的测试方法

本节介绍横向越权的测试方法。

1. 试图查看别人的信息的测试方法

以下为试图查看别人的信息的测试脚本的创建步骤。

（1）在 JMeter 中建立"试图查看别人的信息"测试片段。

（2）将 ebusiness_interface.jmx 文件中"获取用户名和密码"元件后面的 JDBC Connection Configuration、"登录操作"仅一次控制器和"订单操作"简单控制器 3 个元件复制到当前 jmx 文件中的"试图查看别人的信息"测试片段下面。

（3）删除位于"登录操作"仅一次控制器下面的"登录"HTTP 请求下面的"登录"BeanShell 响应断言和"获取加密后的 password"BeanShell 响应断言预处理器。

（4）修改"登录操作"仅一次控制器下面的"商品列表"HTTP 请求中的以下两个请求参数：

① "名称"：username；"值"：peter。

② "名称"：password；"值"：$\{\_\_digest(SHA-256,zxcvb,,,)\}$。

（5）删除"登录操作"仅一次控制器下面的"商品列表"HTTP 请求下面的"商品列表"BeanShell 响应断言和"获取商品链接"CSS/JQuery 提取器。

（6）将"订单操作"简单控制器下面的"获得当前用户的编号"JDBC Request 中的 Parameter values 改为 peter。

（7）删除"订单操作"简单控制器下面的"删除订单"HTTP 请求。

（8）在原有的"删除订单"HTTP 请求处建立"删除 goods_order 信息"JDBC Request，如图 7-13 所示。

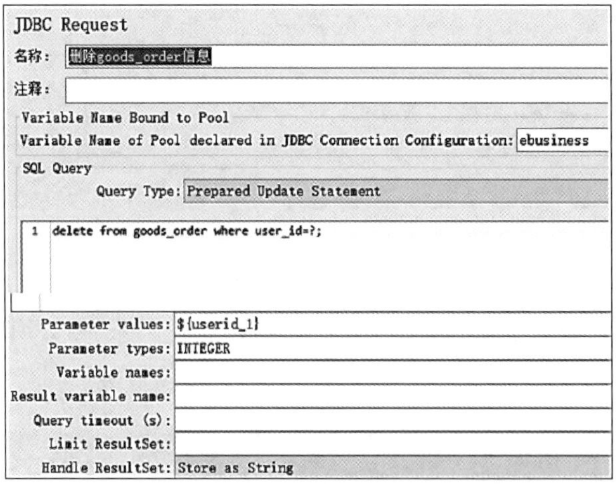

图 7-13　"删除 goods_order 信息"JDBC Request

① "名称"："删除 goods_order 信息"。

② Variable Name of Pool declared in JDBC Connection Configuration：ebusiness。

③ Query Type：Prepared Update Statement。

④ SQL Query："delete from goods_order where user_id＝？；"。

⑤ Parameter values："$\{userid\_1\}$"。

⑥ Parameter types："INTEGER"。

（9）在原有的"删除 goods_order 信息"HTTP 请求处建立"删除 good_orders 信息"JDBC Request，如图 7-14 所示。

① "名称"："删除 goods_orders 信息"。

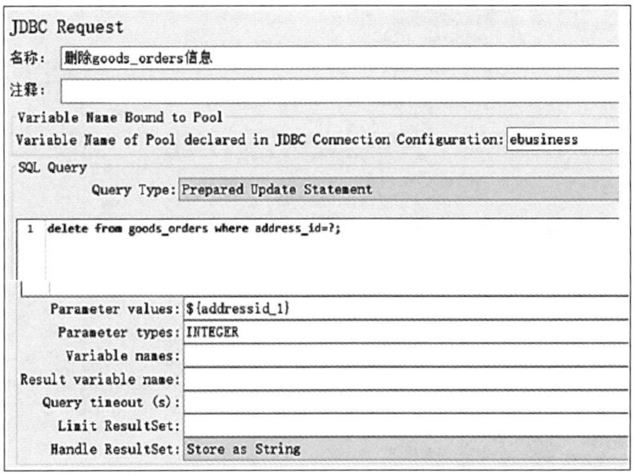

图 7-14　"删除 goods_orders 信息"JDBC Request

② Variable Name of Pool declared in JDBC Connection Configuration：ebusiness。

③ Query Type：Prepared Update Statement。

④ SQL Query："delete from goods_orders where address_id＝?;"。

⑤ Parameter values：＄{addressid_1}。

⑥ Parameter types：INTEGER。

（10）复制"暴力破解"测试片段下的"登录"HTTP 请求和"商品列表"HTTP 请求到"试图查看别人的信息"测试片段下。

（11）修改"商品列表"HTTP 请求下的 username 值为 jerry，修改 password 值为＄{__digest(SHA-256,654321,,,)}。

（12）建立"查看用户信息"HTTP 请求，URL 值为/user_info/。

（13）在"查看用户信息"HTTP 请求下建立"查看用户信息"响应断言，"模式匹配规则"选择"字符串"和"否"，在"测试模式"下输入"Email：peter@126.com"。

（14）建立"查看购物车"HTTP 请求，URL 值为/view_chart/。

（15）在"查看购物车"HTTP 请求下建立"查看购物车"响应断言，"模式匹配规则"选择"字符串"和"否"，在"测试模式"下输入"移除</a></td>"。

（16）建立"查看单个订单"HTTP 请求，URL 值为/view_order/577/。

（17）在"查看单个订单"HTTP 请求下建立"查看单个订单"响应断言，"模式匹配规则"选择"字符串"和"否"，在"测试模式"下输入"生成时间"。

（18）建立"查看全部订单"HTTP 请求，URL 值为/view_all_order/。

（19）在"查看全部订单"HTTP 请求下建立"查看全部订单"响应断言，"模式匹配规则"选择"字符串"和"否"，在"测试模式"下输入"删除</a>"。

（20）将"订单操作"简单控制器下面的"删除 goods_order 信息"JDBC Request、"删除 goods_orders 信息"JDBC Request 和"清理添加地址数据"JDBC Request 3 个元件移动到"查看全部订单"HTTP 请求下面。最后的树状图如图 7-15 所示。

（21）在"模块控制器"元件中选择"试图查看别人的信息"测试片段，运行测试脚本。

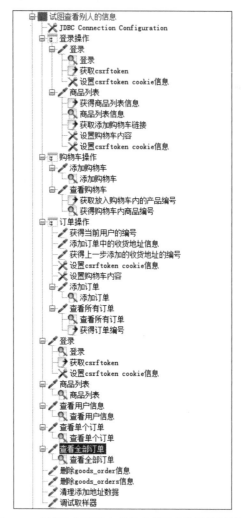

图 7-15　"试图查看别人的信息"测试片段的树状图

（22）根据测试结果判断是否存在安全隐患。在图 7-16 中，jerry 用户登录系统后可以看见 peter 的订单信息，存在安全隐患。

2. 试图修改和删除别人信息的测试方法

以下为试图修改和删除别人的信息的测试脚本的创建步骤。

（1）在 JMeter 中建立"试图修改和删除别人信息"测试片段。

（2）将"试图修改和删除别人信息"测试片段下的"登录操作"仅一次控制器、"购物车操作"简单控制器、"订单操作"简单控制器、"删除 goods_order 信息"JDBC Request、"删除 goods_orders 信息"JDBC Request 和"清理添加地址数据"JDBC Request 这 6 个元件复制到"试图修改和删除别人信息"测试片段下面。

（3）在"订单操作"简单控制器下面的"添加订单"HTTP 请求下添加"获得单个订单编号"边界提取器，如图 7-17 所示。

① "名称"："获得单个订单编号"。

图 7-16 "试图查看别人的信息"测试结果

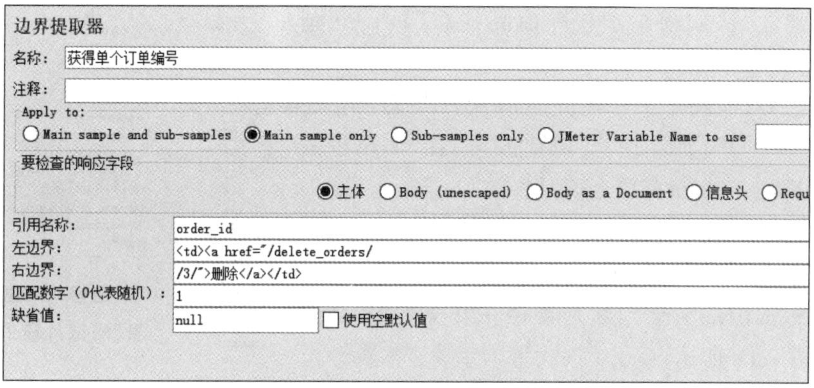

图 7-17 "获得单个订单编号"边界提取器

② "引用名称"：order_id。

③ "左边界"：＜td＞＜a href＝"/delete_orders/。

④ "右边界"：/3/"＞删除＜/a＞＜/td＞。

⑤ "匹配数字(0 代表随机)"：1。

⑥ "缺省值"：null。

（4）复制"试图查看别人的信息"测试片段下的"登录"HTTP 请求和"商品列表"HTTP 请求两个元件到"试图修改和删除别人信息"测试片段下面的"订单操作"测试片段后面。

（5）建立"修改收货信息"HTTP 请求，URL 值为/update_address/＄{addressid_1}/1/。

（6）在"修改收货信息"HTTP 请求下建立"修改收货信息"响应断言，在"测试模式"下输入"你试图修改"。

（7）建立"删除收货信息"HTTP 请求，URL 值为 delete_address/＄{addressid_1}/1/。

由于删除收货信息以后仍旧重定向到当前页面，所以选择"跟随重定向"复选框。

（8）在"删除收货信息"HTTP请求下建立"删除收货信息"响应断言，在"测试模式"下输入"你试图删除"。

（9）建立"删除订单"HTTP请求，URL值为/remove_chart/${number}/，由于删除订单信息以后仍旧重定向到当前页面，所以选择"跟随重定向"复选框。

（10）在"删除订单"HTTP请求下建立"删除订单"响应断言，在"测试模式"下输入"你试图删除"。

（11）建立"删除订单中的商品"HTTP请求，URL值为/delete_orders/${order_id}/1/。由于删除订单中的商品以后仍旧重定向到当前页面，所以选择"跟随重定向"复选框。

（12）在"删除订单中的商品"HTTP请求下建立"删除订单中的商品"响应断言，在"测试模式"下输入"你试图删除"。

（13）建立"从购物车中移除商品信息"HTTP请求，URL值为/remove_chart/${number}/。

（14）在"从购物车中移除商品信息"HTTP请求下建立"从购物车中移除商品信息"响应断言，在"测试模式"下输入"你的购物车中没有这个商品"。

（15）在"模块控制器"元件中选择"试图修改和删除别人信息"测试片段，运行测试脚本。

（16）根据测试结果判断是否存在安全隐患。最后的树状图如图7-18所示。

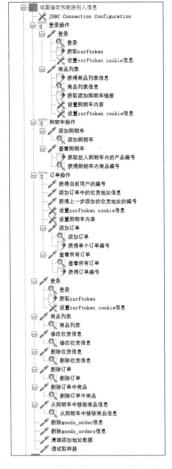

图7-18 "试图修改和删除别人信息"测试片段的树状图

7.3.2 纵向越权的测试方法

本节介绍纵向越权的测试方法。

1. 普通用户试图进入管理员后台界面的测试方法

以下为普通用户试图进入管理员后台界面的测试脚本的创建步骤。

（1）在"试图修改和删除别人信息"测试片段后面建立"普通用户试图登录后台"测试片段。

（2）复制"根据password控制"ForEach控制器后面的"登录"HTTP请求和"商品列表"HTTP请求以及下面的子元件到"普通用户试图登录后台"测试片段下面。

（3）在"商品列表"HTTP请求后面添加"添加商品页面"HTTP请求，内容与5.2.4节建立的"添加商品页面"HTTP请求一致。

（4）在"添加商品页面"HTTP请求下面添加"添加商品页面"响应断言，"模式匹配规则"选择"字符串"和"否"，在"测试模式"下输入＜form enctype＝"multipart/form-data" action＝"" method＝"post" id＝"goods_form""。

（5）在"添加商品页面"HTTP请求后面添加"添加商品页面成功"HTTP请求，内容与 5.2.4 节建立的"添加商品成功"HTTP 请求一致。

（6）在"添加商品成功"HTTP 请求下面添加"普通用户试图登录后台"响应断言，"模式匹配规则"选择"字符串"和"否"，在"测试模式"下输入 Add goods。

（7）在"模块控制器"元件中选择"普通用户试图登录后台"测试片段。

（8）运行测试脚本。测试成功，说明系统不存在安全漏洞。

2. 管理员试图查看普通用户信息的测试方法

以下为管理员试图查看普通用户信息的测试脚本的创建步骤。

（1）在"普通用户试图登录后台"测试片段后面建立"管理员试图查看普通用户信息"测试片段。

（2）把在 5.2.4 节中建立的"后台登录"HTTP 请求、"进入后台"HTTP 请求和"登出后台"HTTP 请求以及下面的元件都复制到"管理员试图查看普通用户信息"测试片段下面。

（3）在"进入后台"HTTP 请求后面建立"查看用户信息"HTTP 请求，如 7.3.1 节横向越权测试第（12）、（13）步所示。

（4）在"查看用户信息"HTTP 请求下面建立响应断言，"测试模式"为"请登录后再进入"。

（5）在"模块控制器"元件中选择"管理员试图查看普通用户信息"测试片段。

（6）运行测试脚本。测试成功，说明系统不存在安全漏洞。

最后的树状图如图 7-19 所示。

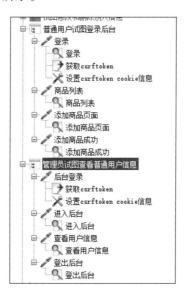

图 7-19　"管理员试图查看普通用户信息"测试片段的树状图

 ## 7.4　安全测试中使用的逻辑控制器

本节介绍安全测试中使用的逻辑控制器，包括"模块控制器"元件和"ForEach 控制器"元件。

7.4.1 "模块控制器"元件

"模块控制器"元件用于控制指定的"测试片段"的运行。右击元件，在弹出菜单中选择"添加"→"逻辑控制器"→"模块控制器"命令，即可打开"模块控制器"元件，如图 7-20 所示。

图 7-20 "模块控制器"元件

（1）选择测试片段，此次仅运行当前选定的测试片段。

（2）选择测试片段，单击"找到目标元素"按钮，就会自动导航到相应的测试片段所在的树状图的位置。

7.4.2 "ForEach 控制器"元件

"ForEach 控制器"元件通过一组相关变量的值进行循环。将取样器（或控制器）添加到"ForEach 控制器"元件中时，每个样本（或控制器）执行一次或多次。其中，在每个循环期间，变量都有一个新值。输入应该由几个变量组成，每个变量都用下画线和数字扩展。每个这样的变量都必须有一个值。例如，当输入变量前缀为 username 时，系统产生以下 4 个变量：

```
username_1 = cindy
username_2 = jerry
username_3 = peter
username_4 = john
```

注意，下画线分隔符在新的 JMeter 版本中是可选的。

当输出变量为 returnVar 时，"ForEach 控制器"元件下的取样器和控制器的集合将连续执行 4 次，returnVar 依次为上述 4 个变量的值，然后就可在取样器中使用。

右击元件，在弹出菜单中选择"添加"→"逻辑控制器"→"ForEach 控制器"命令，打开"ForEach 控制器"元件，如图 7-21 所示。

图 7-21 "ForEach 控制器"元件

（1）"输入变量前缀"：要用作输入的变量名称的前缀。默认以空字符串作为前缀。

（2）"开始循环字段（不包含）"：循环变量的起始索引（第一个元素位于起始索引＋1 处）。

（3）"循环结束字段（含）"：循环变量的结束索引。

（4）"输出变量名称"：可在循环中使用、在取样器中替换的变量的名称。默认为空变量名。

（5）"数字之前加上下划线"_"?"：指定数字之前是否需要加下画线。

"ForEach 控制器"元件提供__jm__＜元素名＞__idx 变量。"ForEach 控制器"元件特别适合与"正则表达式提取器"元件一起运行，即从"正则表达式提取器"元件获取数据，然后创建必要的输入变量，通过"ForEach 控制器"元件进行遍历。这可以从先前请求的结果数据中"创建"必要的输入变量。通过省略下画线分隔符，"ForEach 控制器"元件可以利用输入变量 refName_g 在循环组中使用，也可以利用形式为 refName_＄{Count}_g 的输入变量在所有匹配中的所有循环组中使用，其中 Count 是计数器变量。

7.5　安全测试中使用的"测试片段"元件

"测试片段"元件应用在控制器上的一个特殊的"线程组"，必须与 Include Controller 元件或"模块控制器"元件一起使用才能被执行。如果存在以下几种情况，可以考虑建立"测试片段"元件。

（1）JMeter 脚本非常复杂，此时可以通过测试片段分模块管理用例。

（2）JMeter 脚本由多个测试人员共同完成，此时可以通过测试片段分人分模块管理用例。

（3）每次只需要执行特定的元件。

右击元件，在弹出菜单中选择"添加"→"测试片段"→"测试片段"命令，打开"测试片段"元件，如图 7-22 显示。

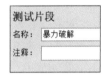

图 7-22　"测试片段"元件

第8章

建立及运行性能测试脚本

本章首先介绍如何搭建单场景性能测试和多场景性能测试,然后介绍如何完成以下测试。

(1) 对登录模块进行并发负载测试。

(2) 对商品模糊查询模块进行容量负载测试。

(3) 对整体功能进行疲劳性测试。

(4) 对登录模块进行强度测试。

最后介绍本章中使用的 13 个 JMeter 元件。

本章要完成电子商务系统的以下性能测试工作。

(1) 对登录模块进行并发负载测试。

(2) 对商品查询模块进行容量负载测试。

(3) 对多场景进行 48 小时疲劳性测试,测试系统是否存在内存溢出错误。

(4) 对登录模块进行强度测试,测试在高强度下运行半小时后可否恢复正常的工作。

(5) 不管如何,登录页面的响应时间均不得超过 3s。

按照 JMeter 官方要求,所有的测试必须在命令行模式下运行,并且在负载测试拐点处、疲劳性测试、强度测试下使用监控工具监控被测端与压测端的状态。

 ### 8.1 单场景性能测试的搭建

本节介绍单场景性能测试的搭建。

(1) 打开 ebusiness_login.jmx。

(2) 右击"测试计划"元件,在弹出菜单中选择"添加"→"配置元件"→"HTTP 缓存管理器"命令,按照图 8-1 进行设置。

在这里加上"HTTP 缓存管理器"元件的目的是使性能测试环境更加接近真实环境。

① 选择 Use Thread Group configuration to control cache clearing 复选框。

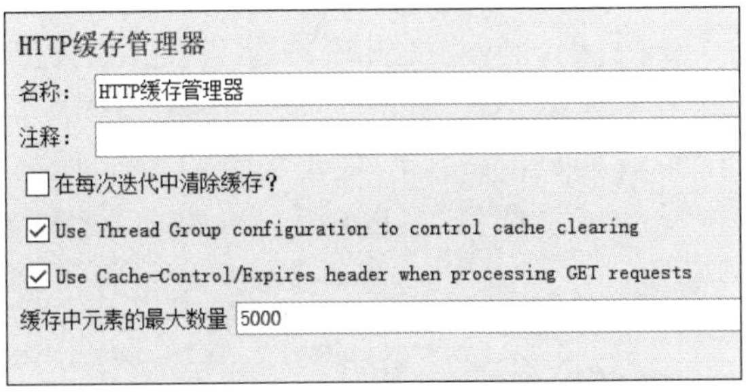

HTTP缓存管理器

名称：HTTP缓存管理器

注释：

☐ 在每次迭代中清除缓存？

☑ Use Thread Group configuration to control cache clearing

☑ Use Cache-Control/Expires header when processing GET requests

缓存中元素的最大数量 5000

图 8-1　HTTP 缓存管理器

② "缓存中元素的最大数量"：5000。

（3）在"登录"HTTP 请求后加入"断言持续时间"元件。

右击"登录"HTTP 请求元件，在弹出菜单中选择"添加"→"断言"→"断言持续时间"命令，按照图 8-2 进行设置。

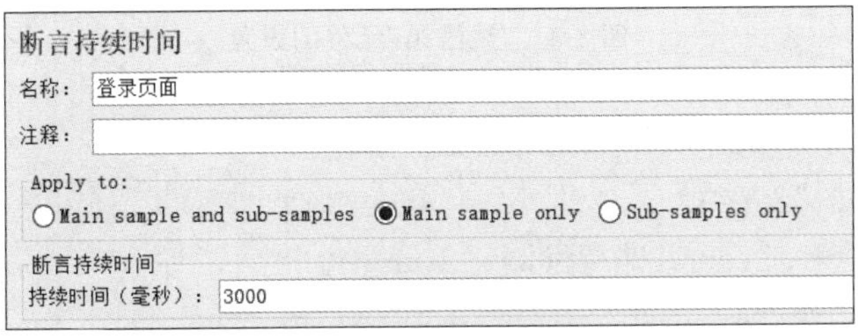

断言持续时间

名称：登录页面

注释：

Apply to:

○ Main sample and sub-samples　● Main sample only　○ Sub-samples only

断言持续时间

持续时间（毫秒）：3000

图 8-2　"登录页面"断言持续时间

① "名称"："登录页面"。

② Apply to：选择 Main sample only 单选按钮。

③ 持续时间（毫秒）：3000（即 3s）。

设置完毕，运行测试脚本，保证运行成功，并且没有发生异常。

（4）在最后加入"登出"HTTP 请求，如图 8-3 所示。

图 8-3　"登出"HTTP 请求

（5）将"线程组"元件按照图 8-4 进行设置。

① "在取样器错误后要执行的动作"：选择"启动下一进程循环"单选按钮。

② "线程数"：50。

③ "Ramp-Up 时间（秒）"：5（即 50 个用户在 5s 内加载完毕）。

④ "循环次数"："永远"。

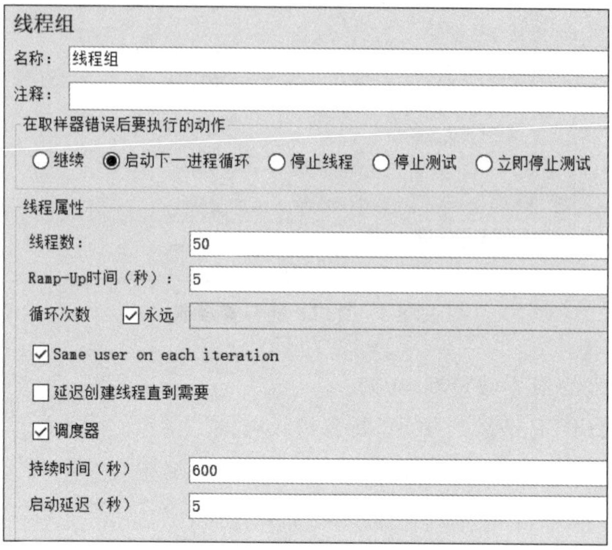

图 8-4 "线程组"元件的设置

⑤ 选择 Same user on each iteration 复选框。

⑥ 选择"调度器"复选框。

⑦ "持续时间（秒）"：600（即持续测试 10min）。

⑧ "启动延迟（秒）"：5。

（6）修改"循环控制器"元件的"循环次数"为 10。

（7）右击"登录"HTTP 请求，在弹出菜单中选择"添加"→"定时器"→Synchronizing Timer（同步定时器）命令，按照图 8-5 进行设置。

① "模拟用户组的数量"：20，也就是说并发用户为 20 个。

② "超时时间以毫秒为单位"：5000。即如果在 5000ms（5s）内满足不了模拟用户组的数量，来多少虚拟用户就发送多少虚拟用户。

（8）右击"登录"HTTP 请求，在弹出菜单中选择"添加"→"定时器"→"统一随机定时器"命令，按照图 8-6 进行设置。

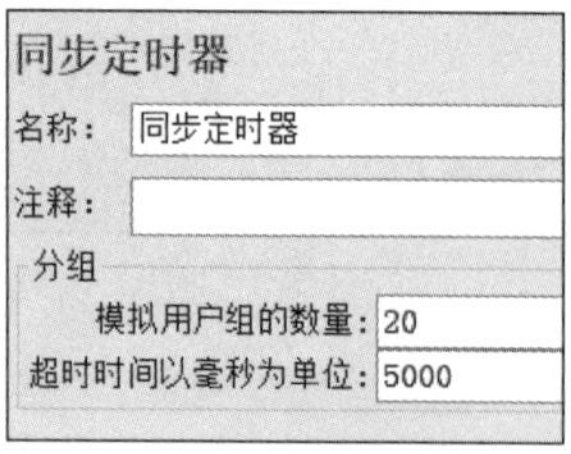

图 8-5 "同步定时器"元件

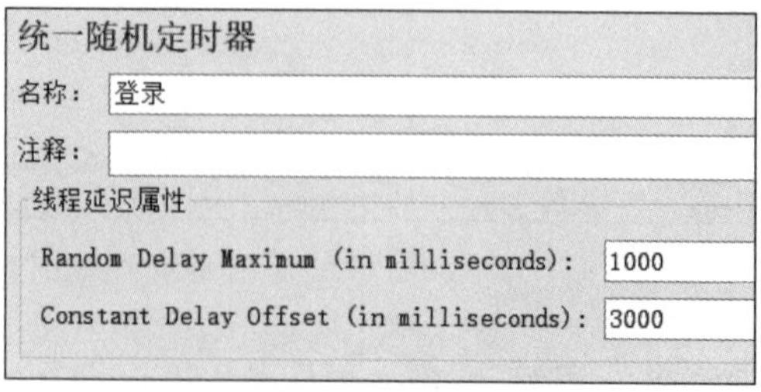

图 8-6 "登录"统一随机定时器

① "名称"："登录"。

② Random Delay Maximum（in milliseconds）：1000。

③ Constant Delay offset（in milliseconds）：3000（即定时时间为 3000～4000ms 的一

个随机数)。

（9）右击"商品列表"HTTP 请求，在弹出菜单中选择"添加"→"定时器"→"统一随机定时器"命令，按照图 8-7 进行设置。

图 8-7 "商品列表"统一随机定时器

① "名称"："商品列表"。

② Random Delay Maximum（in milliseconds)：1000。

③ Constant Delay offset（in milliseconds)：3000。

由于登录需要输入信息，所以延迟时间设置得略长些。这里的"统一随机定时器"元件相当于 LoadRunner 的集合点中的思考时间，也可以用"固定定时器"元件、"高斯随机定时器"元件和"泊松随机定时器"元件实现。

（10）右击"线程组"元件，在弹出菜单中选择"添加"→"监听器"→"汇总图"命令，添加"汇总图"元件。

（11）右击"线程组"元件，在弹出菜单中选择"添加"→"监听器"→"聚合报告"命令，添加"聚合报告"元件。

（12）右击"线程组"元件，在弹出菜单中选择"添加"→"监听器"→"响应时间图"命令，添加"响应时间图"元件。

（13）右击"线程组"，在弹出菜单中选择"添加"→"监听器"→"图形结果"命令，添加"图形结果"元件。

（14）运行测试脚本，确保配置正确。

8.2 多场景性能测试的搭建

本节介绍多场景性能测试的搭建。

8.2.1 搭建 Django 版本的多场景性能测试

本节介绍如何搭建 Django 版本的多场景性能测试。

（1）打开 ebusiness_Django.jmx 文件。

（2）在"测试计划"元件后面添加"HTTP 缓存管理器"元件。

（3）在"登录"HTTP 请求后加入"断言持续时间"元件。

（4）右击"循环控制器"元件，在弹出菜单中选择"添加"→"逻辑控制器"→"吞吐量控制器"命令。

（5）在新建的"吞吐量控制器"元件中进行以下设置。

① "名称"："购物车"。

② Base on：Percent Execution。

③ "吞吐量"：20.0（20％的在线用户在处理购物车）。

④ 选择 Per User 复选框。

（6）右击"购物车"吞吐量控制器，在弹出菜单中选择"复写"命令，复制一个"吞吐量控制器"元件。

（7）修改新的"吞吐量控制器"元件的设置。

① "名称"："查询商品"。

② "吞吐量"：50.0（50％的在线用户在查询商品）。

（8）再次右击"购物车"吞吐量控制器，在弹出菜单中选择"复写"命令，复制一个"吞吐量控制器"元件。

（9）修改新的"吞吐量控制器"元件的设置。

① "名称"："查看商品详情"。

② "吞吐量"：30.0（30％的在线用户在查看商品详情）。

（10）把"添加购物车"和"查看购物车"HTTP 请求放入"购物车"吞吐量控制器下。

（11）把"查询商品"HTTP 请求放入"查询商品"吞吐量控制器下。

（12）把"查看商品详情"HTTP 请求放入"查看商品详情"吞吐量控制器下。

（13）添加"登出"HTTP 请求及其断言。

（14）在所有"HTTP 请求"元件的后面都加上"统一随机定时器"元件，分别命名为"登录""商品列表""添加购物车""查看购物车""查询商品""查看商品详情"。

（15）对"登录"统一随机定时器和"查询商品"统一随机定时器均进行如下设置。

① Random Delay Maximum（in milliseconds）：1000。

② Constant Delay offset（in milliseconds）：3000。

对其他定时器均进行如下设置：

① Random Delay Maximum（in milliseconds）：500。

② Constant Delay offset（in milliseconds）：2000。

（16）加入"汇总报告""汇总图""聚合报告""响应时间图""图形结果"5 个元件。

（17）按图 8-4 设置"线程组"元件。

（18）在"查询商品"吞吐量控制器后、"查询商品"HTTP 请求前加入"同步定时器"元件，如图 8-8 所示。

对"同步定时器"元件进行如下设置：

① "模拟用户组的数量"：25（即始终保持在线用户数量的 50％）。

② "超过时间以毫秒为单位"：3000。

（19）同样在"查看商品详情"吞吐量控制器后、"查看

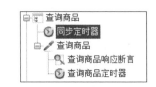

图 8-8　加入"同步定时器"元件

商品详情"HTTP 请求前加入"同步定时器"元件。对其进行如下设置：

  ① "模拟用户组的数量"：15（即始终保持在线用户数量的 30％）。

  ② "超过时间以毫秒为单位"：3000。

  （20）购物车一般在浏览器端进行处理，不添加同步定时器。

  （21）运行测试脚本，确保配置正确。

8.2.2　搭建 Django 版本与 J2EE 版本共同的多场景性能测试

  本节介绍如何搭建 Django 版本与 J2EE 版本共同的多场景性能测试。

  （1）将 ebusiness_Django.jmx 的文件名改为 ebusiness_performance.jmx。

  （2）右击"测试计划"元件，在弹出菜单中选择"添加"→"线程（用户）"→"线程组"命令，保留默认设置。

  （3）修改原先的"线程组"名称为"线程组（Django）"，修改新添加的"线程组"名称为"线程组（J2EE）"。

  （4）对这两个"线程组"元件均进行如下设置：

  ① "取样错误后要执行动作"："启动下一个循环"。

  ② "线程数"：50。

  ③ "Ramp-Up 时间"：5（即 50 个用户在 5s 内加载完毕）。

  ④ "循环次数"："永远"。

  （5）将"查看商品详情（J2EE）"HTTP 请求的名称改为"查看商品详情"，将"商品列表（J2EE）"HTTP 请求的名称改为"商品列表"。

  （6）在"线程组（J2EE）"下建立两个吞吐量控制器，分别命名为"查看商品详情"和"商品列表"。单击 Per User，"吞吐量"均为 50.0，即各占一半。

  （7）将"查看商品详情"HTTP 请求拖曳到"查看商品详情"吞吐量控制器下，将"商品列表"HTTP 请求拖曳到"商品列表"吞吐量控制器下。

  （8）在"查看商品详情"和"商品列表"两个 HTTP 请求下面分别加入统一随机定时器，分别命名为"查看商品详情"和"商品列表"，均进行如下设置：

  ① Random Delay Maximum（in milliseconds）：500。

  ② Constant Delay offset（in milliseconds）：2000。

  （9）在"查看商品详情"和"商品列表"两个 HTTP 请求前面加入同步定时器，均进行如下设置：

  ① "模拟用户组的数量"：25（即始终保持在线用户的 50％）。

  ② "超过时间以毫秒为单位"：3000。

  （10）将"察看结果树"元件及其几个报表拖曳到"测试计划"的最底部。最后的测试计划如图 8-9 所示。

  （11）运行测试脚本，保证性能测试搭建正确。

  在 ebusiness_performance.jmx 下如果只想测试 Django 版本或者 J2EE 版本，只要把"线程组（J2EE）"或"线程组（Django）"禁用即可。

图 8-9　最后的测试计划

 ## 8.3　性能测试的执行

本节介绍并发负载测试、容量负载测试、疲劳性测试和强度测试的执行。

8.3.1　并发负载测试的执行

并发负载测试的测试方法及结果评判标准：采用逐步逼近法或二分法寻找并发负载测试的拐点（本节采用二分法），持续运行 10min（600s）。如果测试错误百分比不超过5%，则认为测试正常；否则认为测试出现异常。若通过的最小值与失败的最大值之间的差值（精度）不超过某一事先设置好的最小值（本节设置为 15），则测试结束。

（1）打开 4.2 节搭建好的 ebusiness_login.jmx。

（2）运行测试脚本，保证接口测试正确。

（3）将"线程组"元件的"线程数"与"同步定时器"元件的"模拟用户组的数量"都改为 50。

（4）删除 Debug Sampler 元件。

（5）关闭 JMeter 图形界面。

（6）在 ebusiness_login.jmx 所在的目录下打开命令行工具。

（7）执行以下命令进行并发负载测试：

```
C:\Users\xiang\...\code>jmeter -n -t ebusiness_login.jmx -l loginlogfile.jtl
```

在测试执行过程中观察被测服务器的资源是否正常。关于 JMeter 的运行将在第 9 章详细介绍。

（8）测试执行 10min 后，错误百分比为 0%，说明系统可以承受 50 个用户的并发数。

（9）将"线程组"元件的"线程数"与"同步定时器"元件的"模拟用户组的数量"都改为 150。

（10）删除 loginlogfile.jtl。

（11）关闭 JMeter 图形界面，再用第（7）步的命令进行测试，在测试执行过程中观察被测服务器的资源是否正常。

（12）错误百分比为 0.21%，没有超过 5%，在可接受范围内。

（13）将"线程组"元件的"线程数"与"同步定时器"元件的"模拟用户组的数量"都改为 250，删除 loginlogfile.jtl，再进行测试，在测试执行过程中观察被测计算机的资源是否正常。

（14）错误百分比为 3.67%，没有超过 5%，在可接受范围内。

（15）将"线程组"元件的"线程数"与"同步定时器"元件的"模拟用户组的数量"都改为 275，删除 loginlogfile.jtl，用以下命令再进行测试，在测试执行过程中观察被测计算机的资源是否正常。

```
C:\Users\xiang\...\code>jmeter -n -t ebusiness_login.jmx -l loginlogfile1.jtl
```

（16）运行 10min 后，结果远远超过 5%，说明并发负载测试的拐点在 250 到 275 之间。

（17）将"线程组"元件的"线程数"与"同步定时器"元件的"模拟用户组的数量"都改为 262，删除 loginlogfile1.jtl，用第（15）步的命令再进行测试，在测试执行过程中观察被测计算机的资源是否正常。

（18）运行 10min 后，结果仍旧远远超过 5%，说明并发负载测试的拐点在 250 到 262 之间。二者之间的差值为 12，低于预先设置的精度 15，所以可以认为拐点为 250。

（19）打开压测端与被测端的监控工具（详见第 9 章的介绍），对在并发数为 250 的场景下执行的 10min 测试进行监控。

（20）将 loginlogfile.jtl 载入汇总报告，如图 8-10 所示。

Label	# 样本	平均值	最小值	最大值	标准偏差	异常 %	吞吐量	接收 KB/sec	发送 KB/sec	平均字节数
登录	22712	698	3	3044	595.19	2.97%	38.1/sec	82.85	0.00	2228.4
商品列表	21968	2293	34	6022	944.39	6.08%	37.2/sec	218.44	0.00	6005.9
登出	20488	1838	16	5963	864.64	1.85%	34.8/sec	88.88	0.00	2613.1
总体	65168	1594	3	6022	1059.51	3.67%	109.2/sec	386.37	0.00	3622.7

图 8-10　载入 loginlogfile.jtl 后的汇总报告

以下是"商品列表"的数据：

- ♯样本（即样本数）：21 968。
- 平均值：2293。
- 最小值：34。
- 最大值：6022。
- 标准偏差：944.39。
- 异常％：6.08％。
- 吞吐量：37.2/sec。
- 接收 KB/sec：218.44。
- 发送 KB/sec：0.00。
- 平均字节数：6005.9。

（21）将 loginlogfile.jtl 载入汇总图，如图 8-11 所示。

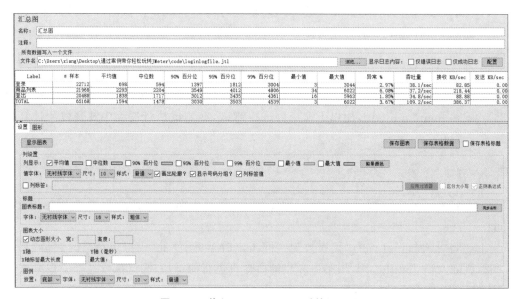

图 8-11　载入 loginlogfile.jtl 后的汇总图

在汇总图中，信息更加详尽。以下是"商品列表"的数据：
- ♯样本：21 968。
- 平均值：2293。
- 中位数：2204。
- 90％百分位：3549。
- 95％百分位：4012。
- 99％百分位：4806。
- 最小值：34。
- 最大值：6022。
- 异常％：6.08％。
- 吞吐量：37.2/sec。
- 接收 KB/sec：218.44。

• 发送 KB/sec：0.00。

(22) 设置所有的列属性，切换到“图形”选项卡，如图 8-12 所示。

Label	# 样本	平均值	中位数	90% 百分位	95% 百分位	99% 百分位	最小值	最大值	异常 %	吞吐量	接收 KB/sec	发送 KB/s
登录	22712	698	594	1397	1812	3004	3	3044	2.97%	38.1/sec	82.85	0
商品列表	21968	2293	2204	3549	4012	4806	34	6022	6.08%	37.2/sec	218.44	0
登出	20488	1838	1717	3012	3435	4361	16	5963	1.85%	34.8/sec	88.88	0
TOTAL	65168	1594	1478	3030	3503	4539	3	6022	3.67%	109.2/sec	386.37	0

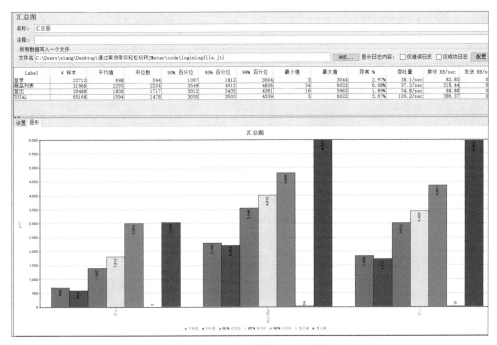

图 8-12　汇总图的“图形”选项卡

(23) 将 loginlogfile.jtl 载入聚合报告，如图 8-13 所示。

Label	# 样本	平均值	中位数	90% 百分位	95% 百分位	99% 百分位	最小值	最大值	异常 %	吞吐量	接收 KB/sec	发送 KB/sec
登录	22712	698	594	1397	1812	3004	3	3044	2.97%	38.1/sec	82.85	0.00
商品列表	21968	2293	2204	3549	4012	4806	34	6022	6.08%	37.2/sec	218.44	0.00
登出	20488	1838	1717	3012	3435	4361	16	5963	1.85%	34.8/sec	88.88	0.00
TOTAL	65168	1594	1478	3030	3503	4539	3	6022	3.67%	109.2/sec	386.37	0.00

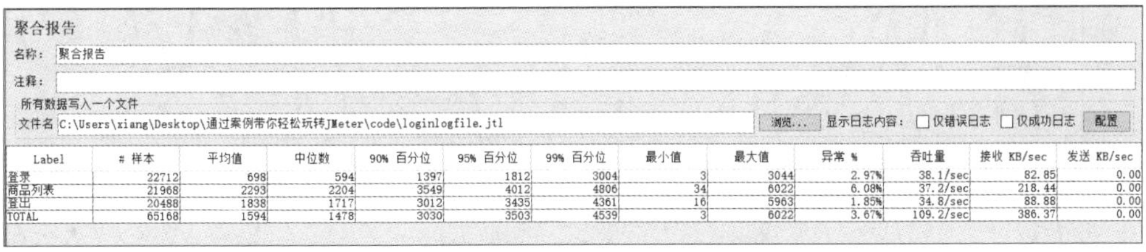

图 8-13　载入 loginlogfile.jtl 后的聚合报告

聚合报告显示的结果与汇总图基本一致。

(24) 将 loginlogfile.jtl 载入响应时间图，如图 8-14 所示。

(25) 切换到“图形”选项卡，如图 8-15 所示。

(26) 将 loginlogfile.jtl 载入图形结果，如图 8-16 所示。

以下是“商品列表”的数据：

• 样本数目：65 168。

• 最新样本：1194。

• 平均：1594。

• 偏离：1059。

• 吞吐量：6552.643/min。

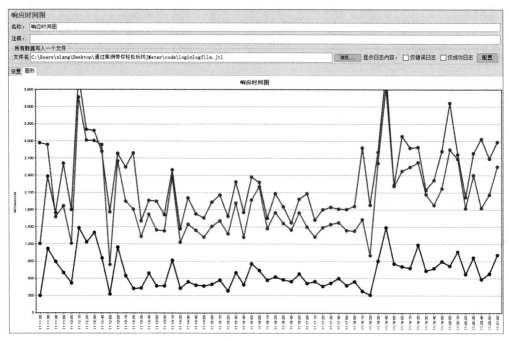

图 8-14　载入 loginlogfile.jtl 后的响应时间图

图 8-15　响应时间图的"图形"选项卡

- 中值：1478。

注意，当并发用户数增大的时候，如果 Windows 命令行界面出现以下警告信息：

```
WARNING: Contention waiting for a SAXParser. Consider increasing the
XMLReaderUtils.POOL_SIZE
Sep 06, 2021 10:28:20 AM org.apache.tika.utils.XMLReaderUtils acquireSAXParser
```

可以忽略这个警告。

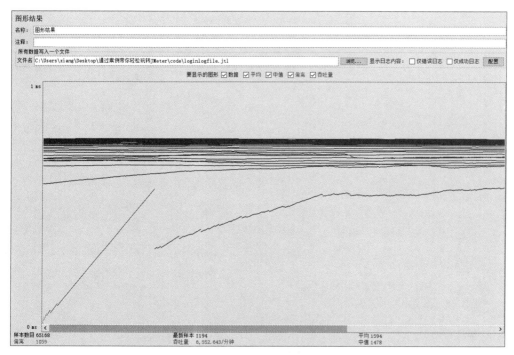

图 8-16　载入 **loginlogfile.jtl** 后的图形结果

8.3.2　容量负载测试的执行

容量负载测试的测试方法及结果评判标准：采用逐步逼近法或二分法寻找容量负载测试的拐点（本节采用二分法），通过 Python 脚本向数据库中注入数据，通过 SQL 语句delete 删除数据。固定在线用户数为 100，每次测试仍旧持续运行 10min（600s），如果测试错误百分比不超过 5%，则认为测试正常；否则认为测试出现异常。若通过的最小值与失败的最大值之间的差值（精度）不超过 10 000，则测试结束。

（1）建立如下 Python 代码，以向数据库中加入数据。

```python
if __name__=='__main__':
    db = DB()
    db.connect()
    tablename ="goods_goods"
    for i in range(100000,200000):
        j = i % 10
        if j ==0:
            values =str(i)+",'茶叶',67.87,'/static/image/1.jpg','这是款好的茶
                叶'"
        elif j ==1:
            values =str(i)+",'火腿肠',100.47,'/static/image/2.jpg','这是款好
                的火腿肠'"
        elif j ==2:
```

```
            values = str(i)+",'五香豆',100.47,'/static/image/2.jpg','这是款好
                的五香豆'"
        elif j == 3:
            values = str(i)+",'花生',100.47,'/static/image/2.jpg','这是款好的
                花生'"
        elif j == 4:
            values = str(i)+",'烤鸭',100.47,'/static/image/2.jpg','这是款好的
                烤鸭'"
        elif j == 5:
            values = str(i)+",'瓜子',100.47,'/static/image/2.jpg','这是款好的
                瓜子'"
        elif j == 6:
            values = str(i)+",'大排',100.47,'/static/image/2.jpg','这是款好的
                大排'"
        elif j == 7:
            values = str(i)+",'烤肉',100.47,'/static/image/2.jpg','这是款好的
                烤肉'"
        elif j == 8:
            values = str(i)+",'羊肉串',100.47,'/static/image/2.jpg','这是款好
                的羊肉串'"
        elif j == 9:
            values = str(i)+",'辣子鸡丁',100.47,'/static/image/2.jpg','这是款
                好的辣子鸡丁'"
        db.insert(tablename,values)
db.close()
```

（2）用 JMeter 打开 ebusiness_performance.jmx，禁用"线程组（J2EE）"。

（3）把"线程组（Django）"元件中的"购物车"吞吐量控制器与"查看商品"详情吞吐量控制器中的吞吐量设置为 0。

（4）把"查询商品"吞吐量控制器的吞吐量设置为 100，这样就只对查询商品进行测试。

（5）将"线程组"元件的"并发数"改为 100，其他不变。

（6）将"循环控制器"元件的"循环时间"改为 10。

（7）通过脚本设置商品中的数据为 100 000 条，运行 10min，错误百分比为 7.67%，超过了 5% 的阈值。

（8）通过 SQL 语句 delete 删除商品中的数据，使其个数为 70 000 条，运行 10min，错误百分比为 1.87%，说明容量测试拐点在 70 000 与 100 000 之间。

（9）通过脚本设置商品中的数据为 80 000 条，运行 10min，错误百分比为 5.52%，说明容量测试拐点在 70 000 与 80 000 之间。

（10）通过脚本设置商品中的数据为 75 000 条，运行 10min，错误百分比为 1.75%，说明容量测试拐点在 75 000 与 80 000 之间。二者之间的差值为 5000，低于预先设置的精度，所以可以认为拐点为 75 000。

（11）打开压测端与被测端的监控工具（详见第 9 章的介绍），对在商品数为 75 000 的场景下运行的 10min 测试进行监控。

（12）将测试产生的拐点数据（jtl 文件）导入到各个报表中进行分析。

8.3.3　疲劳性测试的执行

疲劳性测试是指在负载测试（可以是容量或并发量拐点的 75%～85%，也可以是容量拐点以及并发量拐点的 45%～55% 下）进行长时间的测试，从而发现系统是否存在性能缺陷。

（1）用 JMeter 打开 ebusiness_login.jmx。在 8.3.1 节已经找到了并发负载测试的拐点，为 250，将"线程组"元件中的"线程数"设置为 200（250×80%），将"Ramp_Up 时间"设置为 5，"循环次数"为"永远"，选择"调度器"复选框，"持续时间（秒）"为 172 800s（即 48h），"启动延迟（秒）"为 60s，如图 8-17 所示。

图 8-17　疲劳性测试的"线程组"元件设置

（2）将"查询商品"下的"同步定时器"元件的"模拟用户组的数量"设置为 50。

（3）将"查看商品详情"下的"同步定时器"元件的"模拟用户组的数量"设置为 0。

（4）将"查看商品详情"下的"同步定时器"元件的"模拟用户组的数量"设置为 20。

（5）打开被测程序。

（6）运行测试脚本，保证设置无误。

（7）打开压测端与被测端的监控工具（详见第 11 章的介绍）。

（8）根据需求打开全链路监控程序。

（9）启动测试。

（10）在测试过程中随时查看监控软件的状态。

（11）测试完毕，将测试 jtl 数据导入 JMeter 中，进行分析。

8.3.4　强度测试的执行

强度测试是指在负载测试（可以是容量，也可以是并发量，还可以是容量和并发量）拐点的 150%～200% 下进行 0.5～1h 的测试，从而发现系统是否存在性能缺陷（从理论上说，强度测试应该属于可靠性测试。然而，由于它与拐点有密切的关系，因此往往在性能测试中进行）。

（1）用 JMeter 打开 ebusiness_login.jmx。

（2）在 8.3.1 节已经找到了并发负载测试的拐点，为 250。本节将在 2 倍拐点（500）下进行强度测试。

（3）设置"线程组"元件的"线程数"为 500，"持续运行（秒）"为 1800s（即 0.5h）。

（4）设置所有"同步定时器"元件的"模拟用户组的数量"都改为 500。

（5）打开压测端与被测端的监控工具（详见第 11 章的介绍），在整个场景下进行监控。

（6）强度测试执行完毕，打开 ebusiness_interface.jmx，进行接口测试，以验证被测系统是否可以恢复正常工作。

通过上面的配置，共产生如下 6 个 jmx 文件：

（1）ebusiness_badboy.jmx：Badboy 录制后的脚本文件。

（2）ebusiness_JMeter.jmx：JMeter 录制后的脚本文件。

（3）ebusiness_interface：所有接口测试的脚本文件。

（4）ebusiness_sec.jmx：安全测试的脚本文件。

（5）ebusiness_login.jmx：仅对登录功能进行性能测试的脚本文件。

（6）ebusiness_performance.jmx：Django 版本与 J2EE 版本一起测试的脚本文件。

8.4　性能测试中使用的逻辑控制器："吞吐量控制器"元件

"吞吐量控制器"元件功能类似于 LoadRunner 的多场景设置功能，用于在多场景下控制每个场景在线用户数比例。右击元件，在弹出菜单中选择"添加"→"逻辑控制器"→"吞吐量控制器"命令，即可打开"吞吐量控制器"元件，如图 8-18 所示。

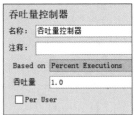

（1）打开本书的配套程序 Throughput .jmx。

（2）设置"线程组"元件的"用户数"为 2。

（3）设置"循环控制器"元件的"循环次数"为 10。

图 8-18　"吞吐量控制器"元件

（4）场景 1：设置"吞吐量控制器 1"的 Based on 为 Percent Executions，"吞吐量"为 80.0（即 80%），不选择 Per User 复选框；设置"吞吐量控制器 2"的 Based on 为 Percent Executions，"吞吐量"为 20.0（即 20%），不选择 Per User 复选框。

（5）运行测试脚本，查看汇总表，如图 8-19 所示。

共有 20 个样本，"吞吐量控制器 1"下的元件分配了 $20 \times 80\% = 16$ 个样本，"吞吐量控制器 2"下的元件分配了 $20 \times 20\% = 4$ 个样本。

（6）场景 2："吞吐量控制器 1"和"吞吐量控制器 2"均选择 Per User 复选框。

（7）运行测试脚本，查看汇总表，如图 8-20 所示。

Label	# 样本
调试取样器1	16
调试取样器2	4
总体	20

图 8-19　场景 1 下的汇总表

Label	# 样本
调试取样器1	16
调试取样器2	4
总体	20

图 8-20　场景 2 下的汇总表

可见，在 Based on 为 Percent Executions 时，是否选择 Per User 复选框对结果没有影响。

（8）场景 3：设置"吞吐量控制器 1"的 Based on 为 Total Executions，"吞吐量"为 8，选择 Per User 复选框；设置"吞吐量控制器 2"的 Based on 为 Total Executions，"吞吐量"为 2，选择 Per User 复选框。

（9）运行测试脚本，查看汇总表，如图 8-21 所示。

（10）场景 4："吞吐量控制器 1"和"吞吐量控制器 2"均不选择 Per User 复选框。

（11）运行测试脚本，查看汇总表，如图 8-22 所示。

Label	# 样本
调试取样器1	16
调试取样器2	4
总体	20

图 8-21　场景 3 的汇总表

Label	# 样本
调试取样器1	8
调试取样器2	2
总体	10

图 8-22　场景 4 的汇总表

可见，在这种情况下，"循环控制器"只运行一次。

总结一下：在 Based on 为 Total Executions，不选择 Per User 复选框时，"循环控制器"元件仅执行一次；而选择了 Per User 复选框，"循环控制器"元件按照设置的次数执行；在 Based on 为 Percent Executions 时，选择或不选择 Per User 复选框，结果是一样的，并且都由设置的"循环控制器"元件执行。

8.5　性能测试中使用的断言："断言持续时间"元件

"断言持续时间"元件的请求响应时间不得超过设定的阈值。右击元件，在弹出菜单中选择"添加"→"断言"→"断言持续时间"命令，即可打开"断言持续时间"元件，如图 8-23 所示。

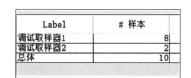

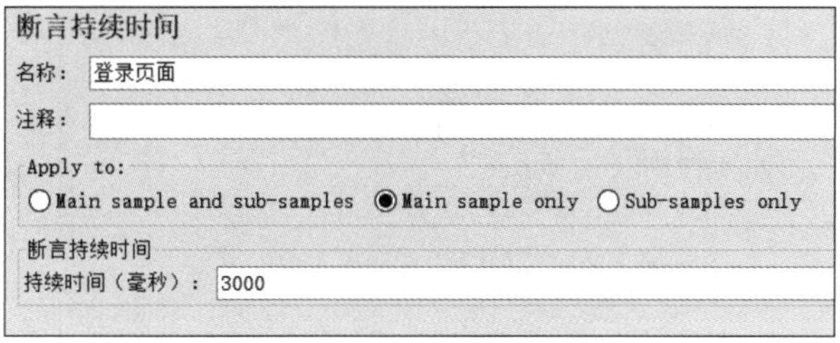

图 8-23　"断言持续时间"元件

（1）Apply to：这里仅支持 Main sample and sub-samples、Main sample only 和 Sub-samples only，不支持 JMeter Variable Name to use。

（2）"持续时间（毫秒）"：设置测试的持续时间。

如果客户有这样的性能需求：首页必须在 3s 内得到响应，其他页面必须在 5s 内得到响应，就可以使用这个元件了。

8.6 性能测试中使用的配置元件："HTTP 缓存管理器"元件

"HTTP 缓存管理器"元件用于向其作用域内的 HTTP 请求添加缓存功能，以模拟浏览器的缓存功能。每个虚拟用户线程都有自己的缓存。默认情况下，"HTTP 缓存管理器"元件将使用 LRU（Least Recently Used，最近最少使用）算法在每个虚拟用户线程的缓存中存储多达 5000 个条目，可以使用属性 maxSize 修改此值。请注意，此值越大，"HTTP 缓存管理器"元件消耗的内存越多，因此应确保相应地调整-Xmx JVM 选项。

如果样本成功（即响应代码为 2××），则会为 URL 保存上次修改的值和 Etag（以及过期的值，如果相关）。在执行下一个示例之前，取样器检查缓存中是否有条目。如果有，则为 HTTP 请求设置 If-Last-Modified 和 if -None-Match 的信息头。

此外，如果选择了 Use Cache-Control/Expires header when processing GET requests 复选框，则会根据当前时间检查缓存控制/过期值。如果是 GET 请求，并且时间戳是未来的，那么取样器将立即返回，而不是向远程服务器发送 URL 请求，这是为了模拟浏览器行为。注意，如果 Cache-Control 标头设置为 no-cache，则响应将作为预过期存储在缓存中，因此将生成一个条件 GET 请求。如果缓存控制有任何其他值，则处理 max-age 到期选项以计算条目生存期；否则将使用 Expires 标头。如果还缺少条目，则将按照 RFC 2616 的 13.2.4 节的规定，使用上次修改的时间和响应日期进行缓存。

注意，如果请求的文档在缓存后没有更改，则响应正文将为空；如果到期日是未来的，可能会导致断言出现问题。

右击元件，在弹出菜单中选择"添加"→"配置元件"→"HTTP 缓存管理器"命令，打开"HTTP 缓存管理器"元件，如图 8-24 所示。

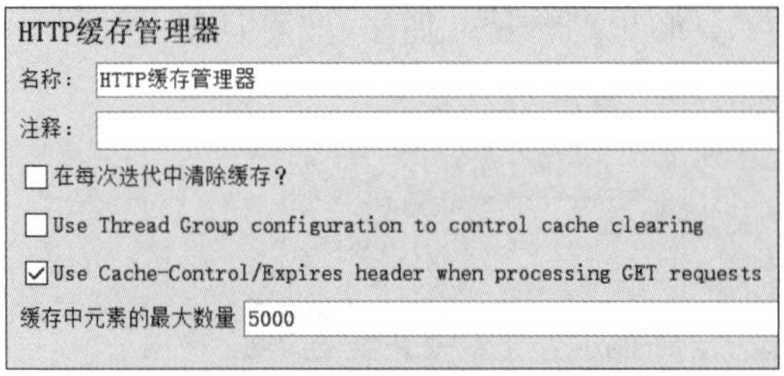

HTTP缓存管理器

名称： HTTP缓存管理器

注释：

☐ 在每次迭代中清除缓存？

☐ Use Thread Group configuration to control cache clearing

☑ Use Cache-Control/Expires header when processing GET requests

缓存中元素的最大数量 5000

图 8-24 "HTTP 缓存管理器"元件

（1）"在每次迭代中清除缓存？"：如果选中该复选框，则在线程开始时清除缓存。

（2）Use Thread Group configuration to control cache clearing：使用"线程组"元件的

配置控制缓存清除。

（3）Use Cache-Control/Expires header when processing GET requests：处理 GET 请求时使用 Cache Control/Expires 标头。

（4）"缓存中元素的最大数量"：默认为 5000。

8.7　性能测试中使用的定时器

本节介绍性能测试中使用的定时器，包括"同步定时器"元件、"固定定时器"元件、"统一随机定时器"元件、"高斯随机定时器"元件和"泊松随机定时器"元件。

8.7.1　"同步定时器"元件

"同步定时器"元件类似于 LoadRunner 中的集合点。右击元件，在弹出菜单中选择"添加"→"定时器"→Synchronizing Timer（同步定时器）命令，即可打开"同步定时器"元件，如图 8-25 所示。

（1）"模拟用户组的数量"：即并发用户数，默认为 50。

（2）"超时时间以毫秒为单位"：如果在设定的超时时间内达不到模拟用户组的数量，直接继续下面的工作，不再等待。

下面通过一个案例更深入地了解"同步定时器"元件的作用。

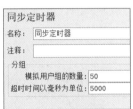

图 8-25　"同步定时器"元件

（1）打开 ebuiness_login.jmx。

（2）禁用所有的"统一随机定时器"元件。

（3）"线程组"元件的"用户数"设置为 10。

（4）"循环控制器"元件的"循环次数"设置为 1。

（5）右击"线程组"元件，在弹出菜单中选择"添加"→"监控器"→"用表格察看结果"命令，按 Start Time 进行排序，如图 8-26 所示。

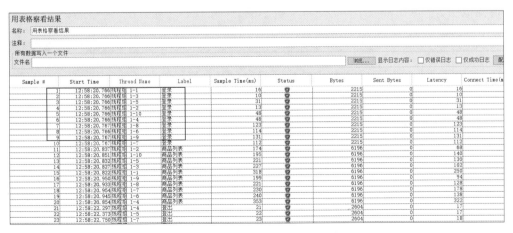

图 8-26　"用表格察看结果"元件

通过这样的设置，可以发现，每 10 个登录用户为一个并发，一起开始，这就是同步定时器的作用。

8.7.2 "固定定时器"元件

"固定定时器"元件、"统一随机定时器"元件、"高斯随机定时器"元件和"泊松随机定时器"元件类似于 LoadRunner 中的思考时间。3 种"随机定时器"元件的定时时间是随机的，"固定定时器"元件的定时时间是固定的。右击元件，在弹出菜单中选择"添加"→"定时器"→"固定定时器"命令，即可打开"固定定时器"元件，如图 8-27 所示。

"线程延迟(毫秒)"是固定的等待时间。

8.7.3 "统一随机定时器"元件

JMeter 提供了 3 种随机定时器："统一随机定时器"元件、"高斯随机定时器"元件和"泊松随机定时器"元件。"统一随机定时器"元件的特点是在区间内的取值概率是均等的。右击元件，在弹出菜单中选择"添加"→"定时器"→"统一随机定时器"命令，即可打开"统一随机定时器"元件，如图 8-28 所示。

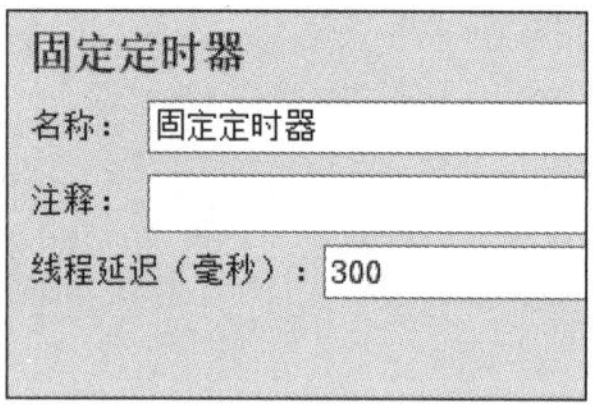

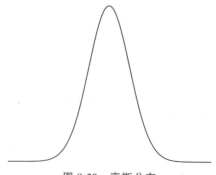

图 8-27 "固定定时器"元件 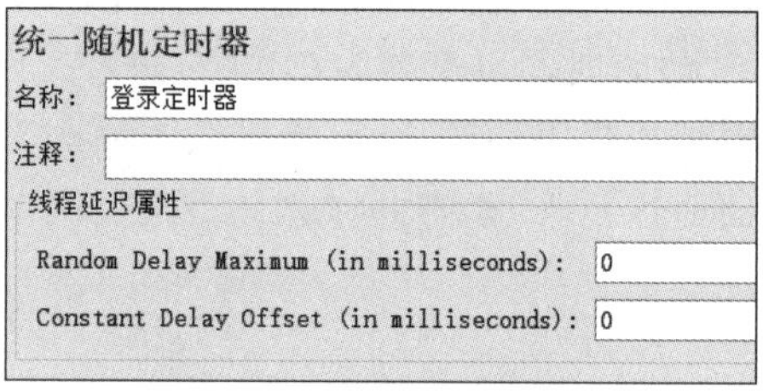　　　　　　图 8-28 "统一随机定时器"元件

(1) Random Delay Maximum (in milliseconds)：随机延迟最大的时间，单位为毫秒。

(2) Constant Delay Offset (in milliseconds)：固定延迟时间，单位为毫秒。

假设 Constant Delay Offset 为 3000ms，Random Delay Maximum 为 800ms，总的延迟时间范围为[3000,3000+800]，即[3000,3800]。

8.7.4 "高斯随机定时器"元件

"高斯随机定时器"元件的特点是在区间内的取值概率符合高斯分布(即正态分布)，如图 8-29 所示。

图 8-29 高斯分布

　　右击元件,在弹出菜单中选择"添加"→"定时器"→"高斯随机定时器"命令,即可打开"高斯随机定时器"元件,如图 8-30 所示。

图 8-30　"高斯随机定时器"元件

　　(1) 偏差(毫秒):偏差值,用于确定一个浮动范围。

　　(2) 固定延迟偏移(毫秒):固定延迟时间。

　　假设固定延迟偏移为 300ms,偏差为 100ms,总的延迟时间范围为[300,300+100],即[300,400]。

8.7.5　"泊松随机定时器"元件

　　"泊松随机定时器"元件的特点是在区间内的取值概率符合泊松分布,如图 8-31 所示。

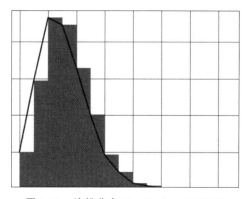

图 8-31　泊松分布($\lambda=3$,size=10 000)

　　右击元件,在弹出菜单中选择"添加"→"定时器"→"泊松随机定时器"命令,即可打开"泊松随机定时器"元件,如图 8-32 所示。

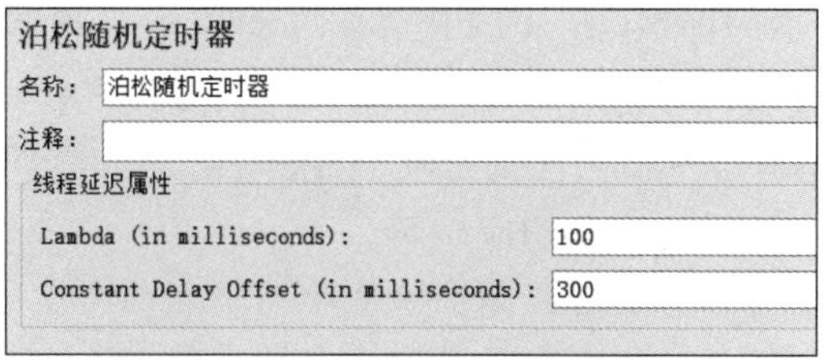

图 8-32　"泊松随机定时器"元件

　　(1) Lambda (in milliseconds):即泊松分布概率密度函数中的 λ 值。

　　(2) Constant Delay Offset (in milliseconds):固定延迟时间。

　　假设 λ 值为 100ms,Constant Delay Offset 为 300ms,总的延迟时间范围为[100,100+300],即[100,400]。

8.8 性能测试中使用的监控器

本节介绍性能测试中使用的监控器，包括"聚合报告"元件、"汇总报告"元件、"汇总图"元件、"响应时间图"元件和"图形结果"元件。

8.8.1 "聚合报告"元件

"聚合报告"元件在分析测试结果时是很有用的。由于该元件仅统计测试结果，执行测试时占用较少的服务器资源，因此，在测试资源允许的情况下，可保留这个监听器执行测试。但是，根据 JMeter 的官方建议，还是推荐使用 CLI 模式保存测试结果后再使用"聚合报告"元件进行查看分析，以降低该元件对性能的影响。

右击元件，在弹出菜单中选择"添加"→"监控器"→"聚合报告"命令，即可打开"聚合报告"元件，如图 8-33 所示。

图 8-33 "聚合报告"元件

（1）"文件名"：要保存或读取的测试结果文件名，包含路径（也可通过浏览将 jtl 文件添加进来）。

（2）"仅错误日志"：仅显示错误日志。

（3）"仅成功日志"：仅显示成功日志。

（4）"配置"：与 3.6.1 节"察看结果树"元件的"配置"一致。

（5）Label：执行样本的标签，如 HTTP 请求的名称、事务控制器名称。

（6）"♯样本"：执行的具有相同标签的样本数量。需要注意，多个同名样本将被统计在一起，所以在编写脚本时样本命名应该是唯一的。

（7）"平均值"：这组样本的平均响应时间。

（8）"中位数"：这组样本的响应时间的中位数。

（9）"90％百分位"：90％的样本响应时间不超过这个时间。

（10）"95％百分位"：95％的样本响应时间不超过这个时间。

（11）"99％百分位"：99％的样本响应时间不超过这个时间。

（12）"最小值"：这组样本中最短的响应时间。

（13）"最大值"：这组样本中最长的响应时间。

（14）"异常％"：执行失败的请求占这组样本的百分比。

（15）"吞吐量"：以每秒（或每分钟、每小时）的请求数衡量，通常可以反映服务器的事务处理能力。

（16）接收 KB/sec：每秒接收多少 KB 的数据，反映获取数据的网络使用情况。

（17）发送 KB/sec：每秒发送多少 KB 的数据，反映发送数据的网络使用情况。

例如，有 2 组样本，每组各 10 个样本，响应时间如表 8-1 所示。

表 8-1　2 组样本的响应时间

编　　　号	1	2	3	4	5	6	7	8	9	10
样本组 1/ms	50	50	50	50	50	50	50	50	50	2000
样本组 2/ms	245	245	245	245	245	245	245	245	245	245

样本组 1 的平均值为（50ms×9＋2000ms）/10＝2450ms/10＝245ms，99％百分位为 50ms。

样本组 2 的平均值为 245ms，99％百分位为 245ms。

可见样本组 1 的效果要比样本组 2 的效果优秀。

8.8.2　"汇总报告"元件

"汇总报告"元件与"聚合报告"元件类似，但是相比"聚合报告"元件，"汇总报告"元件使用更少的内存。

右击元件，在弹出菜单中选择"添加"→"监控器"→"汇总报告"命令，即可打开"汇总报告"元件，如图 8-34 所示。

图 8-34　"汇总报告"元件

（1）"文件名"：要保存或读取的测试结果文件名，包含路径。

（2）"仅错误日志"：仅显示错误的日志。

（3）"仅成功日志"：仅显示成功的日志。

（4）"配置"：与 4.2.10 节"察看结果树"元件的配置一致。

（5）Label：执行样本的标签，如 HTTP 请求的名称、事务控制器的名称等。

（6）"♯样本"：执行的具有相同标签的样本数量。需要注意，多个同名的样本将被统计在一起，所以在编写脚本时样本命名应该是唯一的。

（7）"平均值"：这组样本的平均响应时间。

（8）"最小值"：这组样本中最短的响应时间。

（9）"最大值"：这组样本中最长的响应时间。

（10）"异常％"：执行失败的请求占这组样本的百分比。

（11）"吞吐量"：以每秒（或每分钟、每小时）的请求数衡量，通常可以反映服务器的事务处理能力。

（12）"接收 KB/sec"：每秒接收多少 KB 的数据，反映获取数据的网络使用情况。

（13）"发送 KB/sec"：每秒发送多少 KB 的数据，反映发送数据的网络使用情况。

（14）"平均字节数"：样本响应数据的平均大小，以字节为单位。

8.8.3 "汇总图"元件

"汇总图"元件通过数据图形化显示测试结果。右击元件，在弹出菜单中选择"添加"→"监控器"→"汇总图"命令，即可打开"汇总图"元件。其"设置"选项卡和"图形"选项卡分别如图 8-35 和图 8-36 所示。

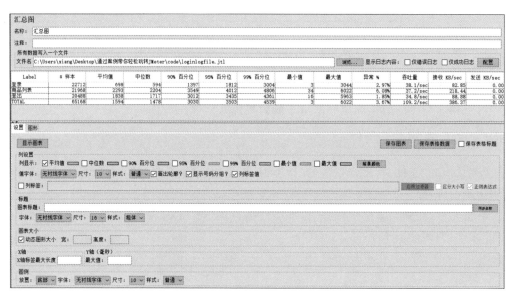

图 8-35 "汇总图"元件的"设置"选项卡

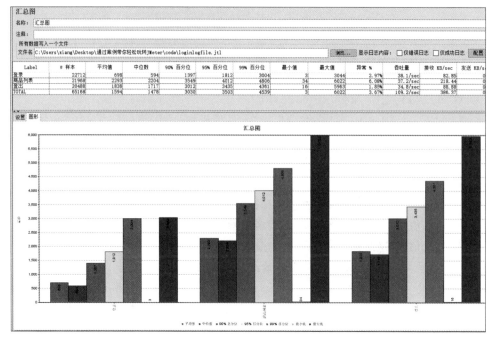

图 8-36 "汇总图"元件的"图形"选项卡

（1）"列设置"。

①"列显示"：选择要在图形中显示的列。包括"平均值""中位数""90％百分位"
"95％百分位""99％百分位""最小值""最大值"。

② 颜色：单击列名右侧的颜色按钮，为列选择自定义颜色。

③"前景颜色"：可以修改前景的颜色值。

④"值字体"：允许设置文本的字体，包括字体有无衬线、尺寸（即字号）和样式（普通、
加粗、斜体）。

⑤"画出轮廓?"：指定在条形图上是否绘制轮廓线。

⑥"显示号码分组?"：指定是否在 Y 轴标签中显示号码分组。

⑦"列标签值"：指定是否显示列标签。

⑧"列标签"：按结果标签过滤。可以使用正则表达式，例如"＊登录＊"。

⑨ 在显示图形之前，单击"应用过滤器"按钮刷新内部数据。

（2）"标题"：定义图表的标题。默认值是"汇总图"。"同步名称"按钮定义标题与监
听器的标签。

（3）"图表大小"。

①"动态图形大小"：根据当前 JMeter 窗口的宽度和高度确定图形大小。

② 使用"宽"和"高度"定义图表大小，单位为像素。

（4）"X 轴标签最大长度"：定义 X 轴标签的最大长度（以像素为单位）。

（5）"Y 轴最大值"：定义 Y 轴的最大值。

（6）"图例"：定义图表图例的位置和字体设置。

8.8.4　"响应时间图"元件

响应时间图为折线图，显示测试期间响应时间的变化。如果同一时间内存在多个样本，
则显示平均值。右击元件，在弹出菜单中选择"添加"→"监控器"→"响应时间图"命令，即可
打开"响应时间图"元件。其"设置"选项卡和"图形"选项卡分别如图 8-37 和图 8-38 所示。

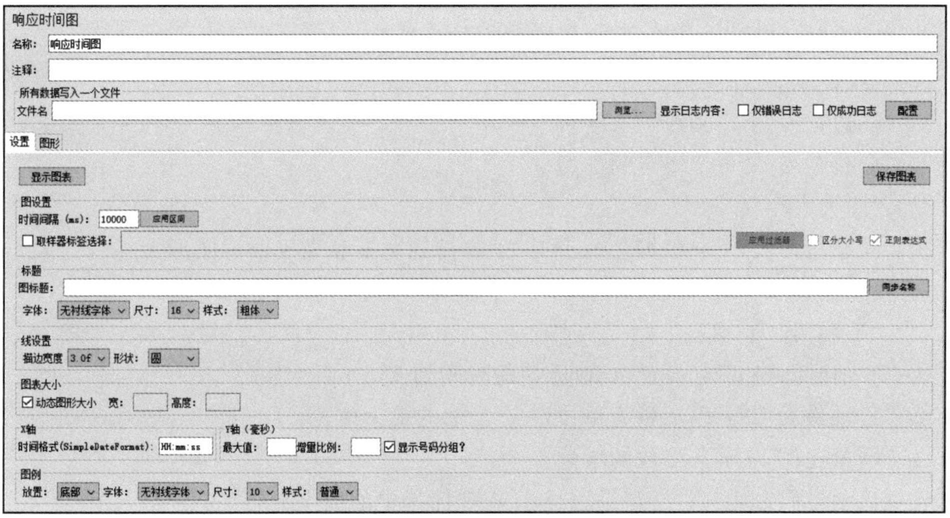

图 8-37　"响应时间图"的"设置"选项卡

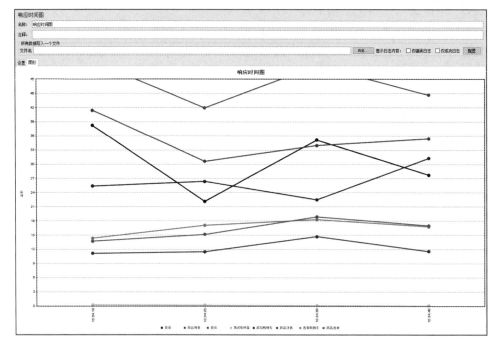

图 8-38　"响应时间图"的"图形"选项卡

（1）"图设置"。

① "时间间隔（ms）"：X 轴时间间隔（毫秒）。将根据此值对样本进行分组，在显示图形之前，单击"应用区间"按钮刷新内部数据。

② "取样器标签选择"：按结果标签筛选。可以使用正则表达式，例如＊登录＊。在显示图形之前，单击"应用过滤器"按钮刷新内部数据。

（2）"标题"。

① "图标题"。默认值是"响应时间图"。

② "同步名称"按钮定义标题与监听器的标签。

③ "字体""尺寸""样式"：图表标题的字体设置。

（3）"线设置"。

① "描边宽度"：定义线的宽度。

② "形状"：定义每个值点的类型。

（4）"图表大小"。

① "动态图形大小"：根据当前 JMeter 窗口的宽度和高度确定图形大小。

② 使用"宽"和"高度"定义图表大小，单位为像素。

（5）"X 轴"和"Y 轴"。

① "X 轴时间格式"：设置 X 轴标签的时间格式。

② "Y 轴最大值"：以毫秒为单位定义 Y 轴的最大值。

③ "增量比例"：定义缩放的增量。

④ "显示号码分组？"：指定是否显示 Y 轴标签中的数字分组。

（6）"图例"：定义图表图例的位置和字体设置。

8.8.5　"图形结果"元件

"图形结果"元件用于绘制所有取样时间。沿着图表底部，以毫秒为单位显示当前样本(黑色)、所有样本的当前平均值(蓝色)、当前标准偏差(红色)和当前吞吐量(绿色)。右击元件，在弹出菜单中选择"添加"→"监控器"→"图形结果"命令，即可打开"图形结果"元件，如图 8-39 所示。

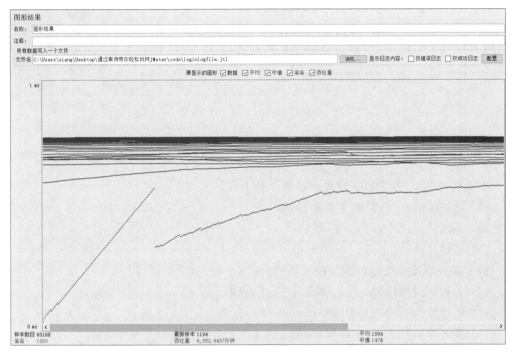

图 8-39　"图形结果"元件

(1)"样本数目"：样本的总个数。

(2)"最新样本"：当前经过的取样时间内的样本个数。

(3)"平均"：平均值。

(4)"偏离"：标准偏差。

(5)"吞吐量"：单位时间的样本个数。

(6)"中值"：中位数。

(7)图表左上角显示的值是响应时间的 90% 百分位的值。

第9章

JMeter 性能测试的运行与监控

本章将介绍运行 JMeter 性能测试的 3 种方式：

（1）通过 JMeter 自带的工具运行。

（2）通过 Apache Ant 运行。

（3）通过 Taurus 运行。

接下来介绍几个性能测试监控工具（组）：

（1）监控压测端的工具组：JMeter＋InfluxDB＋Grafana。

（2）监控被测端的工具组：Exporter＋Prometheus＋Grafana。

（3）全链路监控工具：SkyWalking。

最后介绍一个监听器："后端监听器"元件。

 9.1　通过 JMeter 自带的工具运行 JMeter 性能测试

通过 JMeter 自带的工具运行 JMeter 性能测试的命令格式如下：

```
jmeter -n -t jmx 文件名 -l jtl 格式记录文件
```

例如：

```
jmeter -n -t ebusiness_performance.jmx -l logfile1.jtl
```

这个命令中最基本的参数介绍如下：

-h：帮助。打印帮助信息并退出。

-n：在非GUI模式下运行JMeter。

-t：后面为测试文件要运行的 JMeter 测试脚本文件（必选）。

-l：后面为日志文件记录结果的文件（必选）。

-r：远程执行。在 jmter.properties 文件中指定远程服务器。

-H：设置 JMeter 使用的代理主机。

-P：设置 JMeter 使用的代理主机的端口号。

例如，执行以下命令：

```
D:…\CLI>jmeter -n -t ebusiness_performance.jmx -l logfile.jtl
```

运行结果如下：

```
Jun 07, 2021 5:38:23 PM java.util.prefs.WindowsPreferences <init>
WARNING: Could not open/create prefs root node Software\JavaSoft\Prefs at root
0x80000002. Windows RegCreateKeyEx(...) returned error code 5.
Creating summariser <summary>
Created the tree successfully using ebusiness_performance.jmx
Starting the test @ Mon Jun 07 17:38:24 CST 2021 (1623058704060)
Waiting  for  possible  Shutdown/StopTestNow/HeapDump/ThreadDump  message  on
port 4445
summary +    1    in 00:00:03 =   0.3/s Avg:   17 Min:   17 Max:   17 Err:   0 (0.00%)
Active: 2 Started: 2 Finished: 0
summary +  1792 in 00:00:29 =  61.2/s Avg:  300 Min:   2 Max:  7292 Err:  19 (1.06%)
Active: 20 Started: 20 Finished: 0
summary =  1793 in 00:00:32 =  55.3/s Avg:  300 Min:   2 Max:  7292 Err:  19 (1.06%)
summary +  1877 in 00:00:30 =  62.6/s Avg:  322 Min:   2 Max:  6837 Err:  15 (0.80%)
Active: 20 Started: 20 Finished: 0
summary =  3670 in 00:01:02 =  58.8/s Avg:  312 Min:   2 Max:  7292 Err:  34 (0.93%)
summary +  1663 in 00:00:30 =  55.2/s Avg:  373 Min:   3 Max:  6995 Err:  16 (0.96%)
Active: 20 Started: 20 Finished: 0
summary =  5333 in 00:01:33 =  57.6/s Avg:  331 Min:   2 Max:  7292 Err:  50 (0.94%)
…
```

运行产生的 logfile.jtl 可以通过 JMeter 的 GUI 界面加载到报告中。

 ## 9.2　通过 Apache Ant 运行 JMeter 性能测试

Apache Ant 是一个集软件编译、测试、部署等功能于一体的自动化工具，大多用于 Java 环境中的软件开发，由 Apache 软件基金会发布。由于 JMeter 是用 Java 开发的软件，因此给 Apache Ant 的运行提供了可能。下面为配置 Apache Ant 运行 JMeter 性能测试的方法。

（1）安装并且配置 Apache Ant。

（2）修改％JMETER_HOME％\bin\jmeter.properties：

```
jmeter.save.saveservice.output_format=xml
```

（3）配置 build.xml：

```
<?xml version="1.0" encoding="UTF-8"?>
```

```xml
<project name="ant-jmeter-test" default="run" basedir=".">
<tstamp>
<format property="time" pattern="yyyyMMddhhmm" />
</tstamp>
<!-- 需要改成自己本地的 JMeter 目录 -->
<property name="jmeter.home" value="C:\apache\apache-jmeter-5.4.1" />
<!-- JMeter 生成 JTL 格式的结果报告的路径-->
<property name="jmeter.result.jtl.dir" value="C:\apache\apache-jmeter-5.4.1\bin\test\report\jtl" />
<!-- JMeter 生成 HTML 格式的结果报告的路径 -->
<property name="jmeter.result.html.dir" value="C:\apache\apache-jmeter-5.4.1\bin\test\report\html" />
<!-- 生成的报告的前缀 -->
<property name="ReportName" value="TestReport" />
<property name="jmeter.result.jtlName" value="${jmeter.result.jtl.dir}/${ReportName}${time}.jtl" />
<property name="jmeter.result.htmlName" value="${jmeter.result.html.dir}/${ReportName}.html" />

<target name="run">
<antcall target="test" />
<antcall target="report" />
</target>

<target name="test">
<taskdef name="jmeter" classname="org.programmerplanet.ant.taskdefs.jmeter.JMeterTask" />
<jmeter jmeterhome="${jmeter.home}" resultlog="${jmeter.result.jtlName}">
<!-- 声明要运行的脚本。"*.jmx"指此目录下的所有 jmeter 脚本 -->
<testplans dir="C:\apache\apache-jmeter-5.4.1\scripts" includes="*.jmx" />

<property name="jmeter.save.saveservice.output_format" value="xml"/>
</jmeter>
</target>

<path id="xslt.classpath">
<fileset dir="${jmeter.home}/lib" includes="xalan*.jar"/>
<fileset dir="${jmeter.home}/lib" includes="serializer*.jar"/>
</path>

<target name="report">
<tstamp><format property="report.datestamp" pattern="yyyy/MM/dd HH:mm" /></tstamp>
<xslt
```

```
        classpathref="xslt.classpath"
        force="true"

        in="${jmeter.result.jtlName}"
        out="${jmeter.result.htmlName}"
        style="${jmeter.home}/extras/jmeter-results-detail-report_21.xsl" />

<!-- 因为上面在生成报告时不会将相关的图片也一起复制到目标目录下,所以需要手动复制
-->
<copy todir="${jmeter.result.html.dir}">
<fileset dir="${jmeter.home}/extras">
<include name="collapse.png" />
<include name="expand.png" />
</fileset>
</copy>
</target>

</project>
```

其中:

(1) C:\apache\apache-jmeter-5.4.1\ 为 JMeter 的安装目录,即%JMETER_HOME%。

(2) C:\apache\apache-jmeter-5.4.1\scripts 为 JMX 文件的位置。

(3) 运行 Apache Ant。

```
C:\apache\apache-jmeter-5.4.1\scripts>ant
Buildfile: C:\apache\apache-jmeter-5.4.1\scripts\build.xml

run:

test:
    [jmeter] Executing test plan: C:\apache\apache-jmeter-5.4.1\scripts\login.
jmx = = > C:\apache\apache-jmeter-5.4.1\bin\test\report\jtl\
TestReport202108190413.jtl
    [jmeter] 八月 19, 2021 4:13:42 下午 java.util.prefs.WindowsPreferences <init>
    [jmeter] 警告: Could not open/create prefs root node Software\JavaSoft\Prefs
at root 0x80000002. Windows RegCreateKeyEx(...) returned error code 5.
    [jmeter] Creating summariser <summary>
    [jmeter] Created the tree successfully using C:\apache\apache-jmeter-5.4.1
\scripts\login.jmx
    [jmeter] Starting standalone test @ Thu Aug 19 16:13:53 CST 2021
(1629360833026)
```

```
    [jmeter] Waiting for possible Shutdown/StopTestNow/HeapDump/ThreadDump
message on port 4447
    [jmeter] summary +    152 in 00:00:06 =    27.4/s Avg:    31 Min:    11 Max:
255 Err:    0 (0.00%) Active: 1 Started: 1 Finished: 0
    [jmeter] summary +   1215 in 00:00:30 =    40.6/s Avg:    23 Min:    10 Max:
347 Err:    0 (0.00%) Active: 1 Started: 1 Finished: 0
    [jmeter] summary =   1367 in 00:00:35 =    38.6/s Avg:    24 Min:    10 Max:
347 Err:    0 (0.00%)
    [jmeter] summary +   1203 in 00:00:25 =    48.7/s Avg:    20 Min:    9 Max:
62 Err:    0 (0.00%) Active: 0 Started: 1 Finished: 1
    [jmeter] summary =   2570 in 00:01:00 =    42.7/s Avg:    22 Min:    9 Max:
347 Err:    0 (0.00%)
    [jmeter] Tidying up ...    @ Thu Aug 19 16:14:54 CST 2021 (1629360894732)
    [jmeter] ... end of run


report:
    [xslt] Processing C:\apache\apache-jmeter-5.4.1\bin\test\report\jtl\
TestReport202108190413.jtl to C:\apache\apache-jmeter-5.4.1\bin\test\report
\html\TestReport.html
    [xslt] Loading stylesheet C:\apache\apache-jmeter-5.4.1\extras\jmeter-
results-detail-report_21.xsl
    [copy] Copying 2 files to C:\apache\apache-jmeter-5.4.1\bin\test\report
\html


BUILD SUCCESSFUL
Total time: 1 minute 19 seconds


C:\apache\apache-jmeter-5.4.1\scripts>
```

其中：

（1）C:\apache\apache-jmeter-5.4.1\bin\test\report\jtl 为 JTL 格式的测试报告文件所在的目录。

（2）C:\apache\apache-jmeter-5.4.1\bin\test\report\html 为 HTML 格式的测试报告文件所在的目录。

通过 Apache Ant 运行 JMeter 性能测试的 HTML 格式的测试报告如图 9-1 所示。

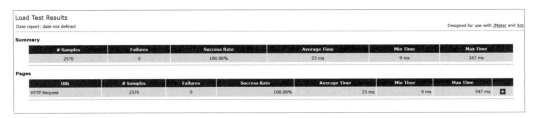

图 9-1　通过 Apache Ant 运行 JMeter 性能测试的 HTML 格式的测试报告

9.3　通过 Taurus 运行 JMeter

Taurus 工具是一个开源自动化测试框架，它提供简单的基于 YAML 的配置格式。要通过 Taurus 运行 JMeter，首先要配置好 Python 环境。然后通过 pip3 install bzt 命令安装 Taurus 插件。接下来配置 blaze_exist_jmeter_config.yml 文件：

```
execution:
  - scenario: simple


scenarios:
  simple:
script: ebusiness_performance.jmx


modules:
    jmeter:
        download-link: https://mirrors.tuna.tsinghua.edu.cn/apache//jmeter/
binaries/apache-jmeter-{version}.zip
        version: 5.2.1
```

其中，ebusiness_performance.jmx 为将运行的 JMX 文件。

最后执行 bzt blaze_exist_jmeter_config.yml 命令即可。

```
D:\...\JMeter Script\Taurus>bzt blaze_exist_jmeter_config.yml
17:54:16 INFO: Taurus CLI Tool v1.14.2
17:54:16 INFO: Starting with configs: ['blaze_exist_jmeter_config.yml']
17:54:16 INFO: Configuring...
17:54:16 INFO: Artifacts dir: D:\DOCUMENT\培训与演讲\培训\软件性能测试\JMeter
Script\Taurus\2021-06-07_17-54-16.816972
17:54:16 INFO: Preparing...
17:54:18 WARNING: There is newer version of Taurus 1.15.3 available, consider
upgrading. What's new: http://gettaurus.org/docs/Changelog/
17:54:21 INFO: 3 obsolete CookieManagers are found and fixed
17:54:27 INFO: Starting...
17:54:27 INFO: Waiting for results...
17:54:27 INFO: Did not mute console logging
17:54:28 INFO: Waiting for finish...
```

通过 Taurus 运行 JMeter 性能测试的界面如图 9-2 所示。

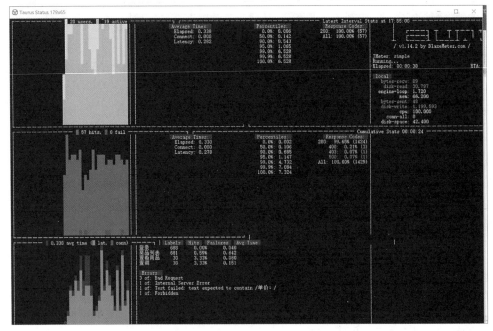

图 9-2　通过 Taurus 运行 JMeter 性能测试的界面

 ## 9.4　性能测试监控

本节介绍性能测试监控工具（组），分别是压测端监控工具组——JMeter＋InfluxDB＋Grafana、被测端监控工具组——Exporter ＋ Prometheus ＋ Grafana 和全链路监控工具 SkyWalking。

9.4.1　压测端监控工具组：JMeter＋InfluxDB＋Grafana

在压测端，如果发现发出去的进程失败的比例比较高，可以考虑以下两种情形：

（1）被测软件的性能达到瓶颈，无法接受如此多的请求。

（2）运行压测端压测工具（例如 JMeter）的计算机发送了过多的线程，压测计算机资源（CPU、内存、网络或磁盘）不足，需要增加 JMeter 集群。

这就需要在执行性能测试的时候使用对应的监控工具进行监控。尽管 9.1 节和 9.3 节中介绍的工具均可以实现这个功能，但是 JMeter＋InfluxDB＋Grafana 是目前最友好的压测端监控工具组。

JMeter＋InfluxDB＋Grafana 环境可以安装在 Windows、Linux 或 macOS 等操作系统下。本节以 Windows 为例进行讲解。

1. 下载并安装 InfluxDB

InfluxDB 是一个开源分布式时序、时间和指标的数据库，它是使用 Go 语言编写的，无需外部依赖，其设计目标是实现分布式和水平伸缩扩展。InfluxDB 主要应用于性能监控、应用程序指标评估、物联网传感器数据和实时分析等后端存储。

InfluxDB 家族完整的上下游产品还包括 Chronograf、Telegraf、Kapacitor，如图 9-3 所示。

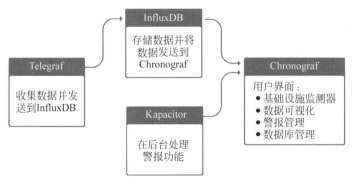

图 9-3 InfluxDB 家族

下载并安装 InfluxDB 的具体操作步骤如下。

（1）从 https://dl.influxdata.com/influxdb/releases/下载 influxdb2-2.0.6-windows-amd64.zip。

（2）将下载的 zip 文件存储在本地的一个非中文目录下（本书将其存储在 C:\influxdb-1.7.3-1 下）。

（3）进入 C:\influxdb-1.7.3-1 目录，用文本编辑器打开 influxdb.conf。

（4）按黑体所示进行编辑。

```
...
[meta]
  #Where the metadata/raft database is stored
  #dir = "/var/lib/influxdb/meta"
  dir = "C:\\influxdb\\meta"
  # 本书设为 C:\\influxdb，数据库文件将存储在 C:\\influxdb 目录下

  #Automatically create a default retention policy when creating a database
  retention-autocreate = true

  #If log messages are printed for the meta service
  logging-enabled = true
  ...
[data]
  #The directory where the TSM storage engine stores TSM files
  dir = "C:\\influxdb\\meta"

  #The directory where the TSM storage engine stores WAL files
  wal-dir = "C:\\influxdb\\wal"
  ...
[retention]
```

```
        #Determines whether retention policy enforcement enabled
        enabled = true
        #The interval of time when retention policy enforcement checks run
        check-interval = "30m"
        ...

    [shard-precreation]
        #Determines whether shard pre-creation service is enabled
        enabled = true

        #The interval of time when the check to pre-create new shards runs
        check-interval = "10m"

        #The default period ahead of the endtime of a shard group that its successor
        #group is created
        advance-period = "30m"
        ...

    [monitor]
        #Whether to record statistics internally
        store-enabled = true

        #The destination database for recorded statistics
        store-database = "_internal"

        #The interval at which to record statistics
        store-interval = "10s"
        ...
```

（5）运行 influxdb -config influxdb.conf。

```
C:\influxdb-1.7.3-1>influxdb -config influxdb.conf
8888888          .d888 888                      8888888b.  888888b.
  888           d88P" 888                        888  "Y88b 888  "88b
  888           888   888                        888   888 888  .88P
  888  88888b.  888888 888 888  888 888  888 .d888b.    888 8888888K.
  888  888 "88b 888    888 888  888 Y8bd8P' 888         888 888  "Y88b
  888  888 888  888    888 888  888 X88K    888         888 888    888
  888  888 888  888    888 Y88b 888 .d8""8b. 888  .d88P 888    d88P
8888888 888  888 888    888  "Y88888 888  888 8888888P"  8888888P"
...
2021-06-04T09:46:34.406806Z  info  Starting retention policy enforcement
service  {"log_id": "0UXbWmRG000", "service": "retention", "check_interval": "30m"}
2021-06-04T09:46:34.408611Z   info   Listening for signals  {"log_id":
"0UXbWmRG000"}
2021-06-04T09:46:34.408611Z   info   Sending usage statistics to
usage.influxdata.com      {"log_id": "0UXbWmRG000"}
```

（6）如果出现"Sending usage statistics to usage.influxdata.com"，表示 InfluxDB 启动成功。

2. 配置 InfluxDB

1）用 InfluxDB Studio 配置

InfluxDB Studio 是 InfluxDB 的图形化配置界面。通过以下步骤配置 InfluxDB。

（1）下载 InfluxDB Studio。

链接：https://pan.baidu.com/s/1CRJXtmj_W5bIEJjkP0mR5g。

提取码：ok87。

（2）解压后直接运行 InfluxDBStudio.exe。

（3）单击图 9-4 中的 Create 图标，建立数据库连接。

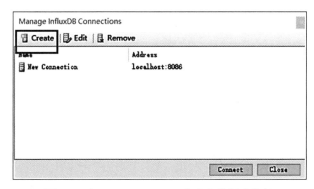

图 9-4　在 InfluxDB Studio 中建立数据库连接

（4）在图 9-5 中，输入连接名、InfluxDB 地址（默认为 localhost）和端口号（默认为8086）以及用户名和密码（默认为 admin/admin）。单击 Test 按钮，显示测试成功。单击Save 按钮，显示连接成功后保存连接设置并关闭对话框。

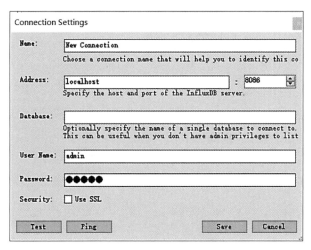

图 9-5　数据库连接设置

（5）在 InfluxDB Studio 界面左侧出现图 9-6 所示的树状结构，其中的_internal 为默认数据库。

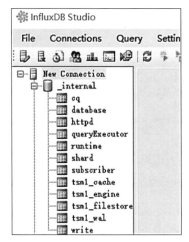

图 9-6　连接的树状结构

（6）如图 9-7(a)所示，右击树状结构根部，即 New Connection，在弹出菜单中选择 Create Database 命令。

（7）如图 9-7(b)所示，输入 jmeter。

（8）如图 9-7(c)所示，jmeter 数据库被成功建立。

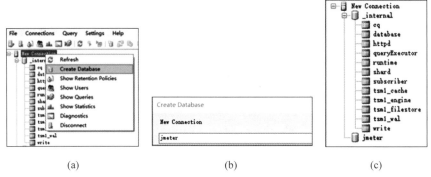

　　　　　(a)　　　　　　　　　　　(b)　　　　　　　　　　　(c)

图 9-7　建立数据库

2）用命令行配置

用命令行配置 InfluxDB 的步骤如下：

（1）运行 Influx.exe，进入 InfluxDB 命令行。

（2）依次输入如下命令：

```
>CREATE USER admin WITH PASSWORD 'admin' WITH ALL PRIVILEGES
>auth admin admin
>CREATE DATABASE jmeter
>show databases use jmeter
>show measurements
```

执行最后一个命令后,命令行界面显示为空,这是因为当前还没有数据。

3. 下载并安装 Grafana

Grafana 是一款用 Go 语言开发的开源数据可视化工具,可以用于数据监控和数据统计,带有告警功能。目前使用 Grafana 的公司有很多,例如 PayPal、eBay、Intel 等。Grafana 包括以下七大特点:

(1) 可视化。提供快速和灵活的客户端图形界面,具有多种选项。面板插件为许多不同的方式添加了可视化指标和日志。

(2) 告警。可视化地为最重要的指标定义告警规则。Grafana 将持续评估这些指标,并且发送通知。

(3) 通知。警报更改状态时,Grafana 会发出通知。

(4) 动态仪表板。使用模板变量创建动态的和可重用的仪表板,这些模板变量作为下拉菜单出现在仪表板顶部。

(5) 混合数据源。在同一个图中混合不同的数据源,可以在每个查询中指定数据源。这也适用于自定义数据源。

(6) 注释。注释来自不同数据源的图表。将鼠标悬停在事件上,可以显示完整的事件元数据和标记。

(7) 过滤器。用户可以动态创建新的键/值对过滤器,这些过滤器将自动应用于使用该数据源的所有查询。

Grafana 下载和安装步骤如下。

(1) 下载 Grafana 的 Windows 版本(建议下载 ZIP 文件),如图 9-8 所示。

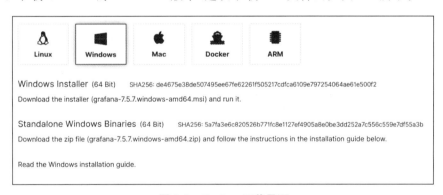

图 9-8 Grafana 下载界面

(2) 下载完成后,将文件解压到 C:\grafana-7.5.7 目录下。然后转到 C:\grafana-7.5.7\bin 目录下,运行 grafana-server.exe。

(3) 打开浏览器,访问 http://localhost:3000,使用 admin/admin 登录本机的 Grafana,如图 9-9 所示。

(4) 在 Configuration 中单击 Data Sources,在接下来的数据源页面中选择 InfluxDB,如图 9-10 所示。

(5) 配置 HTTP 选项。在 URL 文本框中输入 http://localhost:8086,在 Access 下拉列表框中选择 Server (default),如图 9-11 所示。

图 9-9　Grafana 登录界面

图 9-10　选择 InfluxDB 数据源

图 9-11　配置 HTTP 选项

（6）如图 9-12 所示，Database 输入 jmeter，用户名和密码默认为 admin 和 admin。

（7）按如图 9-13 所示的步骤操作，注意中间填写 4026（为 JMeter ＋ InfluxDB ＋ Grafana 的 JSON 配置文件编号，Grafana 不同的功能有不同的对应编号，每个编号对应不同的 JSON 配置文件，可以在 https://grafana.com/grafana/dashboards/4026 查看）。

（8）在 JMeter 中右击"线程组"元件，在弹出菜单中选择"添加"→"监听器"→"后端

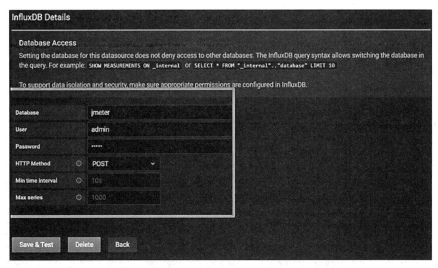

图 9-12　选择 jmeter 数据库

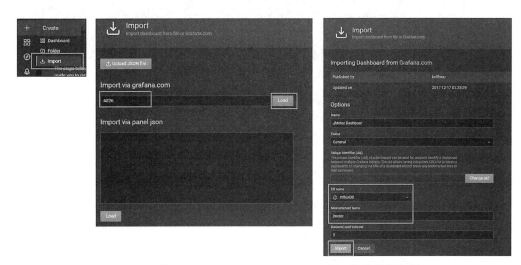

图 9-13　载入 JMeter＋InfluxDB＋Grafana 展示报告界面模板

监听器"命令,按照图 9-14 进行设置。

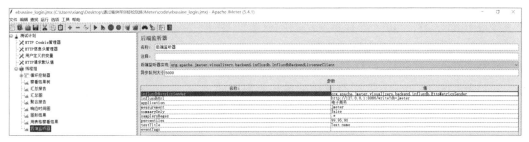

图 9-14　在 JMeter 中添加后端监听器

① "后端监听器实现": org. apache. jmeter. visualizers. backend. influxdb.

influxdbBackendListenerClient。

② influxdbUrl：http://127.0.0.1:8086/write?db＝jmeter。

③ application："电子商务"。

④ 其他都保留默认配置。

（9）这时就可以在 Grafana 中实时显示 JMeter 性能测试数据了，如图 9-15 所示。

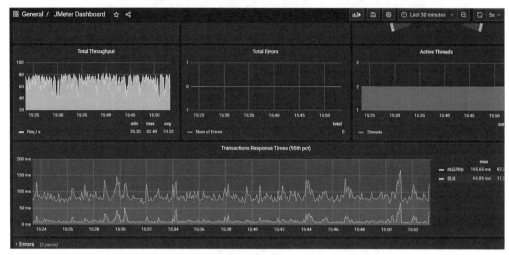

图 9-15　在 Grafana 中实时显示 JMeter 性能测试数据

4. JMeter+InfluxDB+Grafana 显示的 JMeter 性能测试常见指标

最后介绍 JMeter＋InfluxDB＋Grafana 显示的 JMeter 性能测试常见指标。

1）线程数/用户相关指标

线程数/用户相关指标有以下 5 个：

（1）test.minA（T-Min active threads）：最小活跃线程数。

（2）test.maxA（T-Max active threads）：最大活跃线程数。

（3）test.meanA（T-Mean active threads）：活跃线程数。

（4）test.started（T-Started threads）：启动线程数。

（5）test.ended（T-Finished threads）：结束线程数。

2）响应时间指标

响应时间指标有以下 16 个：

（1）jmeter.ok.count：取样器成功的响应数。

（2）jmeter.h.count：每秒单击数。

（3）jmeter.ok.min：取样器成功的最短响应时间。

（4）jmeter.ok.max：取样器成功的最长响应时间。

（5）jmeter.ok.avg：取样器成功的平均响应时间。

（6）jmeter.ok.pct：取样器成功的响应百分比。

（7）jmeter.ko.count：取样器失败的响应数。

（8）jmeter.ko.min：取样器失败的最短响应时间。

（9）jmeter.ko.max：取样器失败的最长响应时间。

（10）jmeter.ko.avg：取样器失败的平均响应时间。

（11）jmeter.ko.pct：取样器失败的响应百分比。

（12）jmeter.a.count：取样器的响应数（jmeter.ok.count 和 jmeter.ko.count 的和）。

（13）jmeter.a.min：取样器的最小响应时间（jmeter.ok.min 中和 jmeter.ko.min 中的较小值）。

（14）jmeter.a.max：取样器的最大响应时间（jmeter.ok.max 中和 jmeter.ko.max 中的较大值）。

（15）jmeter.a.avg：取样器的平均响应时间（jmeter.ok.avg 和 jmeter.ko.avg 的平均值）。

（16）jmeter.a.pct：取样器的响应百分比（根据失败样本的总数计算）。

9.4.2　被测端监控工具组：Exporter＋Prometheus＋Grafana

9.4.1 节介绍了在压测端使用 JMeter＋InfluxDB＋Grafana 进行实时数据展示的方法，本节介绍在被测端使用的监控工具组合：Exporter＋Prometheus＋Grafana。

1. Exporter

在被测端，如果操作系统为 Linux，对应的 Exporter 为 node_exporter；如果操作系统为 Windows 系统，对应的 Exporter 为 windows_exporter.exe。下面分别介绍这两个版本的 Exporter 的安装。

1）node_exporter

node_exporter 可通过以下几个步骤进行下载和安装。

（1）在命令行中执行以下命令在线下载 node_exporter-0.18.1.linux-amd64.tar.gz 文件：

```
wget – c https://github.com/prometheus/node_exporter/releases/download/v0.
18.1/node_exporter-0.18.1.linux-amd64.tar.gz
```

（2）执行以下命令将文件解压：

```
tar zxvf node_exporter-0.18.1.linux-amd64.tar.gz
```

（3）执行以下命令启动 Exporter：

```
./node_exporter &
```

（4）打开浏览器，在浏览器地址栏中输入 127.0.0.1：9100。

（5）单击 Metrics 链接，可以显示到 node_exporter 收集到的 Linux 信息。

2）windows_exporter.exe

windows_exporter 可通过以下几个步骤进行下载和安装。

（1）下载 windows_exporter.exe 或者 windows_exporter.msi。

（2）下载完毕后进行安装，默认安装地址为 C:\Program Files\windows_exporter\。

（3）进入安装目录，运行 windows_exporter.exe。

（4）打开浏览器，在浏览器地址栏中输入 127.0.0.1：9182。windows_exporter 主界面如图 9-16 所示。

windows_exporter

Metrics

(version=0.16.0, branch=master, revision=f316d81d50738eb0410b0748c5dcdc6874afe95a)

图 9-16　windows_exporter 主界面

注意，node_exporter 端口为 9100，而 windows_exporter 为 9182。

（5）单击 Metrics 链接，可以显示 windows_exporter 收集到的 Windows 操作系统信息。

```
# HELP go_gc_duration_seconds A summary of the pause duration of garbage
collection cycles.
#TYPE go_gc_duration_seconds summary
go_gc_duration_seconds{quantile="0"} 0
go_gc_duration_seconds{quantile="0.25"} 0
go_gc_duration_seconds{quantile="0.5"} 0
go_gc_duration_seconds{quantile="0.75"} 0
go_gc_duration_seconds{quantile="1"} 0.0022913
go_gc_duration_seconds_sum 0.0043842
go_gc_duration_seconds_count 34
...
```

其中：

① HELP 用于解释指标的含义，相当于帮助文档。

② TYPE 用于显示指标的数据类型。

③ 下面的信息是具体指标的统计信息。

2. Prometheus

Prometheus 是由SoundCloud 公司发布的开源监控告警解决方案。

Prometheus 的下载和安装步骤如下：

（1）Prometheus 的 Windows 版本通过网页下载，压缩文件为 prometheus-2.27.1.windows-amd64.tar.gz；Liunx 版本通过以下命令安装：

```
>wget - c https://github.com/prometheus/prometheus/releases/download/v2.15.
1/prometheus-2.15.1.linux-amd64.tar.gz
>tar zxvf prometheus-2.15.1.linux-amd64.tar.gz
```

（2）修改 prometheus.yml 文件中的端口号：

```
scrape_configs:
```

```
    #The job name is added as a label `job=<job_name>` to any timeseries scraped
   from this config.
    - job_name: 'OS'

      #metrics_path defaults to '/metrics'
      #scheme defaults to 'http'.

      static_configs:
      - targets: ['127.0.0.1:9182']
```

在这里,Windows 版本使用-targets:['127.0.0.1:9182'],而 Linux 版本使用-targets:['127.0.0.1:9100']。

下面简单介绍 prometheus.yml 文件中的主要配置项:

① global:为全局配置,例如每次数据收集的间隔、规则扫描数据的间隔。

② alerting:这里可以配置告警的插件,例如 alertmanager 等。

③ rule_files:这里为具体的告警规则配置,例如基于什么指标进行告警,相当于触发器。

④ scrape_configs:采集数据的对象,包括 job_name 和 target 两项。job_name 是主机的名称,target 是安装 Exporter 的地址。

(3)运行 prometheus.exe。打开浏览器,在地址栏中输入 http://127.0.0.1:9090/targets,Prometheus 主界面如图 9-17 所示。

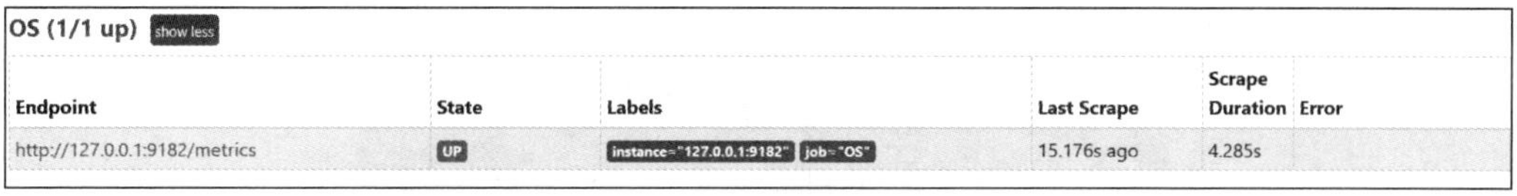

图 9-17　Prometheus 主界面

在这个界面中可以看到 windows_exporter.exe 或 node_exporter 被 Prometheus 实时监控。

3. Grafana

Grafana 的安装在 9.4.1 节中介绍过,现在介绍如何对 Grafana 访问 Prometheus 进行配置。

(1)启动 Grafana。

(2)打开浏览器,在地址栏中输入 http://127.0.0.1:3000/datasources/new,输入 Name、URL 和 Access,如图 9-18 所示。

(3)单击 Save & Test 按钮,保存配置并验证配置是否正确,如图 9-19 所示。

(4)导入 windows_exporter.exe 或 node_exporter 数据,如图 9-20 所示。

注意,windows_exporter 的节点号为 10467,node_exporter 的节点号为 8919。可以通过 https://grafana.com/grafana/dashboards/10467 和 https://grafana.com/grafana/dashboards/8919 查看监控信息。

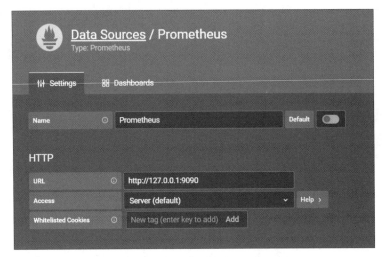

图 9-18　配置 Grafana 访问 Prometheus 信息

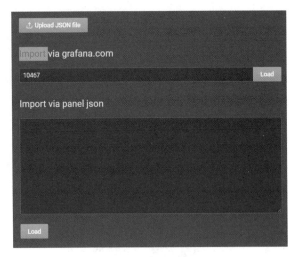

图 9-19　保存配置并验证配置是否正确

图 9-20　导入 windows_exporter 或 node_exporter 数据

　　（5）单击 Import 按钮就可以看到监控信息了，如图 9-21 和图 9-22 所示。这里的监控信息都是被测计算机操作系统的数据，包括 CPU、内存、网络、磁盘等信息。

4. 配置 MySQL 监控

Exporter 还可以用来监控 MySQL 信息。

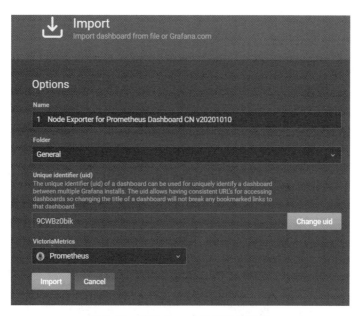

图 9-21　单击 Import 按钮启动监控

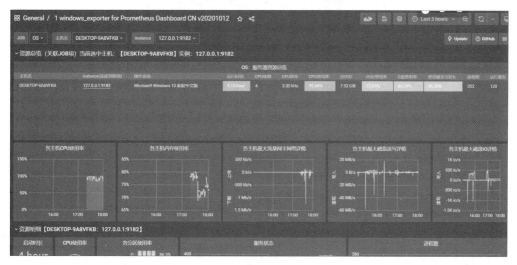

图 9-22　监控信息

（1）下载相应版本的 mysqld_exporter，如图 9-23 所示。

0.13.0 / 2021-05-18 Release notes
File name
mysqld_exporter-0.13.0.darwin-amd64.tar.gz
mysqld_exporter-0.13.0.linux-amd64.tar.gz
mysqld_exporter-0.13.0.windows-amd64.zip

图 9-23　下载相应版本的 mysqld_exporter

（2）下载完毕，修改 my.cnf 文件，配置 MySQL 连接信息：

```
[client]
host=127.0.0.1
port=3306
user=root
password=123456
```

其中，host 为 MySQL 所在的主机 IP 地址，port 为端口号（默认是 3306），user 为 MySQL 的用户名，password 为 MySQL 的密码。

（3）执行 mysqld_exporter.exe --config.my-cnf = my.cnf 命令启动 MySQLd exporter。然后，在浏览器的地址栏中输入 http://127.0.0.1：9104/，MySQLd exporter 主界面图 9-24 所示。

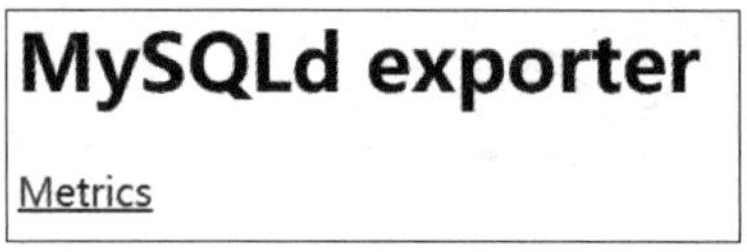

MySQLd exporter

Metrics

图 9-24　MySQLd exporter 主界面

（4）对 prometheus.yml 进行如下配置：

```
scrape_configs:
  #The job name is added as a label `job=<job_name>` to any timeseries scraped
from this config.
  - job_name: 'OS'

    #metrics_path defaults to '/metrics'
    #scheme defaults to 'http'.

    static_configs:
    - targets: ['127.0.0.1:9182']
  - job_name: 'MySql'

    #metrics_path defaults to '/metrics'
    #scheme defaults to 'http'.

    static_configs:
    - targets: ['127.0.0.1:9104']
```

（5）重新启动 prometheus.exe，在浏览器的地址栏中输入 http://127.0.0.1：9090/targets，Prometheus 主界面如图 9-25 所示。

在这个界面中可以看到 MySQLd exporter 被 Prometheus 监控。

（6）启动 Grafana，导入 MySQLd exporter 的监控数据，如图 9-26 所示。

（7）MySQLd exporter 的节点号为 11323，可以通过 https://grafana.com/grafana/

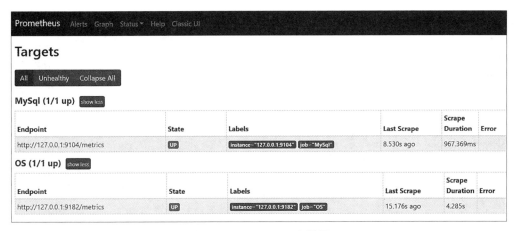

图 9-25　Prometheus 主界面

图 9-26　导入 MySQLd exporter 的监控数据

dashboards/11323 查看监控信息。

（8）单击 Load 按钮，仍旧选择 Prometheus，就可以看到 MySQLd exporter 的监控数据了，如图 9-27 所示。

9.4.3　全链路监控工具：SkyWalking

现在微服务架构越来越风行，随之而来的全链路监控工具在性能测试分析软件中得到了越来越多的普及。全链路监控工具是一种应用性能管理（Application Performance Management，APM）工具，通过聚合业务系统各处理环节的实时数据，分析业务系统各事务处理的路径和时间，实现对应用的全链路性能监测。目前主流的全链路监控工具基本上都参考了 Google 公司的 Dapper（大规模分布式系统的跟踪系统）体系，通过跟踪业务

图 9-27　MySQLd exporter 监控数据展示

请求的处理过程，完成对应用系统前后端处理、服务端调用的性能消耗跟踪，并提供可视化界面以展示对跟踪数据的分析。

现在比较流行的全链路监控工具有韩国 Naver 公司的 Pinpoint、中国吴晟编写的 SkyWalking、美国 Twitter 公司的 Zipkin 以及中国美团公司和携程公司的 CAT，本节介绍 SkyWalking。

图 9-28 为 SkyWalking 的架构。

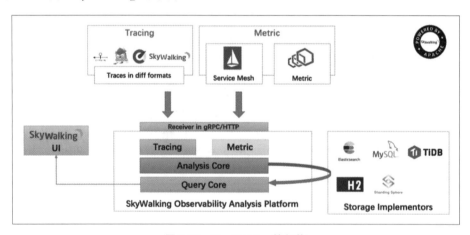

图 9-28　SkyWalking 的架构

SkyWalking 只能监控 Java 程序，其核心是数据分析和度量结果的存储平台，通过 HTTP 或 gRPC 方式向 SkyWalking Collecter 提交分析和度量数据，SkyWalking Collecter 对数据进行分析和聚合，存储到 Elasticsearch、H2、MySQL、TiDB 等系统中，最后可以通过 SkyWalking UI 的可视化界面对最终的结果进行查看。SkyWalking 支持从多个来源和多种格式收集数据，包括多种语言的 SkyWalking Agent、Zipkin v1/v2、Istio、Envoy 等数据格式。

SkyWalking 的架构看似模块比较多，但实际上还是比较清晰的，主要功能是收集各

种格式的数据，进行存储，然后展示。所以搭建 SkyWalking 服务需要关注的是
SkyWalking Collecter、SkyWalking UI 和存储设备，SkyWalking Collecter 和 SkyWalking
UI 在 SkyWalking 的官方下载安装包内已包含，最终只需考虑存储设备即可。下面主要
介绍 SkyWalking 的安装和配置。

（1）从 http://skywalking.apache.org/downloads/下载源代码（注意，这个页面经常
变化），如图 9-29 所示。

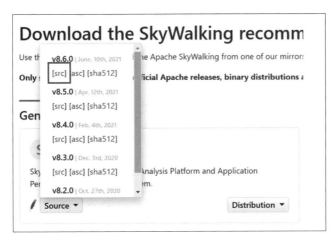

图 9-29　SkyWalking 下载页面

（2）将下载的源代码放在本地的一个非中文目录下。

（3）将 mysql-connector-java-5.1.46.jar 复制到 oap-libs 目录下。

（4）修改 config/application.yml 文件（安装 SkyWalking 的系统中必须安装 MySQL）。

```
mysql:
    properties:
        jdbcUrl: ${SW_JDBC_URL:"jdbc:mysql://localhost:3306/swtest"}
        dataSource.user: ${SW_DATA_SOURCE_USER:root}
        dataSource.password: ${SW_DATA_SOURCE_PASSWORD:root@123456}
        dataSource.cachePrepStmts: ${SW_DATA_SOURCE_CACHE_PREP_STMTS:true}
        dataSource.prepStmtCacheSize: ${SW_DATA_SOURCE_PREP_STMT_CACHE_SQL_
SIZE:250}
        dataSource.prepStmtCacheSqlLimit: ${SW_DATA_SOURCE_PREP_STMT_CACHE_SQL
_LIMIT:2048}
        dataSource.useServerPrepStmts: ${SW_DATA_SOURCE_USE_SERVER_PREP_STMTS:
true}
dataSource.useSSL: false
        metadataQueryMaxSize: ${SW_STORAGE_MYSQL_QUERY_MAX_SIZE:5000}
        maxSizeOfArrayColumn: ${SW_STORAGE_MAX_SIZE_OF_ARRAY_COLUMN:20}
```

其中：

① 3306：MySQL 默认端口。

② swtest：SkyWalking 需要的数据库名称。

③ root@123456：MySQL 数据库登录名和密码。

④ "dataSource.useSSL：false"：数据源不用 SSL 进行加密。

（5）在 MySQL 中建立数据库 swtest。

（6）修改 webapp/webapp.yml：

```
server:
  port: 18080

collector:
  path: /graphql
  ribbon:
    ReadTimeout: 10000
    # Point to all backend's restHost:restPort, split by ,
    listOfServers: 127.0.0.1:12800
```

webapp.yml 配置文件中默认端口号为 8080，因为这个端口号容易与 Tomcat 冲突，所以将其改为 18080。

（7）执行 bin/startup.bat，启动 SkyWalking，弹出两个窗口，如图 9-30 所示。

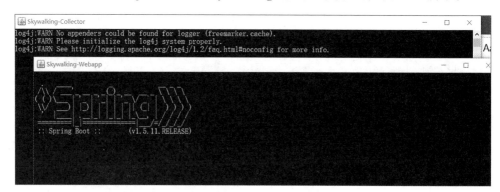

图 9-30　启动 SkyWalking

（8）打开浏览器，在地址栏中输入 http://127.0.0.1：18080/。由于没有监控任何应用，所以内容是空的。

如果监控Tomcat 应用，在 tomcat/bin/catalina.bat 中输入如下内容：

```
set "CATALINA_OPTS=-javaagent:%SKYWALKING_HOME%\agent\skywalking-agent.jar"
```

将%SKYWALKING_HOME%改为 SkyWalking 的安装路径，下面不再说明。

如果监控一个 jar 或 war 文件，例如监控 myapplication.jar 文件，命令如下：

```
java -javaagent:%SKYWALKING_HOME%\agent\skyWalking-agent.jar=agent.service_name=Jerry gu -jar myapplication.jar --httpPort=8081
```

如果监控 war 包，例如监控 jenkins 包 jenkins.war，命令如下：

```
java java - server -Xms256m -Xmx256m -Dspring.profiles.active=dev
-Dspring.cloud.nacos.discovery.server-addr=127.0.0.1:8081
-javaagent:C:\apache\apache-skywalking-apm-bin-es7\agent\skyWalking-
agent.jar=agent.service_name=Jerrygu -jar jenkins.war --httpPort=8081
```

（9）在监控系统中执行一些操作，然后在浏览器中显示被监控程序的监控结果，如图 9-31 所示。

图 9-31　显示被监控程序的监控结果

其中：

① 当前服务：Jerrygu 为 jenkins 服务，Your_ApplicationName 为 Tomcat 服务。

② 当前节点：基于服务下的目录。

（10）切换到"拓扑图"菜单，就可以看到网络拓扑结构，如图 9-32 所示。

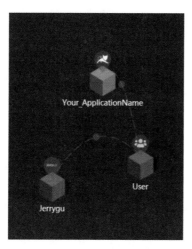

图 9-32　网络拓扑结构

如果监控的是一个微服务（microservice），那么微服务上每一个节点都可以以拓扑图的形式被监控。

（11）切换到 Database 选项卡，可以显示被监测软件访问的数据库的状态，如图 9-33 所示。

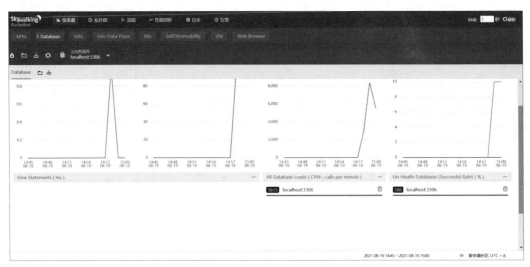

图 9-33　被监测软件访问的数据库的状态

（12）单击每个监控元素右上角的"…"按钮，可以设置监控信息，如图 9-34 所示。

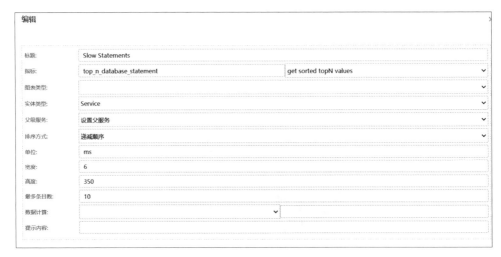

图 9-34　设置监控信息

 ## 9.5　性能测试监控中使用的元件：后端监听器

"后端监听器"元件是一个异步监听器，使用户能够插入 BackendListenerClient 的自定义实现。右击元件，在弹出菜单中选择"添加"→"监控器"→"后端监听器"命令，即可打开"后端监听器"元件，如图 9-35 所示。

（1）"后端监听器实现"：BackendListenerClient 实现的类。

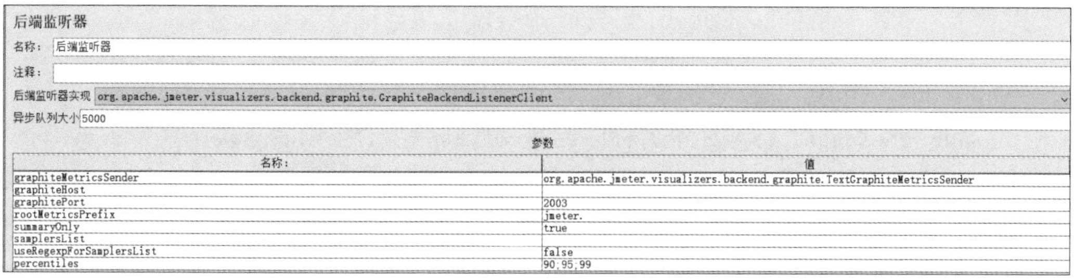

图 9-35　"后端监听器"元件

（2）"异步队列大小"：异步处理 SampleResults 时保存这些结果的队列的大小。

（3）"参数"：BackendListenerClient 实现的参数。

以下参数适用于 GraphiteBackendListenerClient 实现：

① graphiteMetricsSender：graphiteMetricsSender org. apache. jmeter. visualizers. backend.graphite. text graphiteMetricsSender 或 org. apache. jmeter. visualizers. backend. graphite.pickle graphiteMetricsSender。

② graphiteHost：Graphite 或 XDB（启用 Graphite 插件）服务器主机。

③ graphitePort：Graphite 或 InfluxDB（启用 Graphite 插件）服务器端口，默认为 2003。注意，GraphiteMetricsSender（端口 2004）只能与 Graphite 服务器通信。

④ rootMetricsPrefix：发送到后端的度量的前缀。默认值为"jmeter."。注意，JMeter 没有在根前缀和 samplerName 之间添加分隔符，这就是在 jmeter 的末尾需要加点（.）的原因。

⑤ summaryOnly：只发送摘要，不发送详细信息。默认为 true。

⑥ samplersList：定义要发送到后端的实例结果的名称（标签）。如果 useRegexpForSamplersList＝false，则这是分号分隔名称的列表；如果 useRegexpForSamplersList＝true，则这是一个正则表达式，将与名称匹配。

⑦ useRegexpForSamplersList：将 SamplersList 视为正则表达式，选择要向后端报告度量的取样器。默认为 false。

⑧ percentiles：要发送到后端的百分比，可以包含小数部分，例如 12.5。

列表必须以分号分隔。通常 3 个或 4 个值就足够了。

自 JMeter 3.2 以来，BackendListenerClient 就成为允许使用自定义模式直接在 XDB 中写入的实现。它被称为 InfluxdbBackendListenerClient。以下参数适用于 InfluxdbBackendListenerClient 实现：

① influxdbMetricsSender：org. apache. jmeter. visualizers. backend. influxdb. HttpMetricsSender。

② influxdbUrl：influxDB 的 URL，例如 http://influxHost：8086/write? db ＝ jmeter。

③ influxdbToken：InfluxDB 2 身份验证令牌，例如 HE9yIdAPzWJDspH_tCc2UvdKZpX ＝＝。

④ application：被测试应用程序的名称。此值作为名为 application 的标记存储在

events 度量中。

⑤ measurement：根据 Influx Line Protocol Reference 进行测量。默认为 jmeter。

⑥ summaryOnly：只发送摘要，不发送详细信息。默认为 true。

⑦ samplersRegex：将与样本名称匹配并发送到后端的正则表达式。

⑧ testTitle：测试名称。该值作为名为 text 的字段存储在 events 中。JMeter 在测试开始和结束时自动生成一个注释，分别以 start 和 end 结尾。

⑨ eventTags：Grafana 允许为每个注释显示标记。可以在这里填入。该值作为名为 tags 的标记存储在 events 度量中。

⑩ percentiles：要发送到后端的百分比。

⑪ TAG_WhatEverYouWant：可以添加任意数量的自定义标记。对于每一个自定义标记，创建一个新行并在其名称前加上“TAG_”。

自 JMeter 5.4 以来，又有了一种将所有示例结果写入 XDB 的实现，名为 InfluxdbRawBackendListenerClient。值得注意的是，由于数据和单个写入的增加，它使用的资源比 InfluxdbBackendListenerClient 更多。以下参数适用于 InfluxdbRawBackendListenerClient 实现：

① influxdbMetricsSender：org. apache. jmeter. visualizers. backend. influxdb. HttpMetricsSender。

② influxdbUrl：influxDB 的 URL，例如 http://influxHost:8086/write?db=jmeter 或者 https://eu-central-1-1.aws.cloud2.influxdata.com/api/v2/write?org=org-id&bucket=jmeter。

③ influxdbToken：InfluxDB 2 身份验证令牌，例如 tCc2UvdKZpX==。

④ measurement：根据 Influx Line Protocol Reference 进行测量。默认为 jmeter。

第 10 章

JMeter 的其他元件

本章把前面没有提及然而又比较重要的 JMeter 元件加以简要介绍,包括以下元件:

(1) 逻辑控制器:"While 控制器"元件、"Switch 控制器"元件、"交替控制器"元件、"Runtime 控制器"元件、"随机控制器"元件和"随机顺序控制器"元件。

(2) 断言:"大小断言"元件、"HTML 断言"元件和"MD5Hex 断言"元件。

(3) 定时器:"常数吞吐量定时器"元件和"准确的吞吐量定时器"元件。

(4) 取样器:"FTP 请求"元件、"OS 进程取样器"元件和"JUnit 取样器"元件。

(5) 配置元件:"FTP 默认请求"元件、"Java 默认请求"元件、"简单配置元件"元件和"随机变量"元件。

 ## 10.1 逻辑控制器

本节介绍 6 个逻辑控制器,包括"While 控制器"元件、"Switch 控制器"元件、"交替控制器"元件、"Runtime 控制器"元件、"随机控制器"元件和"随机顺序控制器"元件。

10.1.1 "While 控制器"元件

"While 控制器"元件运行其子元件,直到条件为 False 时为止。JMeter 将把循环索引公开为一个名为"__jm__<元件名>__idx"的变量。如果"While 控制器"元件名为Goods,那么可以通过 ${__jm__Goods__idx}访问循环索引。循环索引从 0 开始。右击元件,在弹出菜单中选择"添加"→"逻辑控制器"→"While 控制器"命令,即可打开"While控制器"元件,如图 10-1 所示。

Condition (function or variable):可能的条件值,可以是空白、LAST 或者变量/函数。

① 空白:当循环中的最后一个样本失败时退出循环。

② LAST:当循环中的最后一个样本失败时退出循环。如果循环前的最后一个样本失败,不要进入循环。

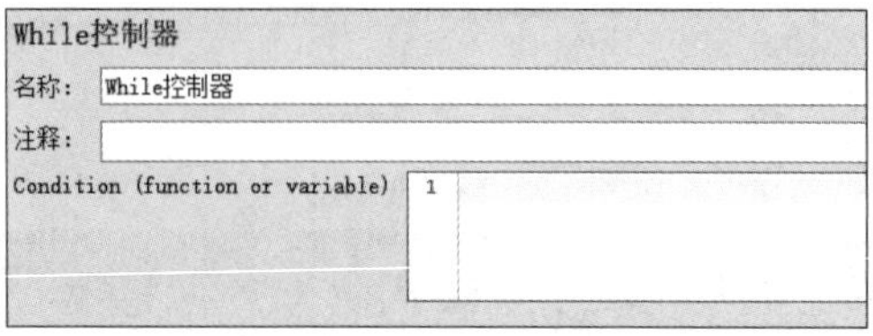

图 10-1　"While 控制器"元件

③ 变量/函数：当条件等于字符串时退出循环。

例如：

（1）$\${VAR}$：其中，其他测试元素将 VAR 设置为 false。

（2）$\${\_\_jexl3(\${C}==10)}$。

（3）$\${\_\_jexl3("\${VAR2}"=="abcd")}$。

（4）$\${\_P(property)}$：为一个全局变量，其中 property 在其他地方设置为 false。

10.1.2　"Switch 控制器"元件

"Switch 控制器"元件的作用类似于"交替控制器"元件，因为它在每次迭代中运行一个从属元素，但"Switch 控制器"元件的运行是由 Switch Value 定义的，而不是按顺序进行的。右击元件，在弹出菜单中选择"添加"→"逻辑控制器"→"Switch 控制器"命令，即可打开"Switch 控制器"元件，如图 10-2 所示。

图 10-2　"Switch 控制器"元件

Switch Value：要调用的从属元素的编号（或名称）。元素从 0 开始编号。默认为 0。

① 如果 Switch Value 值超出某个范围，它将运行第 0 个元素，因此该元素将作为默认值。

② 如果该值是空字符串，它仍旧运行第 0 个元素。

③ 如果该值不是数字并且非空，则"Switch 控制器"元件将查找具有相同名称的元素（区分大小写）。

④ 如果所有名称都不匹配，则选择名为 default（不区分大小写）的元素。

⑤ 如果没有默认值，则不选择任何元素，"Switch 控制器"元件将不会运行任何操作。

打开本书的配套代码 switch.jmx，如图 10-3 所示。

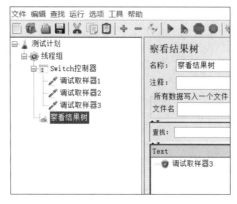

图 10-3　switch.jmx

在 Switch Value 文本框中填写 2（从 0 开始），它执行第 3 个调试取样器。

10.1.3　"交替控制器"元件

在"交替控制器"元件中，JMeter 将在各个循环迭代的子控制器之间交替。右击元件，在弹出菜单中选择"添加"→"逻辑控制器"→"交替控制器"命令，即可打开"交替控制器"元件如图 10-4 所示。

（1）"忽略子控制器块"：如果选中该复选框，"交替控制器"元件将像处理单个请求元素一样处理子控制器，并且一次只允许一个控制器的一个请求。

（2）Interleave across threads：如果选中该复选框，"交替控制器"元件将在各个循环迭代的子控制器之间交替，但会跨越所有线程。

打开本书的配套程序 Interleave.jmx。在"线程组"元件中设置一个线程运行 6 次，运行结果如图 10-5 所示。

图 10-4　"交替控制器"元件　　　图 10-5　Interleave.jmx 的运行结果

"交替控制器"元件中的"HTTP 请求 1"和"HTTP 请求 2"交替进行。

把测试计划改成图 10-6 所示的结构。

将"循环控制器"元件中的循环次数设置为 3，"线程组"元件中的循环次数仍旧为 6。不选择"忽略子控制器块"复选框，运行结果如图 10-7 所示。

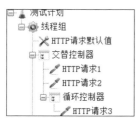

图 10-6　修改后的测试计划　　图 10-7　不选择"忽略子控制器块"复选框的运行结果

"HTTP 请求 3"按照配置执行了 3 次。

选择"忽略子控制器块"复选框，运行结果如图 10-8 所示。

图 10-8　选择"忽略子控制器块"复选框运行结果

"HTTP 请求 3"仅执行了一次，"循环控制器"元件无效。

禁用"交替控制器 1"，启用"交替控制器 2"，如图 10-9 所示。

将"线程组"元件的循环次数改为 6，运行结果如图 10-10 所示。

图 10-9 启用"交替控制器 2"　　　　图 10-10 "交替控制器"元件嵌套情况下的运行结果

10.1.4 "Runtime 控制器"元件

"Runtime 控制器"元件控制其子对象的运行时间。右击元件，在弹出菜单中选择"添加"→"逻辑控制器"→"Runtime 控制器"命令，即可打开"Runtime 控制器"元件，如图 10-11 所示。

Runtime 为运行时间（秒）。0 表示不运行。

10.1.5 "随机控制器"元件

"随机控制器"元件的作用类似"交替控制器"元件，不同之处在于"随机控制器"元件不是按顺序通过其子控制器和取样器，而是在每次通过时随机选取一个。右击元件，在弹出菜单中选择"添加"→"逻辑控制器"→"随机控制器"命令，即可打开"随机控制器"元件，如图 10-12 所示。

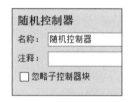

图 10-11 "Runtime 控制器"元件　　　　图 10-12 "随机控制器"元件

"忽略子控制器块"复选框的作用见 10.1.3 节。

打开本书的配套代码 random.jmx，每次运行得到的结果是随机的，如图 10-13 所示。

10.1.6 "随机顺序控制器"元件

"随机顺序控制器"元件很像一个"简单的控制器"元件，因为它最多一次执行一组子元素，但是子元素的执行顺序是随机的。右击元件，在弹出菜单中选择"添加"→"逻辑控制器"→"随机控制器"命令，即可打开"随机顺序控制器"元件，如图 10-14 所示。

打开本书的配套代码 randomOrder.jmx。每次的运行结果是随机的，如图 10-15 所示。

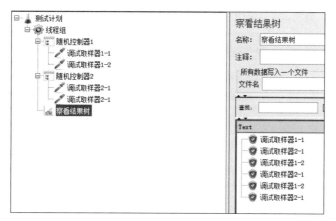

图 10-13　random.jmx 运行 3 次的结果

图 10-14　"随机顺序控制器"元件

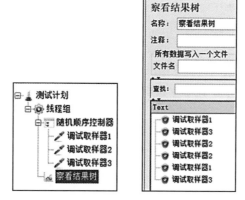

图 10-15　randomOrder.jmx 运行两次的结果

 ## 10.2　断言

本节介绍 3 个断言,包括:"大小断言"元件、"HTML 断言"元件和"MD5Hex 断言"元件。

10.2.1　"大小断言"元件

"大小断言"元件测试每个响应是否包含正确的字节数。"比较类型"可以指定＝、!＝、＞、＜、＞＝或＜＝。注意,空响应被视为 0 字节,而不是报告为错误。右击元件,在弹出菜单中选择"添加"→"断言"→"大小断言"命令，即可打开"大小断言"元件，如图 10-16 所示。

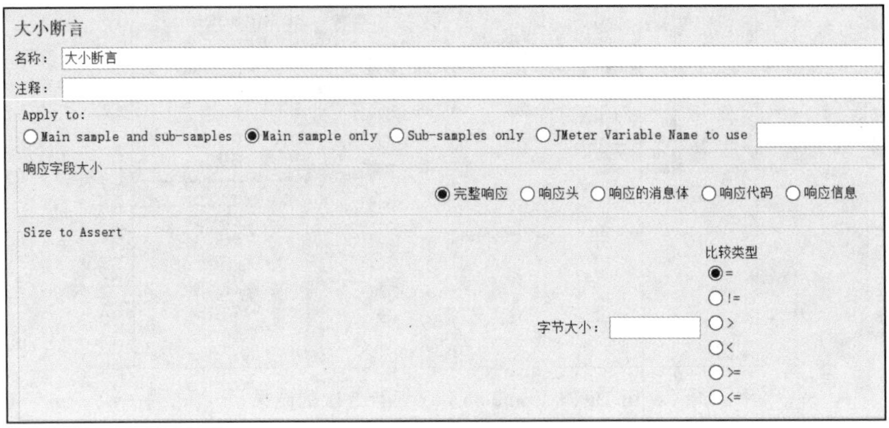

图 10-16　"大小断言"元件

（1）Apply to：同"响应断言"中的同名选项。

（2）"响应字段大小"。

① "完整响应"：全部响应信息。

② "响应头"：响应头信息，例如 HTTP 的头信息。

③ "响应的消息体"：响应主体部分。

④ "响应代码"：即响应码，例如 200（很少使用）。

⑤ "响应信息"：例如 OK（很少使用）。

（3）Size to Assert：断言时大小的阈值，单位为字节。

（4）"比较类型"：测试响应的字节数是否等于（＝）、不等于（!＝）、大于（＞）、小于（＜）、大于或等于（＞＝）、小于或等于（＜＝）指定的字节数。

10.2.2　"HTML 断言"元件

"HTML 断言"元件允许用户使用 JTidy 检查响应数据的 HTML 语法。右击元件，在弹出菜单中选择"添加"→"断言"→"HTML 断言"命令，即可打开"HTML 断言"元件，如图 10-17 所示（配套程序为 HTML.jmx）。

图 10-17　"HTML 断言"元件

登录 Django 版本的电子商务系统，按照图 10-17 对"HTML 断言"元件进行设置。测试脚本运行完毕，打开 login_HTMLJTid.txt，其中记录了如下结果：

```
line 5 column 5 - Warning: <meta> lacks "content" attribute
line 15 column 5 - Warning: <link> lacks "type" attribute
line 17 column 5 - Warning: <link> lacks "type" attribute
line 18 column 9 - Warning: <link> lacks "type" attribute
line 36 column 51 - Warning: unknown attribute "required"
line 37 column 44 - Warning: unknown attribute "required"
line 38 column 28 - Warning: trimming empty <p>
line 40 column 18 - Warning: <a> converting backslash in URI to slash
InputStream: Doctype given is ""
InputStream: Document content looks like HTML 4.01 Transitional
8 warnings, no errors were found!
```

JTidy是HTML Tidy用 Java 实现的移植版本,提供了 HTML 的语法检查功能和打印功能。此外,JTidy 提供了对整个 HTML 的 DOM 解析功能。程序员可以将 JTidy 当作处理 HTML 文件的 DOM 解析器。

下面给出 HTML 断言的配置项含义:

(1) Doctype:包括 omit(省略)、auto(自动)、strict(严格)和 loose(松散)。

(2) Format:包括 HTML、XHTML、XML。

(3) Errors only:指定是否只注意错误。

(4) Error threshold:将响应分类为失败之前允许的错误数。

(5) Warning threshold:将响应分类为失败之前允许的警告数。

(6) Filename:保存报告的文件的路径和名称。这里的路径必须为绝对路径。

10.2.3　“MD5Hex 断言”元件

“MD5Hex 断言”元件允许用户检查响应数据的 MD5 哈希值。右击元件,在弹出菜单中选择“添加”→“断言”→“MD5Hex 断言”命令,即可打开“MD5Hex 断言”元件,如图 10-18 所示。

图 10-18　“MD5Hex 断言”元件

MD5Hex 为要断言的 MD5 哈希值字符串。

 ## 10.3　定时器

本节介绍两个定时器,包括“常数吞吐量定时器”元件和“准确的吞吐量定时器”元件。

10.3.1 "常数吞吐量定时器"元件

"常数吞吐量定时器"元件引入可变暂停,使总吞吐量(以每分钟样本数为单位)尽可能接近给定的数字。当然,如果服务器无法处理吞吐量或者其他计时器或耗时的测试元素限制吞吐量,则吞吐量将降低。

注意,尽管该定时器被称为"常数吞吐量定时器",然而吞吐量值不需要为常数。它可以通过变量或函数调用来定义,并且可以在测试期间更改值。可以通过以下方式更改该值。

(1) 使用计数器变量。

(2) 使用_jexl3、_groovy 函数提供一个变化的值。

(3) 使用远程 BeanShell 服务器更改 JMeter 属性。

注意,在测试期间不应该频繁更改吞吐量值,因为更改后需要过一段时间才能生效。

右击元件,在弹出菜单中选择"添加"→"定时器"→Constant Throughput Timer 命令,即可打开"常数吞吐量定时器"元件,如图 10-19 所示。

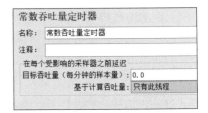

图 10-19 "常数吞吐量定时器"元件

(1) "目标吞吐量(每分钟的样本量)":希望达到的吞吐量。

(2) "基于计算吞吐量"。

① "只有此线程":每个线程将尝试保持目标吞吐量。总吞吐量将与活动线程的数量成正比。

② "当前线程组中的所有活动线程":将目标吞吐量分配给当前线程组中的所有活动线程。每个线程将根据需要延迟,具体取决于它上次运行的时间。

③ "所有活动线程":将目标吞吐量分配给所有线程组中的所有活动线程。每个线程将根据需要延迟,具体取决于它上次运行的时间。在这种情况下,所有线程组都需要具有相同设置的"常数吞吐量定时器"元件。

④ "当前线程组中的所有活动线程(共享)":如②所述,但每个线程都会根据线程组中任何线程上次运行的时间进行延迟。

⑤ "所有活动线程(共享)":如③所述,但每个线程都会根据任何线程组中的任何线程上次运行的时间进行延迟。

(3) 共享和非共享算法都旨在达到所需的吞吐量,并将产生类似的结果。

① 共享算法可以生成更准确的总体交易率。

② 非共享算法可以在线程之间生成更均匀的事务分布。

10.3.2 "准确的吞吐量定时器"元件

"准确的吞吐量定时器"元件使用户能够确定他们希望在测试中运行的吞吐量。与"常数吞吐量定时器"元件相比,用户在使用"准确的吞吐量定时器"元件决定如何随时间分布样本时更加灵活。此外,"准确的吞吐量定时器"元件的执行是以随机的方式安排的,从而能够建立恒定的负载。最后,该定时器使用泊松到达计划进行暂停,使其接近真实场景。

右击元件,在弹出菜单中选择"添加"→"定时器"→Precise Throughput Timer 命令,即可打开"准确的吞吐量定时器"元件,如图 10-20 所示。

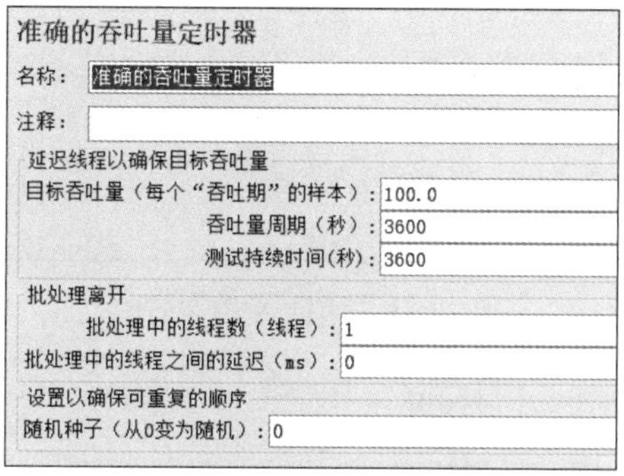

图 10-20 "准确的吞吐量定时器"元件

（1）"目标吞吐量（每个'吞吐期'的样本)"：每个吞吐量周期（包括线程组中的所有线程)要从所有受影响的取样器获取的最大样本数。

（2）"吞吐量周期（秒)"：以秒为单位的吞吐量周期。例如,如果目标吞吐量设置为48,吞吐量周期设置为 24s,则每秒将获得两个样本。

（3）"测试持续时间（秒)"：用于确保在测试持续时间内获得个数为"吞吐量×测试持续时间"的样本。

（4）"批处理中的线程数（线程)"：如果该值超过 1,则多个线程同时离开定时器。平均吞吐量仍然满足目录吞吐量的要求。

（5）"批处理中的线程之间的延迟（ms)"：例如,如果该项设置为 36,批处理中批的大小为 3,则线程将在时间为 x、$x+36$、$x+72$(单位为毫秒)时离开。

（6）"随机种子（从 0 变为随机)"：不同的定时器最好具有不同的种子值。相同的种子值在定时器每次测试启动时产生相同的延迟。值为 0 表示定时器是真正随机的。

10.4　取样器

本节介绍 3 个取样器,包括"FTP 请求"元件、"OS 进程取样器"元件和"JUnit 取样器"元件。

10.4.1　"FTP 取样器"元件

"FTP 取样器"元件允许向 FTP 服务器发送检索文件或上传文件的 FTP 请求。如果要向同一个 FTP 服务器发送多个 FTP 请求,应使用"FTP 请求默认配置"元件,这样就不必为每个 FTP 请求生成控制器输入相同的信息。下载文件时,可以将其存储在磁盘（本地文件)或响应数据中,或者同时以这两种形式存储。

右击元件,在弹出菜单中选择"添加"→"取样器"→"FTP 请求"命令,打开"FTP 请求"元件,如图 10-21 所示（配套程序为 FTP.jmx)。

（1）"服务器的名称或 IP"：123.56.135.186(啄木鸟测试咨询网的 IP 地址)。

图 10-21 "FTP 请求"元件

（2）"远程文件"：/htdocs/index.htm。

（3）"本地文件"：C:\Users\xiang\Desktop\index.htm。

（4）选择 get(RETR)单选按钮，表示下载文件。

（5）"用户名"：FTP 账户的用户名。

（6）"密码"：FTP 账户的密码。

运行测试脚本以后，将远程的/htdocs/index.htm 存储为本地的 C:\Users\xiang\Desktop\index.htm。下面介绍"FTP 请求"元件的配置项含义。

（1）"服务器的名称或 IP"：FTP 服务器的域名或 IP 地址。

（2）"端口号"：如果该值大于 0，则使用相应的端口；否则 JMeter 使用默认 FTP 端口，其端口号为 21。

（3）"远程文件"：FTP 服务器上的文件。

（4）"本地文件"：用户计算机上的文件。

（5）"本地文件内容"：提供上传的内容，以覆盖本地文件属性。

（6）get(RETR)/put(STOR)：指定下载还是上传文件。

（7）"使用二进制模式？"：指定是否以二进制模式使用文件（默认为 ASCII 文件）。

（8）"保存响应文件？"：指定是否在响应数据中存储检索到的文件的内容。如果文件模式为 ASCII，那么其内容将在视图的结果树中可见。

10.4.2 "OS 进程取样器"元件

"OS 进程取样器"元件用于在本地计算机上执行命令。它允许执行任何可以从命令行运行的命令。可以启用返回代码的验证，并且可以指定预期的返回代码。

注意，操作系统 shell 通常提供命令行解析。不同操作系统尽管有所不同，但通常 shell 会在空白处拆分参数。有些 shell 还识别扩展文件名的通配符。取样器不进行任何解析或引用处理，命令及其参数必须以可执行文件预期的形式提供，这意味着取样器设置在不同操作系统之间不可移植。

许多操作系统都有内置命令，这些命令不是作为单独的可执行文件提供的。例如，Windows 中的 DIR 命令是命令解释器（CMD.EXE）的一部分。这些内置程序不能作为独立程序运行，但能作为参数提供给相应的命令解释器。

右击元件，在弹出菜单中选择"添加"→"取样器"→"OS 进程取样器"命令，即可打开"OS 进程取样器"元件，如图 10-22 所示（配套程序为 OS1.jmx）。

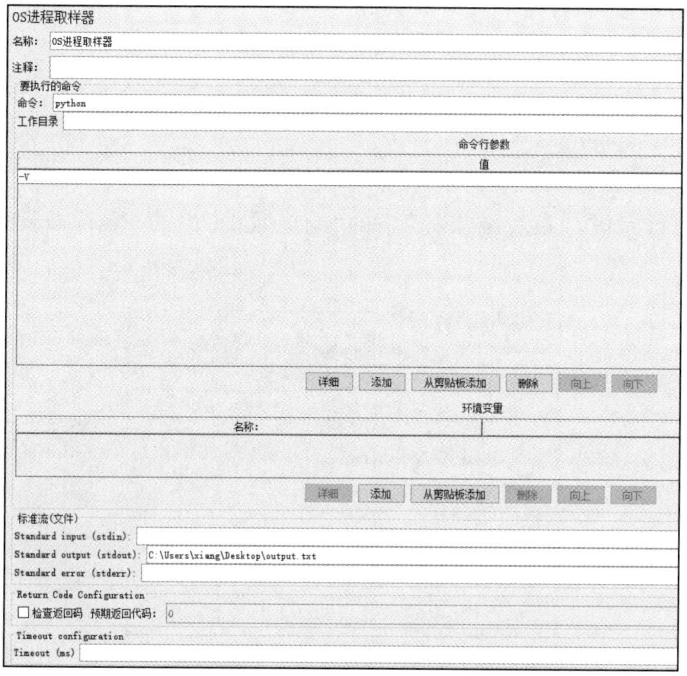

图 10-22　"OS 进程取样器"元件

（1）"命令"：python。

（2）"命令行参数"：-V。

（3）Standard output(stdout)："C:\Users\xiang\Desktop\output.txt"。

（4）其他选项保留默认设置。

运行完测试脚本，打开 C:\Users\xiang\Desktop\output.txt 文件，其中显示以下内容：

```
Python 3.8.0
```

打开本书的配套代码 OS2.jmx，如图 10-23 设置。

图 10-23　OS2.jmx

（1）"命令"：CMD。

（2）"命令行参数"：有以下 3 个参数。

① /C。

② DIR。

③ C:\apache\apache-jmeter-5.4.1。

（3）其他选项保留默认设置。

测试脚本运行完毕，"察看结果树"中的"响应数据"中的 Response Body 选项卡，如图 10-24 所示。

```
取样器结果 请求 响应数据

Response Body  Response headers

          c   e  f û  б  k
     K          1A80-9CD7

C:\apache\apache-jmeter-5.4.1        Ł¼

2021/09/08  16:02  <DIR>          .
2021/09/08  16:02  <DIR>          ..
2021/09/12  21:41  <DIR>          backups
2021/09/10  20:12  <DIR>          bin
1980/02/01  00:00  <DIR>          docs
1980/02/01  00:00  <DIR>          extras
2021/09/02  18:51  <DIR>          lib
1980/02/01  00:00          15,626 LICENSE
1980/02/01  00:00  <DIR>          licenses
1980/02/01  00:00             172 NOTICE
1980/02/01  00:00  <DIR>          printable_docs
1980/02/01  00:00          10,089 README.md
2021/08/19  16:05  <DIR>          scripts
              3    !         25,887
             10    Ł¼ 44,980,903,936
```

图 10-24　OS2.jmx 的运行结果

下面介绍"OS 进程取样器"元件的配置项含义。

（1）"命令"：要执行的命令。

（2）"工作目录"：要执行的命令所在的目录，默认为 user.dir 系统属性号引用的目录。

（3）"命令参数"：传递给程序名的参数。

（4）"环境参数"：执行命令时添加到环境中的键/值对。

（5）Standard input(stdin)：标准输入的名称。

（6）Standard output(stdout)：标准输出的名称。如果省略该项，则捕获输出并将其作为响应数据返回。

（7）Standard error(stderr)：标准错误的名称。如果省略该项，则捕获错误信息并将其作为响应数据返回。

（8）"检查返回码"：如果选中该复选框，取样器将比较返回代码和预期返回代码。

（9）"预期返回代码"：系统调用的预期返回代码，如果选中"检查返回码"复选框，则本项为必填项。注意，500 在 JMeter 中用作错误指示器，因此在这里不应使用它。

（10）Timeout(ms)：命令的超时时间（以毫秒为单位）。默认为 0，表示没有超时。如果超时在命令完成之前过期，JMeter 将尝试终止操作系统进程。

10.4.3 "JUnit 取样器"元件

"JUnit 取样器"元件可以在 JMeter 中运行 JUnit 程序。

（1）在 Eclipse 中建立 com.jerry 包。

（2）建立 Calculator.java 文件，内容如下：

```
package com.jerry;

public class Calculator {
    private static int result;
    public void add(int n) {
        result = result + n;
    }
    public void substract(int n) {
        result = result - n;
    }
    public void multiply(int n) {
    result = result * n;
    }
    public void divide(int n) {
        result = result / n;
    }
}
```

（3）建立 CalculatorTest.java 文件，内容如下：

```
package com.jerry;

import static org.junit.Assert.*;

import org.junit.Before;
import org.junit.Test;

public class CalculatorTest {
    private static Calculator calculator = new Calculator();

    @Before
    public void setUp() throws Exception {
        calculator.clear();
    }

    @Test
    public void testAdd() {
        calculator.add(2);
```

```
        calculator.add(3);
        assertEquals(5, calculator.getResult());
    }

    @Test
    public void testSubstract() {
        calculator.add(5);
        calculator.substract(3);
        assertEquals(2, calculator.getResult());
    }

    @Test
    public void testMultiply() {
        calculator.add(3);
        calculator.multiply(2);
        assertEquals(6, calculator.getResult());
    }

    @Test
    public void testDivide() {
        calculator.add(9);
        calculator.divide(3);
        assertEquals(3, calculator.getResult());
    }
}
```

（4）将项目打包成 jar 文件（参见 6.1.1 节），放入％JMETER_HOME％\lib\junit。本节的 Java 代码在本书的配套代码 java\ JUnitForJMeter 目录下。

（5）右击元件，在弹出菜单中选择"添加"→"取样器"→"JUnit 取样器"命令，打开"JUnit 请求"元件（配套程序为 JUnit.jmx），按照图 10-25 进行配置。

① 选择 Search for JUnit 4 annotations(instead of JUnit 3)复选框。

② "类名称"：com.jerry.CalculatorTest。

③ Test Method：testDivide。

④ Success Message："测试成功"。

⑤ Success Code：200。

⑥ Failure Message："测试失败"。

⑦ Failure Code：400。

⑧ Error Message："测试发生错误"。

⑨ Error Code：500。

⑩ 其他选项保留默认值。

运行测试脚本，测试成功。在这个配置下，当测试成功时返回 200，当测试失败时返回 400（例如期望值与测试值不匹配），当测试错误时返回 500（例如输入参数不是整型）。

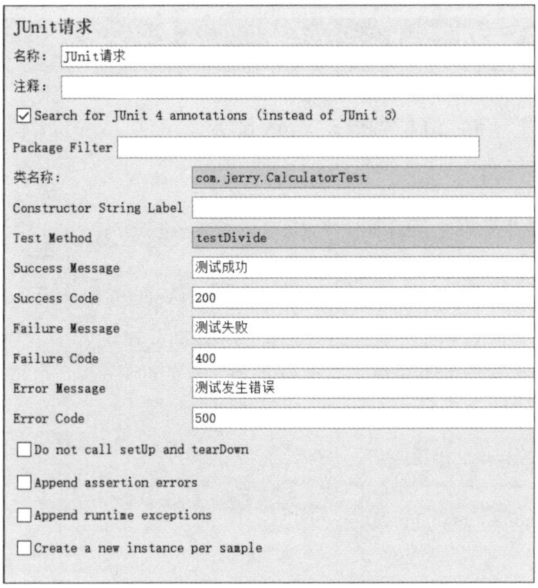

图 10-25　"JUnit 请求"元件的配置

下面介绍"JUnit 取样器"元件的配置项含义。

（1）Search for JUnit 4 annotations(instead of Junit 3)：选择此选项可搜索 JUnit 4 测试注记。

（2）Package Filter：以逗号分隔的包列表。例如"org.apache.jmeter，junit.framework"。

（3）"类名称"：JUnit 测试类的名称。

（4）Constructor String Label：将字符串传递给字符串构造函数。如果设置了字符串，取样器将使用字符串构造函数而不是空构造函数。

（5）Test Method：测试的方法。

（6）Success Message：测试成功的描述性消息。

（7）Success Code：测试成功的代码。

（8）Failure Message：测试失败的描述性消息。

（9）Failure Code：测试失败的代码。

（10）Error Message：测试错误的描述性消息。

（11）Error Code：测试错误的代码。

（12）Do not call setUp and tearDown：将取样器设置为不调用 setUp 和 tearDown。默认情况下，应调用 setUp 和 tearDown。不调用这些方法可能会影响测试的正确性。此选项应仅用于调用 oneTimeSetUp 和 OneTimeEardown。

（13）Append assert errors：是否将断言错误追加到响应消息中。

（14）Append runtime exceptions：是否将运行时异常追加到响应消息中。仅适用于在没有选择 Append assert error 时。

（15）Create a new instance per sample：是否为每个样本创建一个新的 JUnit 实例。默认值为 false，这意味着 JUnit TestCase 是单独创建并重用的。

10.5　配置元件

本节介绍 4 个配置元件，包括"FTP 默认请求"元件、"Java 默认请求"元件、"简单配置元件"和"随机变量"元件。

10.5.1　"FTP 默认请求"元件

"FTP 默认请求"元件用于设置 FTP 请求的默认值。和 HTTP 请求默认值一样，设置了 FTP 请求默认值，下面所有的 FTP 请求的相同部分均不用再设置了。右击元件，在弹出菜单中选择"添加"→"配置元件"→"FTP 默认请求"命令，即可打开"FTP 默认请求"元件，如图 10-26 所示。

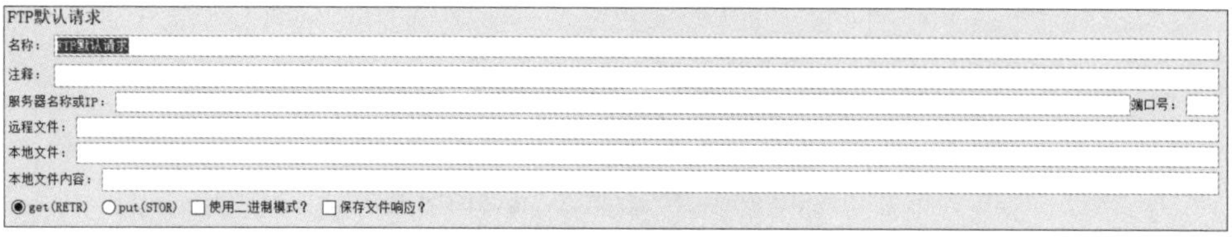

图 10-26　"FTP 默认请求"元件

"FTP 默认请求"元件的配置同"FTP 请求"元件完全一致，参看 10.4.1 节。

10.5.2　"Java 默认请求"元件

"Java 默认请求"元件用于设置 Java 请求的默认值。右击元件，在弹出菜单中选择"添加"→"配置元件"→"Java 默认请求"命令，即可打开"Java 默认请求"元件，如图 10-27 所示。

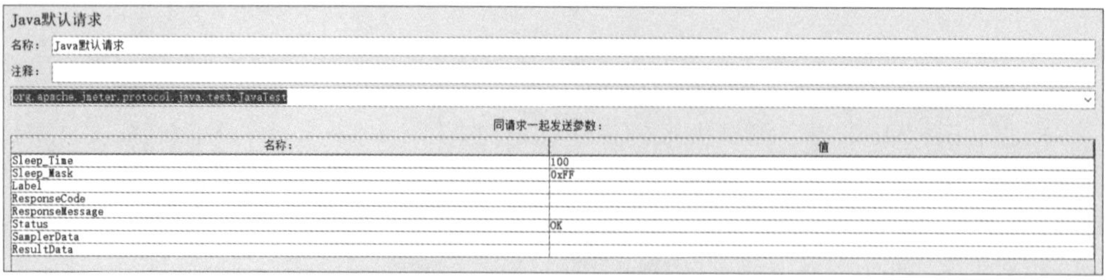

图 10-27　"Java 默认请求"元件

"Java 默认请求"元件的配置同"Java 请求"元件完全一致，参看 6.1.3 节。

10.5.3　简单配置元件

简单配置元件允许在取样器中添加或覆盖任意值。可以选择值的名称和值本身。这个元件主要是为开发人员提供基本的图形用户界面，可以在开发新的 JMeter 元件时使用。注意，非 JMeter 开发人员不要修改该元件的配置。

右击元件，在弹出菜单中选择"添加"→"配置元件"→"简单配置元件"命令，即可打开简单配置元件，如图 10-28 所示。

简单配置元件	
名称：	简单配置元件
注释：	

名称：	值
TestElement.name	简单配置元件
TestElement.gui_class	org.apache.jmeter.config.gui.SimpleConfigGui
TestElement.test_class	org.apache.jmeter.config.ConfigTestElement
TestElement.enabled	true
TestPlan.comments	

图 10-28　简单配置元件

（1）"名称"：每个参数的名称，这些值是 JMeter 工作的内部值，通常不显示，只有熟悉代码的人才知道这些值。

（2）"值"：应用于该参数的值。

10.5.4　"随机变量"元件

"随机变量"元件用于生成随机数字字符串，并将其存储在 Variable 中以供以后使用。它比使用用户定义的变量和 Random() 函数更简单。

首先使用随机数生成器构造输出变量，然后使用格式字符串格式化生成的数字。该数字使用 Minimum＋Random.nextInt(Maximum－Minimum＋1) 公式计算。Random.nextInt() 函数需要一个正整数。这意味着最大值和最小值之差必须小于 2 147 483 647。只要不超出有效值的范围，最大值和最小值可以是任何长度的值。

由于随机值是在每次迭代开始时计算的，因此最好不使用属性以外的变量作为最大值或最小值。在第一次迭代时随机值为 0。

右击元件，在弹出菜单中选择"添加"→"配置元件"→"随机变量"命令，即可打开"随机变量"元件，如图 10-29 所示（配套程序为 randomvar.jmx）。

（1）"变量名称"：randnum。

（2）"输出格式"：No_000。

（3）"最小值"：1。

（4）"最大值"：100。

（5）"每线程（用户）？"：True。

设置循环次数为 5，运行测试脚本，每次循环得到的 randnum 值均不同。

第 1 次循环：randnum＝No_024。

第 2 次循环：randnum＝No_045。

第 3 次循环：randnum＝No_014。

第 4 次循环：randnum＝No_009。

第 5 次循环：randnum＝No_098。

图 10-29　"随机变量"元件

下面介绍"随机变量"元件的各个配置项。

（1）"变量名称"：用于产生随机字符串的变量名称。

（2）"输出格式"：要使用的 java.text.DecimalFormat 格式字符串。例如，000 将生成

至少3位的数字，USER_000将生成表单USER_nnn（nnn为3位数字）的输出。如果未指定该项，默认使用Long.toString()函数生成数字。

（3）"最小值"：生成的随机数的最小值。

（4）"最大值"：生成的随机数的最大值。

（5）"随机种子"：生成随机数时使用的种子。如果将"每线程（用户）？"设置为true时使用相同的种子值，则每个随机类的每个线程将获得相同的值。如果未设置随机种子，将使用默认的random()函数。

（6）"每线程（用户）？"：如果为False，则在线程组中的所有线程之间共享随机数生成器；如果为True，则每个线程都有自己的随机数生成器。

关于JMeter所有元件的介绍，请参考其官网。

JMeter 元件中英文术语对照

1. 取样器（Sampler）

Access Log Sampler	访问日志取样器
BeanShell Sampler	BeanShell 取样器
Bolt Request	Bolt 请求
Debug Sampler	Debug 取样器
FTP Request	FTP 请求
HTTP Request	HTTP 请求
Java Request	Java 请求
JDBC Request	JDBC 请求
JMS Point-to-Point	JMS 点对点
JMS Publisher	JMS 发布器
JMS Subscriber	JMS 订阅器
JSR223 Sampler	JSR223 取样器
JUnit Request	JUnit 请求
LDAP Extended Request	LDAP 扩展请求
LDAP Request	LDAP 请求
Mail Reader Sampler	邮件阅读者取样器
OS Process Sampler	OS 进程取样器
SMTP Sampler	SMTP 取样器
TCP Sampler	TCP 取样器
Test Action	测试活动

2. 前置处理器（Preprocessor）

BeanShell Preprocessor	BeanShell 预处理程序
HTML Link Parser	HTML 连接解释器

HTTP URL Re-writing Modifier	HTTP URL 重写修饰符
JDBC Preprocessor	JDBC 前置处理器
JSR223 Preprocessor	JSR223 前置处理器
RegEx User Parameter	正则表达用户参数
Sampler Timeout	取样器超时
User Parameter	用户参数

3. 后置处理器（Postprocessor）

BeanShell Postprocessor	BeanShell 后置处理程序
Boundary Extractor	边界提取器
CSS/JQuery Extractor	CSS/JQuery 提取器
Debug Postprocessor	Debug 后置处理器
JDBC Postprocessor	JDBC 后置处理器
JSON Extractor	JSON 提取器
JSON JMESPath Extractor	JSON JMESPath 提取器
JSR223 Postprocessor	JSR223 后置处理器
Regular Expression Extractor	正则表达式提取器
Result Status Action Hand	结果状态处理器
XPath Extractor	XPath 提取器
XPath2 Extractor	XPath2 提取器

4. 逻辑控制器（Logic Controller）

Critical Section Controller	临界部分控制器
ForEach Controller	ForEach 控制器
If Controller	If 控制器
Include Controller	包含控制器
Interleave Controller	交替控制器
Loop Controller	循环控制器
Module Controller	模块控制器
Once Only Controller	仅一次控制器
Random Controller	随机控制器
Random Order Controller	随机顺序控制器
Recording Controller	录制控制器
Runtime Controller	Runtime 控制器
Simple Controller	简单控制器
Switch Controller	Switch 控制器
Throughput Controller	吞吐量控制器
Transaction Controller	事务控制器
While Controller	While 控制器

5. 断言（Assertion）

BeanShell Assertion	BeanShell 断言
Compare Assertion	比较断言
Duration Assertion	持续时间断言
HTML Assertion	HTML 断言
JSON Assertion	JSON 断言
JSON JMESPath Assertion	JSON JMESPath 断言
JSR223 Assertion	JSR223 断言
MD5Hex Assertion	MD5Hex 断言
Response Assertion	响应断言
Size Assertion	大小断言
SMIME Assertion	SMIME 断言
XML Assertion	XML 断言
XML Schema Assertion	XML Schema 断言
XPath Assertion	XPath 断言
XPath2 Assertion	XPath2 断言

6. 配置元件（Configuration Element）

Bolt Connection Configuration	Bolt 连接配置
Counter	计数器
CSV Data Set Configuration	CSV 数据文件配置
DNS Cache Manager	DNS 缓存管理器
FTP Request Defaults	FTP 请求默认值
HTTP Authorization Manager	HTTP 授权管理器
HTTP Cache Manager	HTTP 缓存管理器
HTTP Cookie Manager	HTTP Cookie 管理器
HTTP Header Manager	HTTP 信息头管理器
HTTP Request Defaults	HTTP 请求默认值
Java Request Defaults	Java 请求默认值
JDBC Connection Configuration	JDBC 连接配置
Keystore Configuration	密钥库配置
LDAP Extended Request Defaults	LDAP 扩展请求默认值
LDAP Request Defaults	LDAP 请求默认值
Login Configuration Element	登录配置元件
Random Variable	随机变量
Simple Configuration Element	简单配置元件
TCP Sampler Configuration	TCP 取样器配置
User Defined Variable	用户定义的变量

7. 监听器（Listener）

Aggregate Graph	汇总图
Aggregate Report	聚合报告
Assertion Result	断言结果
Backend Listener	后端监听器
BeanShell Listener	BeanShell 监听器
Comparison Assertion Visualizer	比较断言可视化器
Generate Summary Result	生成概要结果
Graph Result	图形结果
JSR223 Listener	JSR223 监听器
Mailer Visualizer	邮件观察仪
Response Time Graph	响应时间图
Sample Result Save Configuration	样本结果保存配置
Save Responses to a File	保存响应到文件
Simple Data Writer	简单数据写入器
Summary Report	汇总报告
View Results in Table	用表格察看结果
View Results Tree	察看结果树

8. 定时器（Timer）

BeanShell Timer	BeanShell 定时器
Constant Throughput Timer	准确的吞吐量定时器
Constant Timer	固定定时器
Gaussian Random Timer	高斯随机定时器
JSR223 Timer	JSR223 定时器
Poisson Random Timer	泊松随机定时器
Precise Throughput Timer	常数吞吐量定时器
Synchronizing Timer	同步定时器
Uniform Random Timer	统一随机定时器

9. 其他元件（Miscellaneous Feature）

HTTP Mirror Server	HTTP 镜像服务器
HTTP Proxy Server	HTTP 代理服务器
Property Display	属性显示
setUp Thread Group	tearDown 线程组
setUp Thread Group	setUp 线程组
Test Fragment	测试片段
Test Plan	测试计划
Thread Group	线程组

参 考 文 献

［1］ Apache Software Foundation. JMeter 官网［EB/OL］. https://jmeter.apache.org.

［2］ Oracle. java.sql 类［EB/OL］. https://docs.oracle.com/javase/6/docs/api/java/sql/Types.html.

［3］ 郑云龙. Prometheus 操作指南［EB/OL］. https://www.bookstack.cn/read/prometheus-book/README.md.

［4］ Apache Software Foundation. SkyWalking 官网［EB/OL］. https://skywalking.apache.org/.